ZLR
Schriftenreihe

Leitsätze für Fleisch, Fleischerzeugnisse sowie vegane und vegetarische Lebensmittel mit Ähnlichkeit zu Lebensmitteln tierischen Ursprungs

von

Prof. Dr. Clemens Comans
Rechtsanwalt, Gummersbach

Sascha Schigulski
Rechtsanwalt, Gummersbach

Dr. Dieter Stanislawski
Fachtierarzt für Lebensmittelhygiene, Sehnde

Fachmedien Recht und Wirtschaft | dfv Mediengruppe | Frankfurt am Main

Alle im Buch verwendeten Begriffe verstehen sich geschlechterneutral. Aus Gründen der besseren Lesbarkeit wird teilweise auf eine geschlechtsspezifische Differenzierung verzichtet – entsprechende Begriffe gelten im Sinne der Gleichbehandlung grundsätzlich für alle Geschlechter. Die verkürzte Sprachform hat lediglich redaktionelle Gründe und beinhaltet keine Wertung.

Bibliografische Information der Deutschen Nationalbibliothek

Die Deutsche Nationalbibliothek verzeichnet diese Publikation in der Deutschen Nationalbibliografie; detaillierte bibliografische Daten sind im Internet über http://dnb.de abrufbar.

ISBN 978-3-8005-1849-4

dfv Mediengruppe

www.ruw.de

Druck: WIRmachenDRUCK GmbH, Backnang

Printed in Germany

Vorwort

Die Leitsätze des Deutschen Lebensmittelbuches haben nach wie vor eine enorme praktische Bedeutung. Sie haben das Ziel, eine allgemein gültige Verkehrsauffassung für die in den Leitsätzen aufgeführten Lebensmittel zu beschreiben. Im Rahmen ihrer praktischen Tätigkeit beschäftigen sich die Autoren nahezu täglich mit den Leitsätzen für Fleisch und Fleischerzeugnisse und neuerdings vermehrt auch mit den Leitsätzen für vegane und vegetarische Lebensmittel mit Ähnlichkeit zu Lebensmitteln tierischen Ursprungs.

In der täglichen Anwendung tauchen viele praktische Fragen auf, zu denen die Anwender der Leitsätze nach Antworten suchen. Obwohl die Leitsätze für Fleisch und Fleischerzeugnisse seit mehreren Jahrzehnten existieren und die Leitsätze für vegane und vegetarische Lebensmittel mit Ähnlichkeit zu Lebensmitteln tierischen Ursprungs vor fast fünf Jahren veröffentlicht wurden, existiert hierzu nur wenig Literatur. Deshalb haben sich die Autoren zum Ziel gesetzt, die wesentlichen Beschreibungen aus den Leitsätzen zu erläutern. Die vorliegende Bearbeitung erhebt keinen Anspruch auf Vollständigkeit. Sie möchte die praktisch bedeutsamsten Beschreibungen der Leitsätze aufbereiten und dem Anwender das Verständnis einzelner Beschreibungen näherbringen.

Gummersbach/Sehnde, im Juli 2023

Inhaltsverzeichnis

Kapitel 1
Allgemeines zu den Leitsätzen

Kapitel 2
Leitsätze für Fleisch und Fleischerzeugnisse

Kapitel 3
Leitsätze für vegane und vegetarische Lebensmittel mit Ähnlichkeit zu Lebensmitteln tierischen Ursprungs

Abkürzungsverzeichnis

a. F.	alte Fassung
Abl.	Amtsblatt
Abs.	Absatz
AFFL	Arbeitsgruppe Fleisch- und Geflügelfleischhygiene und fachspezifische Fragen von Lebensmitteln tierischer Herkunft
AG	Amtsgericht
ALS	Arbeitskreis Lebensmittelchemischer Sachverständiger der Länder und des Bundesamtes für Verbraucherschutz und Lebensmittelsicherheit
ALTS	Arbeitskreis der auf dem Gebiet der Lebensmittelhygiene und der Lebensmittel tierischer Herkunft tätigen Sachverständigen
Art.	Artikel
Az.	Aktenzeichen
BAnz	Bundesanzeiger
BEFFE	bindegewebseiweißfreies Fleischeiweiß
BGBl.	Bundesgesetzblatt
BGH	Bundesgerichtshof
BLL	Information des Bundes für Lebensmittelrecht und Lebensmittelkunde e. V., heute Lebensmittelverband Deutschland
bspw.	beispielsweise
BVerwG	Bundesverwaltungsgericht
bzw.	beziehungsweise
ca.	circa
etc.	et cetera
EuGH	Europäischer Gerichtshof
FEIFFA	Fleischeiweiß im fettfreien Anteil
g. g. A.	geschützte geographische Angabe
g. t. S.	garantiert traditionelle Spezialität
g. U.	geschützte Ursprungsbezeichnung
gem.	gemäß
GMBl	Gemeinsames Ministerialblatt

GRUR	Gewerblicher Rechtsschutz und Urheberrecht (Zeitschrift)
h. E.	hiesigen Erachtens
i. S. v.	im Sinne von
i. V. m.	in Verbindung mit
Kap.	Kapitel
LFGB	Lebensmittel- und Futtermittelgesetzbuch
lit.	litera
LMIV	Lebensmittel-Informationsverordnung
LMZDV	Lebensmittelzusatzstoff-Durchführungsverordnung
LS-Nr.	Leitsatznummer
max.	maximal
M./Mm.	Musculus/Musculi
NJW	Neue Juristische Wochenschrift (Zeitschrift)
Nr.	Nummer
OLG	Oberlandesgericht
OVG	Oberverwaltungsgericht
OWiG	Gesetz über Ordnungswidrigkeiten
QUID	Quantitative Ingredient Declaration
Rn.	Randnummer
Rs.	Rechtssache
s.	siehe
S.	Seite
sog.	sogenannt
Urt.	Urteil
usw.	und so weiter
vgl.	vergleiche
z. B.	zum Beispiel
ZLR	Zeitschrift für das gesamte Lebensmittelrecht

Kapitel 1
Allgemeines zu den Leitsätzen

1. Rechtsnatur und Funktionen der Leitsätze des Deutschen Lebensmittelbuches

Die Leitsätze des Deutschen Lebensmittelbuches sind weder formelle Gesetze noch Rechtsverordnungen und besitzen daher keine Rechtsnormqualität. Bei ihnen handelt es sich um sog. „antizipierte Sachverständigengutachten“, die durch die Vertreter der beteiligten Verkehrskreise erstellt und als wesentliche Hilfe zur Feststellung einer bestehenden allgemeinen Verkehrsauffassung angesehen werden.

Beteiligte Verkehrskreise sind die Gruppen der Verbraucher, der Lebensmittelüberwachung, der Wirtschaft und der Wissenschaft. Sie beraten Änderungen, Ergänzungen und Neufassungen in den jeweiligen Fachausschüssen vor, die dann im Plenum der Lebensmittelbuch-Kommission beschlossen werden.

Daher enthalten die Leitsätze des Deutschen Lebensmittelbuches keine allgemeinverbindlichen Ge- und Verbote und können bestehende Rechtsvorschriften weder aufheben noch ändern. Aus den vorgenannten Gründen kann ein Verstoß gegen die Leitsätze auch nicht automatisch mit einem Bußgeld oder einer anderen Repression geahndet werden.

Die Leitsätze sind neben Fachliteratur, Rechtsprechung, tatsächlichem Marktgeschehen, Sachverständigengutachten etc. eine von mehreren Quellen für die Überprüfung einer Verkehrsauffassung und damit für die Anwendung diverser Rechtsvorschriften, z. B. dem gemeinschaftsrechtlichen Irreführungsverbot (Art. 7 der Verordnung (EU) Nr. 1169/2011 betreffend die Information der Verbraucher über Lebensmittel, kurz: LMIV) von hervorgehobener Relevanz. Ihnen wohnt jedenfalls im Hinblick auf Leitsätze, mit denen eine bestehende Verkehrsauffassung festgestellt wird, eine Vermutungswirkung dafür inne, was Verbraucher von einem nach Herstellung, Beschaffenheit und sonstigen Merkmalen in den Leitsätzen beschriebenen Lebensmittel erwarten dürfen.

Die Leitsätze besitzen, je nach Perspektive, unterschiedliche Funktionen für die verschiedenen Beteiligten.

Zuvorderst sollen sie die berechtigten Erwartungen von Verbrauchern schützen. Bestimmte verkehrsübliche Bezeichnungen wecken Erwartungen an die Beschaffenheit der jeweiligen Produkte. Sofern daher in den Leitsätzen beschriebene verkehrsübliche Bezeichnungen verwendet werden, sollen Verbraucher sich darauf verlassen können, dass die nach der Verkehrsauffassung an ein entsprechendes Produkt zu stellenden Erwartungen auch erfüllt werden.

Aus Sicht der Unternehmen besitzen die Leitsätze einen sog. „Safe-Harbour-Effekt“. Entspricht ein Lebensmittel den Vorgaben in den Leitsätzen des Deutschen Lebensmittelbuches, gilt das Lebensmittel in Hinsicht auf die in den Leitsätzen beschriebenen Kriterien als der Verkehrsauffassung entsprechend, so dass der Vorwurf einer möglichen Irreführung gem. Art. 7 LMIV aufgrund einer Abweichung von einer bestehenden Verkehrsauffassung ohne ausreichende Kenntlichmachung in Hinsicht auf die konkret in den Leitsätzen geregelten Kriterien regelmäßig ausgeschlossen ist.

Entspricht das Lebensmittel hingegen nicht den Vorgaben der Leitsätze des Deutschen Lebensmittelbuches, so folgt aus dem vorgenannten Grundsatz nicht im Umkehrschluss und automatisch, dass eine Irreführung vorliegt. Vielmehr stellt eine solche Feststellung ein mögliches Indiz dafür dar, dass gegebenenfalls von einer bestehenden Verkehrsauffassung abgewichen wurde, was in der Folge eine Irreführung zur Folge haben kann. Mithin besteht bei einer solchen Feststellung Anlass dazu, eine weitere, auf den jeweiligen Einzelfall bezogene Irreführungsprüfung gem. Art. 7 LMIV vorzunehmen.

Weiterhin stellen die Leitsätze eine praxisrelevante Quelle für die Ermittlung einer bestehenden Verkehrsauffassung dar und nehmen damit eine wichtige Rolle bei der Anwendung der Irreführungsvorschriften durch die Rechtsprechung, Behörden und Wirtschaftsbeteiligten ein.

Außerdem spielen die Leitsätze auch regelmäßig eine wichtige Rolle im Rahmen von Qualitätsvereinbarungen zwischen Lebensmittelherstellern und -verkäufern.

Da die Leitsätze des Deutschen Lebensmittelbuches keine Rechtsnormqualität haben, können diese auch nicht wie Rechtnormen behandelt und angewendet werden. Das heißt, dass Behörden und Gerichte bei der Anwendung der Leitsätze für jeden Einzelfall prüfen müssen, ob die in den Leitsätzen beschriebene Verkehrsauffassung hinsichtlich der Herstellung, Beschaffenheit oder sonstiger Merkmale eines Lebensmittels noch der herrschenden Verkehrsauffassung entspricht.

Die Leitsätze des Deutschen Lebensmittelbuches können bei der Bezeichnung vorverpackter Lebensmittel Bedeutung erlangen. Die Kennzeichnung vorverpackter Lebensmittel richtet sich nach der LMIV. Beim Inverkehrbringen von vorverpackten Lebensmitteln stellt die Bezeichnung, die früher Verkehrsbezeichnung genannt wurde, eine der wichtigsten Pflichtinformationen dar. Einzelheiten dazu, wie eine Bezeichnung auszusehen hat, bestimmt Art. 17 LMIV. Nach Art. 17 Abs. 1 Satz 1 LMIV wird ein Lebensmittel grundsätzlich mit seiner rechtlich vorgeschriebenen Bezeichnung bezeichnet. Der Begriff der rechtlich vorgeschriebenen Bezeichnung wird in

Art. 2 Abs. 2 lit. n) LMIV definiert. Hierbei handelt es sich um die Bezeichnung eines Lebensmittels, die durch die für dieses Lebensmittel geltenden Rechtsvorschriften der Union vorgeschrieben ist, oder, wenn es keine derartigen Unionsvorschriften gibt, die Bezeichnung, welche in den Rechts- und Verwaltungsvorschriften des Mitgliedstaates vorgesehen ist, in dem das Lebensmittel an die Endverbraucher oder Anbieter von Gemeinschaftsverpflegung verkauft wird. Existiert eine rechtlich vorgeschriebene Bezeichnung, muss diese verwendet werden.

Im Fleischbereich sind rechtlich vorgeschriebene Bezeichnungen selten. Diese existieren überhaupt nur im Zusammenhang mit den Vermarktungsnormen für Geflügelfleisch. Die Leitsätze für Fleisch und Fleischerzeugnisse sind keine Rechtsvorschriften, da diese einen rein beschreibenden Charakter haben.

Wenn keine in Rechtsvorschriften festgelegte Bezeichnung existiert, hat der Lebensmittelunternehmer nach Art. 17 Abs. 1 Satz 2 LMIV die Wahl zwischen einer üblichen oder einer beschreibenden Bezeichnung. Nach Art. 2 Abs. 2 lit. o) LMIV handelt es sich bei der verkehrsüblichen Bezeichnung um eine Bezeichnung, die von den Verbrauchern in dem Mitgliedstaat, in dem das Lebensmittel verkauft wird, als Bezeichnung dieses Lebensmittels akzeptiert wird, ohne dass eine weitere Erläuterung notwendig wäre. Hierbei handelt es sich im Regelfall um kurze, schlagwortartige Bezeichnungen, mit denen die Verbraucher eine konkrete Vorstellung von einem Produkt verbinden.

An dieser Stelle erlangen die Leitsätze für Fleisch und Fleischerzeugnisse des Deutschen Lebensmittelbuches Bedeutung. Die Leitsätze des Deutschen Lebensmittelbuches sind wie bereits erwähnt weder Gesetz noch Rechtsverordnung und haben keine Rechtsnormqualität. Stattdessen werden sie wie bereits eingangs beschrieben als antizipierte Sachverständigengutachten bezeichnet. Eine wichtige Funktion der Leitsätze liegt somit in der Abbildung des Soll-Zustands eines Lebensmittels im Hinblick auf die Irreführungsvorschriften des Art. 7 LMIV und § 11 Abs. 1 LFGB. Somit können die Leitsätze des Deutschen Lebensmittelbuches übliche Bezeichnungen im Rechtssinne enthalten. In den Leitsätzen für Fleisch und Fleischerzeugnisse findet sich bspw. in der Einleitung des Besonderen Teils unter LS-Nr. 2 die Erläuterung, dass die im Besonderen Teil der Leitsätze kursiv abgedruckten Bezeichnungen als (Verkehrs-)Bezeichnungen des Lebensmittels anzusehen sind. Dieser Praxis wird auch in den vorliegenden Erläuterungen Rechnung getragen, indem Bezeichnungen kursiv gedruckt sind.

Losgelöst davon haben die Lebensmittelunternehmer jedoch auch das Recht, die Leitsätze weitestgehend zu ignorieren. Denn insoweit steht den Lebensmittelunternehmern nach Art. 17 Abs. 1 Satz 2 LMIV ein Wahlrecht zu, entweder eine übliche Bezeichnung oder eine beschreibende Bezeichnung zu verwenden. Bei einer beschreibenden Bezeichnung handelt es sich nach Art. 2 Abs. 2 lit. p) LMIV um eine Bezeichnung, die das Lebensmittel und erforderlichenfalls seine Verwendung beschreibt und die hinreichend genau ist, um es den Verbrauchern zu ermöglichen, die tatsächliche Art des Lebensmittels zu erkennen und es von Erzeugnissen zu unterscheiden, mit denen es verwechselt werden könnte. Sofern also im Rahmen einer Beschreibung kein Begriff aus den Leitsätzen verwendet wird, müssen die Leitsätze auch nicht beachtet werden. Auch insoweit unterscheiden sie sich demnach von Rechtsnormen, die abstrakt generell für alle betroffenen Lebensmittel gelten.

2. Leitsatztypen

a) Feststellende Leitsätze

Es existieren zwei Arten von Leitsatztypen. Zum einen können Leitsätze eine bestehende Verkehrsauffassung feststellen (sog. feststellende Leitsätze – hierbei handelt es sich um den Regelfall). Diesem Leitsatztyp wohnt die bereits angesprochene Vermutungswirkung für eine Verkehrsauffassung inne.

Der Anwender der Leitsätze darf jedoch nicht der Versuchung verfallen anzunehmen, dass jedes Kriterium, das in den Leitsätzen festgelegt ist, Bestandteil einer Verkehrsauffassung ist. Zum einen entwickeln sich Verkehrsauffassungen dynamisch und mitunter auch schneller weiter, als Änderungen an den Leitsätzen herbeigeführt werden können. Zum anderen handelt es sich nicht bei jeder Regelung in einem Leitsatz um eine feststellende Regelung. Dies hat sowohl die nationale als auch die europäische Rechtsprechung bereits in diversen Fällen bezüglich unterschiedlicher, in den Leitsätzen niedergelegten Kriterien bestätigt.

So hat bspw. das OVG Lüneburg (OVG Lüneburg, Urt. vom 19.1.1993, Az. 10 L 136/89) entschieden, dass keine allgemeine Verkehrsauffassung bestand, der zufolge ein als *Hacksteak* bezeichnetes Tiefkühlerzeugnis nach den seinerzeitigen Leitsätzen einen Fleischanteil von mindestens 80 % erreichen musste. Die seinerzeitige Leitsatzziffer 2.507.11 der Leitsätze für Fleisch und Fleischerzeugnisse und die in ihr genannten Kriterien und Beschaffenheitsmerkmale stellten keine dahingehende Verkehrsauffassung dar.

Jüngst konstatierte der Verwaltungsgerichtshof München (VGH München, Beschluss vom 20.5.2021, Az. 20 ZB 19.131), dass die Vorgaben der vormaligen Leitsatzziffer 2.19 der Leitsätze für Fleisch und Fleischerzeugnisse

a. F. in Hinsicht auf das Erfordernis der Angabe „Formfleisch-" gegen europäisches Recht verstößt und bestätigte damit auch die vorinstanzliche Entscheidung des VG Regensburg, in der dieses zutreffend wie folgt ausführte:

> *„Die Leitsätze des Deutschen Lebensmittelbuches sind jedoch keine Rechtsnormen, weil sie weder Gesetz noch Rechtsverordnung sind (vgl. Voit/Grube/Grube LMIV Art. 17 Rn. 73, beck-online). Anderenfalls wären die darin geregelten Bezeichnungen auch die „rechtlichen Bezeichnungen" im Sinne von Art. 17 Abs. 1 S. 1 LMIV. Die Leitsätze begründen aber grundsätzlich eine (widerlegliche) Vermutungswirkung dafür, was der Verbraucher von einem in den Leitsätzen beschriebenen Lebensmittel erwartet (BVerwG, LRE 22, 35; VG Arnsberg, LMRR 2009, 61 und Voit/Grube/Grube LMIV Art. 17 Rn. 73, beck-online).* ***Die Leitsätze*** *können zwar als sachverständige Beschreibung der für die Verkehrsfähigkeit bedeutsamen Herstellung, Beschaffenheit und sonstigen Merkmale von Lebensmitteln unter Umständen entsprechende bestehende oder künftig herauszubildende Erwartungen der Verbraucher nahelegen,* ***sind aber nicht in jedem Fall zuverlässige Abbilder des aktuellen Verbraucherverständnisses*** *(vgl. OLG Köln, Urteil vom 18. November 2011 – I-6 U 119/11 –, Rn. 6, juris), sodass sich die Leitsätze bei ihrer Anwendung im Einzelfall einer Überprüfung durch das Gericht zu unterziehen haben (vgl. Zipfel/Rathke LebensmittelR/Rathke LFGB § 15 Rn. 26, beck-online).* ***Beschränkt sich das Gericht nämlich darauf, den Inhalt eines Leitsatzes ohne eigene Prüfung in die Entscheidung zu übernehmen, erhält dieser Leitsatz eine quasi-normative Bedeutung, die im Hinblick auf die Harmonisierung der Irreführungsverbote durch die Richtlinie 2000/13/EG gemeinschaftsrechtlich nicht akzeptabel ist*** *(vgl. Zipfel/Rathke, LebensmittelR/Rathke LFGB § 15 Rn. 6a, beck-online). So hat auch der EuGH in seinem Urteil vom 09. Februar 1999 (Az. C-383/97, Rn. 41 und 42, juris) die Leitsätze für Fleisch und Fleischerzeugnisse im Ergebnis nicht berücksichtigt. Den Leitsätzen des deutschen Lebensmittelbuchs kommt demnach eine wichtige Funktion hinsichtlich der Beschreibung der Herstellung und der Merkmale und dem Schutz der Qualität der beschriebenen Erzeugnisse zu. Dies besagt aber nichts darüber, ob diese Bezeichnungen auch vom Verbraucher ohne weitere Erläuterung akzeptiert werden. Dies bedarf jeweils einer Beurteilung im Einzelfall (vgl. Zipfel/Rathke LebensmittelR/Meisterernst LMIV Art. 2 Rn. 113, beck-online)."*

Auch bei nicht prägenden Leitsatzregelungen muss der Anwender der Leitsätze daher stets überprüfen, ob das in den Leitsätzen beschriebene Kriterium tatsächlich (noch) Bestandteil einer Verkehrsauffassung ist.

b) Prägende Leitsätze

Umstritten ist, wie weit die Befugnis der Deutschen Lebensmittelbuch-Kommission geht. Die gesetzliche Grundlage für das Tätigwerden der Deutschen Lebensmittelbuch-Kommission ist § 15 Abs. 1 LFGB. Gemäß dem Wortlaut der Vorschrift sollen die Leitsätze eine Verkehrsauffassung bzgl. der Herstellung, Beschaffenheit oder sonstigen Merkmale beschreiben.

Die Deutsche Lebensmittelbuch-Kommission sieht ihre Aufgabe aber nicht nur darin, eine bestehende Verkehrsauffassung zu „beschreiben", also wiederzugeben, sondern hat in der Präambel der Geschäftsordnung der Deutschen Lebensmittelbuch-Kommission vom 20.6.2016 aufgenommen, dass die Leitsätze ein untergesetzliches Regelwerk sind, das Hilfestellung bei der Auslegung des Rechts leistet. Die Deutsche Lebensmittelbuch-Kommission kann in besonderen Fällen feststellen, dass sich noch keine allgemein anerkannte Verkehrsauffassung gebildet oder dass sich die Verkehrsauffassung in eine unerwünschte Richtung entwickelt hat. In diesen besonderen Fällen kann die Kommission auch prägend tätig werden. Die Deutsche Lebensmittelbuch-Kommission sieht sich daher als befugt an, wenn sich die Verkehrsauffassung in eine ihrer Ansicht nach unerwünschte Richtung entwickelt hat, korrigierend in diese einzugreifen und prägend tätig zu werden.

Eine gerichtliche Entscheidung dazu, wie weit die Befugnisse der Deutschen Lebensmittelbuch-Kommission gehen und ob ein prägendes oder korrigierendes Tätigwerden der Lebensmittelbuch-Kommission von der gesetzlichen Grundlage des LFGB noch gedeckt ist, gibt es bislang noch nicht. Daher ist es hoch umstritten, inwieweit ein solches Vorgehen durch die Deutsche Lebensmittelbuch-Kommission zulässig ist. Zum Teil wird vertreten, dass ein prägendes Tätigwerden der Deutschen Lebensmittelbuch-Kommission grundsätzlich aus verfassungsrechtlichen Gründen abzulehnen ist. Zum Teil wird aber auch vertreten, dass ein prägendes Tätigwerden der Deutschen Lebensmittelbuch-Kommission in engen Grenzen zulässig sein soll.

Die Leitsätze für vegane und vegetarische Lebensmittel mit Ähnlichkeit zu Lebensmitteln tierischen Ursprungs sind ein Werk, das erstmals überwiegend prägende Regelungen enthält. Schon bei der Erarbeitung der neuen Leitsätze für vegane und vegetarische Lebensmittel mit Ähnlichkeit zu Lebensmitteln tierischen Ursprungs wies der temporäre Fachausschuss der Deutschen Lebensmittelbuch-Kommission in seinem Sachstandsbericht darauf hin, dass man sich zum Ziel gesetzt habe, mit einem neuen Leitsatz Klarheit für alle Interessengruppen zu schaffen, um auch unter Berücksichtigung der bestehenden Leitsätze eine eindeutige Zuordnung der auf dem Markt befindlichen Produkte in Kategorien wie vegetarische, vegane oder tierische Lebensmittel zu gewährleisten und somit für Transparenz am Markt zu sorgen. Im Hinblick auf die konkrete Fassung der Leitsätze wurde in dem Sachstandsbericht darauf hingewiesen, dass eine besondere Schwierigkeit darin bestehe, dass eine gefestigte Verkehrsauffassung für die verschiedenen Produktgruppen nicht zu erkennen sei. Daher sei es notwendig, prägend in die Produktaufmachung einzugreifen. Für die Praxis bedeutet dies, dass jeder Rechtsanwender für sich bewerten muss, ob er den neuen Leitsätzen für vegane und vegetarische Lebensmittel mit Ähnlichkeit zu Lebensmitteln tierischen Ursprungs im Sinne eines vorauseilenden Gehorsams folgen möchte.

Aber auch im Zusammenhang mit den nachfolgend ebenfalls beschriebenen Leitsätzen für Fleisch und Fleischerzeugnisse unternimmt die Lebensmittelbuch-Kommission Versuche, eine Verkehrsauffassung in eine bestimmte Richtung zu beeinflussen und verwendet deshalb prägende Leitsätze. Ein Beispiel für den Versuch einer Prägung der Verkehrsauffassung ist LS-Nr. 2.3.2 Abs. 5 der Leitsätze für Fleisch und Fleischerzeugnisse. Darin bzw. in der Vorgängerregelung hat die Lebensmittelbuch-Kommission 2015 die Beschreibung aufgenommen, dass ein industriell hergestellter Kochschinken, der die Anforderungen der Beschreibung erfüllt, einen Hinweis auf das Zusammenfügen tragen muss. Dieser Hinweis soll „aus Schinkenteilen zusammengefügt" lauten. Tatsächlich werden zwar viele auf dem Markt angebotene Kochschinken nach der in den Leitsätzen beschriebenen Technologie hergestellt. Sie tragen aber nur in den seltensten Fällen den von den Leitsätzen vorgesehenen Hinweis. Insoweit hat also die von der Lebensmittelbuch-Kommission beabsichtigte Prägung nicht stattgefunden, was zwischenzeitlich auch die Lebensmittelbuch-Kommission bzw. der vom zuständigen Fachausschuss veröffentlichte Sachstandsbericht festhält. Folglich müssten die Leitsätze insoweit erneut angepasst werden, da sich die mit der Prägung beabsichtigte Verkehrsauffassung tatsächlich nicht gebildet hat.

Prägende Leitsätze beschreiben mithin keine bestehende Verkehrsauffassung, sondern sollen eine solche künftig erst prägen. Sie stellen gestaltende gutachterliche Äußerungen dar, die jedoch grundsätzlich keine bindende Wirkung entfalten. Auch wohnt ihnen nicht die Vermutung inne, dass ihr Inhalt Gegenstand einer Verkehrsauffassung ist. Gleichwohl können sie die Verkehrsauffassung in eine bestimmte Richtung drängen oder eine gänzlich neue Verkehrsauffassung begründen.

Im Rahmen der Anwendung der Leitsätze stellt es sich darüber hinaus als problematisch dar, dass feststellende und prägende Leitsatzregelungen in den Leitsätzen bisher nicht gesondert gekennzeichnet werden. Es obliegt daher dem Anwender, im Rahmen einer sachgerechten Anwendung der Leitsätze sicherzustellen, dass es sich auch tatsächlich um eine feststellende Regelung handelt. Aus diesem Grund ist bei der Anwendung der Leitsätze grundsätzlich in jedem Einzelfall eine mehrstufige Prüfung erforderlich.

In einem ersten Schritt ist zu prüfen, ob es sich um eine feststellende oder aber um eine prägende Leitsatzregelung handelt. Dabei gilt es zu beachten, dass sowohl die gesamte Leitsatznummer als auch nur ein Teil davon einen feststellenden bzw. prägenden Charakter haben kann. Die Prüfung erfolgt anhand der Genese der Leitsätze, den hierzu erfolgten Sachstandsmitteilungen sowie unter Berücksichtigung des tatsächlichen Marktgeschehens und weiteren Aspekten.

Sodann ist in einem zweiten Schritt im Falle eines feststellenden Leitsatzes zu prüfen, ob die darin geschilderte Verkehrsauffassung tatsächlich (noch) zutreffend ist. Hierfür streitet zunächst die diesem Leitsatztyp innewohnende Vermutungswirkung, sofern durch den Anwender nicht hinreichend begründete Gegenargumente vorgebracht werden können. Diese können bspw. auf dem aktuellen Marktgeschehen, Umfrageergebnissen, neuen rechtlichen Regelungen etc. beruhen.

Handelt es sich hingegen um einen prägenden Leitsatz, ist in dem zweiten Schritt zu prüfen, ob der prägende Leitsatz bereits zu einer Etablierung der zu prägenden Verkehrsauffassung geführt hat. Für eine erfolgreiche Prägung bedarf es der Akzeptanz der Verkehrsauffassung durch die überwiegende Anzahl der Verkehrsteilnehmer in Form deren Umsetzung (Umstandsmoment) über einen angemessenen Zeitraum (Zeitmoment). Nur wenn sowohl das Zeit- als auch das Umstandsmoment vorliegen, war die Prägung erfolgreich und der prägende Leitsatz wandelt sich zu einem feststellenden Leitsatz. Nur dann darf der jeweilige Leitsatz im Rahmen der rechtlichen Bewertung berücksichtigt werden (ähnlich auch Meyer/Streinz, LFGB, § 15 Rn. 11; Sosnitza/Meisterernst, Lebensmittelrecht, C 102, § 15 Rn. 26; Zipfel, ZLR 1986, 133, 134).

Liegt noch keine erfolgreiche Prägung vor, wird die prägende Leitsatzregelung jedoch dennoch angewendet, wird ihr – so zumindest die derzeit herrschende Meinung – eine normative, das heißt gesetzgeberische Wirkung zugemessen. Eine solche normative Wirkung dürfte aber gegen das Rechtsstaatsprinzip verstoßen. Zusammenfassend bedeutet dies, dass auch die Überwachungsbehörden prägende Leitsatzregelungen erst dann anwenden dürfen, wenn diese zur allgemeinen Verkehrsauffassung geworden sind. Da die Herausbildung einer Verkehrsauffassung ein fließender Prozess ist, wird dies im Einzelfall nur schwer feststellbar sein. Es ist auch nicht möglich, einen konkreten Zeitraum vorherzusagen, bis wann aus einem prägenden Leitsatz ein solcher wird, der eine aktuelle Verkehrsauffassung zutreffend beschreibt. Für die Anwender stellt dies eine Unsicherheit dar.

Die Anwendung prägender Regelungen durch Unternehmen kann darüber hinaus auch unerwünschte rechtliche Konsequenzen für Unternehmen haben. Wie bereits erläutert können die Leitsätze keine bestehenden Rechtsvorschriften aufheben oder ändern.

Wenn LS-Nr. 1.4 Abs. 3 der Leitsätze für vegane und vegetarische Lebensmittel mit Ähnlichkeit zu Lebensmitteln tierischen Ursprungs bestimmt, dass bspw. bei der Kenntlichmachung der maßgeblich ersetzenden Zutat im Hauptsichtfeld gleichartige Zutaten zusammengefasst werden können, z. B. mit der zusammenfassenden Angabe „mit Pflanzenprotein" bei gleichzeitiger Verwendung von z. B. Erbsen- und Sojaprotein, so ist eine entsprechende Zusammenfassung im Rahmen des Zutatenverzeichnisses gem. der LMIV nicht ohne Weiteres möglich. Entsprechendes gilt für die Verwendung von in den Leitsätzen kursiv gedruckten, neuen, verkehrsüblichen Bezeichnungen. Hier ist im Einzelfall zu prüfen, ob eine Verwendung im Zutatenverzeichnis möglich ist. So wies das LG München (Urt. vom 21.12.2021, Az. 33 O 3572/21) darauf hin, dass die Leitsätze für vegane und vegetarische Lebensmittel lediglich Hinweise zur Kennzeichnung veganer und vegetarischer Lebensmittel geben. Ausführungen zur Gestaltung des Zutatenverzeichnisses enthalten sie gerade nicht.

3. Widerlegbarkeit der Vermutungswirkung

Wie bereits erläutert wohnt den Leitsätzen des Deutschen Lebensmittelbuches eine Vermutung dafür inne, was ein Verbraucher redlicherweise von einem Lebensmittel hinsichtlich seiner Herstellung, Beschaffenheit und sonstigen Merkmale erwarten kann, wenn es eine in den Leitsätzen aufgeführte Bezeichnung trägt. Diese Vermutungswirkung ist widerlegbar. Für eine Widerlegung ist es erforderlich, dass der Anwender nachweist, dass die in den Leitsätzen wiedergegebene Verkehrsauffassung überholt ist oder ein bestimmter Umstand erst gar nicht Bestandteil der Verkehrsauffassung war bzw. ist. Dies kann unter Zuhilfenahme aller erdenklichen Erkenntnisquellen, insbesondere von Fachliteratur, der Rechtsprechung, dem tatsächlichen Marktgeschehen, Sachverständigengutachten und Umfragen etc. geschehen.

4. Übergangsfristen

Die Frage nach Übergangsfristen für die Anwendung von neuen Beschreibungen in den Leitsätzen ist weder pauschal noch einheitlich zu beantworten. Abermals gilt es zwischen den verschiedenen Leitsatztypen (feststellende und prägende Leitsatzregelungen) zu unterscheiden. Weiterhin ist danach zu differenzieren, ob es sich bei der anzuwendenden Leitsatznummer um eine begünstigende oder um eine belastende Vorgabe handelt.

Übergangsfristen für feststellende Leitzsatzregelungen, also solche, die eine bestehende Verkehrsauffassung wiedergeben und bei denen keine Anhaltspunkte dafür bestehen, dass die wiedergegebene Verkehrsauffassung nicht mehr aktuell ist, sind ausgeschlossen. Hintergrund ist, dass die fragliche Verkehrsauffassung existiert und im beschriebenen Umfang gelebt wird. Eine Übergangsfrist kommt in diesen Fällen also naturgemäß nicht in Frage.

Bei prägenden Leitsatzregelungen, die keine bestehende Verkehrsauffassung beschreiben, sondern eine neue Verkehrsauffassung herbeiführen sollen, müssen Lebensmittelunternehmen den Vorgaben der prägenden Leitsatznummer für eine angemessene Zeit folgen. Ist dies nicht der Fall, läuft die versuchte Prägung leer. Eine Prägung erfolgt daher keinesfalls automatisch und auch nicht unmittelbar nach Bekanntgabe prägender Leitsätze. Vielmehr bedarf es einer dauernden und umfassenden Übung, um die Prägung herbeizuführen. Eine solche Übung setzt ein sogenanntes Zeitmoment und ein Umstandsmoment voraus.

Das Zeitmoment bedingt, dass die in der prägenden Leitsatzziffer zum Ausdruck gebrachte (künftig zu prägende) Verkehrsauffassung über einen bestimmten Zeitraum praktisch gelebt bzw. vollzogen werden muss. Die Festlegung pauschaler Zeiträume verbietet sich hier, da die für eine erfolgreiche Prägung erforderliche Zeit je nach Art und Umfang der Prägung von zahlreichen Faktoren abhängig ist.

Das Umstandsmoment setzt voraus, dass die verschiedenen an dem Verkehr mit dem Lebensmittel beteiligten Verkehrskreise die Prägung annehmen und diese in die Praxis übernehmen bzw. umsetzen. Hierbei ist es nicht ausreichend, dass lediglich einzelne Verkehrsteilnehmer die Regelung akzeptieren. Vielmehr muss bei einer wertenden Gesamtbetrachtung erkennbar sein, dass der überwiegende Teil der Verkehrsteilnehmer und damit ein wesentlicher Teil aller Verkehrskreise die Prägung akzeptiert.

Erst wenn sowohl das Zeit- als auch das Umstandsmoment vorliegen, kann von einer erfolgreichen Prägung und damit von einer Anwendbarkeit der prägenden Leitsatzregelung ausgegangen werden. Dieser Prozess wird in der Praxis häufig verkürzt als Übergangsfrist beschrieben.

Die Prüfung, ob eine dauernde und umfassende Übung (Zeit- und Umstandsmoment) vorliegt, ist komplex. Hierzu bedarf es stets einer konkreten Prüfung, bei der alle Umstände des Einzelfalles einzubeziehen sind. Im Rahmen der Prüfung des Zeitmomentes sind insbesondere die Art und der Umfang der Neuerung, die Abgabeform des konkret betroffenen Lebensmittels sowie auch die Art und die Haltbarkeit des betroffenen Produktes zu berücksichtigen. Weiterhin ist zu prüfen, wann die prägende Leitsatznummer bekannt gemacht wurde. Zudem ist davon auszugehen, dass bei begünstigenden Regelungen das Zeitmoment einen geringeren Umfang haben kann als bei Regelungen, die sich belastend auswirken.

Anhaltspunkte dafür, welche Zeiträume als angemessen anzusehen sind, können gegebenenfalls gesetzlichen Regelungen entnommen werden, z. B. Art. 3 Abs. 3 LMIV. Dieser bestimmt, dass in den Fällen, in denen im Lebensmittelinformationsrecht neue Anforderungen eingeführt werden, für die Zeit nach dem Inkrafttreten der neuen Anforderungen – außer in hinreichend begründeten Fällen – eine Übergangsfrist zu gewähren ist. Während dieser Übergangsfrist dürfen entsprechende Lebensmittel, deren Etikett nicht den neuen Anforderungen entspricht, in den Verkehr gebracht werden. Bestände solcher Lebensmittel, die vor dem Ablauf der Übergangsfrist in Verkehr gebracht wurden, dürfen bis zur Erschöpfung der Bestände verkauft werden.

Ein Beispiel für neu eingeführte Kennzeichnungsvorgaben ist die Durchführungsverordnung (EU) Nr. 1337/2013 hinsichtlich der Angabe des Ursprungslandes bzw. Herkunftsortes von frischem, gekühltem oder gefrorenem Schweine-, Schaf-, Ziegen- und Geflügelfleisch. Gemäß Art. 9 derselben Verordnung trat die Verordnung am 17.12.2013 in Kraft. Ihre Geltung entfaltete sie jedoch erst ab dem 1.4.2015. Unternehmer, die von der Verordnung betroffene Erzeugnisse herstellten bzw. vermarkteten, hatten somit etwas mehr als anderthalb Jahre Zeit, um die Etikettierung ihrer Erzeugnisse anzupassen. Weitere zusätzliche Kennzeichnungsvorgaben wurden darüber hinaus mit der Durchführungsverordnung (EU) 2018/775 zur Herkunftskennzeichnung von Primärzutaten eingeführt. Die Verordnung ist am 2.6.2018 in Kraft getreten, gilt jedoch erst seit dem 1.4.2020.

Neue Kennzeichnungsvorgaben auf EU-Ebene sind daher oftmals mit einer Übergangsfrist von nahezu zwei Jahren ausgestattet. Unter Berücksichtigung der vorgenannten Kriterien kann ein angemessenes Zeitmoment mehrere Monate bis mehrere Jahre umfassen.

Im Rahmen der Prüfung des Umstandsmomentes muss kontrolliert werden, ob die in der prägenden Leitsatznummer geforderte Anforderung bereits umgesetzt wird und in welchem Umfang dies geschieht.

a) Prüfungsbeispiel

Die vorgenannten Prüfungsvorgaben sollen an dem Beispiel der prägenden LS-Nr. 2.1 Abs. 4 der Leitsätze für vegane und vegetarische Lebensmittel mit Ähnlichkeit zu Lebensmitteln tierischen Ursprungs verdeutlicht werden. Die Leitsatznummer lautet:

> „Bezeichnungen für spezifische Wurstwaren (z. B. *„Lyoner", „Salami", „Leberwurst"*) sind für vegane und vegetarische Lebensmittel nicht üblich. Hinweise auf diese Lebensmittel werden allenfalls zur näheren Beschreibung für vegane und vegetarische Lebensmittel verwendet, soweit eine hinreichende sensorische Ähnlichkeit zum in Bezug genommenen Lebensmittel tierischen Ursprungs besteht, insbesondere in Aussehen, Geruch, Geschmack und Konsistenz. Solche Produkte werden z. B. als *„vegetarische Seitan-Wurst, Typ Lyoner", „vegane Tofu-Wurst nach Salami-Art", „vegetarische Soja-Streichwurst mit Leberwurstgeschmack"* bezeichnet."

aa) Prüfungsstufe 1

Bis zur Veröffentlichung der Leitsätze und auch aktuell ist es üblich, dass vegane oder vegetarische Alternativprodukte, die sich an verkehrsübliche Bezeichnungen wie *Lyoner* oder *Salami* anlehnen, Phantasiebezeichnungen wie „Vegane Salami" oder Bezeichnungen wie *„Vegetarische Lyoner auf Basis von ..."* tragen. Diese Kennzeichnungsvarianten wurden bisher akzeptiert und über viele Jahre gelebt.

Satz 1 der LS-Nr. 2.1 Abs. 4 der Leitsätze für vegane und vegetarische Lebensmittel mit Ähnlichkeit zu Lebensmitteln tierischen Ursprungs postuliert nunmehr, dass die Verwendung entsprechender Angaben in der bisherigen Art und Weise unüblich sein soll. Es handelt sich folglich um eine neue prägende Vorgabe, die darüber hinaus belastend auf die aktuell verwendete Etikettierungspraxis einwirken soll und die Anpassung bestehender Etikettierungen anstrebt.

Satz 2 der LS-Nr. sieht weiterhin vor, dass ein Hinweis auf entsprechende Erzeugnisse (*Salami, Lyoner* etc.) im Rahmen der Kennzeichnung des Lebensmittels erfolgen kann, um dieses näher zu beschreiben und dem Verbraucher zu verdeutlichen, was er von dem Produkt erwarten kann. Diese Möglichkeit der Anbringung eines anlehnenden Hinweises bedingt jedoch eine „hinreichende sensorische Ähnlichkeit", und zwar in Bezug auf das Aussehen, den Geruch, den Geschmack sowie die Konsistenz.

Bei dieser Vorgabe kann auf den ersten Blick der Eindruck entstehen, dass es sich ebenfalls um eine prägende Regelung handelt. Dies ist jedoch nicht gänzlich der Fall. Bisher war es bereits aufgrund von Art. 7 LMIV erforderlich, dass ein Lebensmittel, das sich in seiner Kennzeichnung an übliche Bezeichnungen aus anderen Bereichen anlehnt, entsprechende Ähnlichkeiten aufweisen musste. So wurde bspw. im Fall eines „Vegetarischen Schnitzels" gefordert, dass das Produkt eine faserartige Textur sowie eine schnitzeltypische Form aufweist. Weiterhin wurde vorausgesetzt, dass der Geruch und der Geschmack des Erzeugnisses so beschaffen sind, dass der typische

Charakter eines Schnitzels gewahrt wird. Anderenfalls wurde auch bisher eine entsprechende Anlehnung als irreführend im Sinne von Art. 7 LMIV eingestuft.

Aus dem Vorgesagten folgt, dass es sich bei der Regelung in Satz 2 nicht um eine neue prägende, sondern um eine feststellende Regelung handelt, weshalb diese für die Beurteilung einer Übergangsfrist der genannten Leitsatznummer außer Betracht bleiben kann. Neu und prägend ist hingegen das Kriterium der „hinreichenden sensorischen Ähnlichkeit“, das eine Anlehnung nur dann ermöglichen soll, wenn die Ähnlichkeit in Hinsicht auf die explizit genannten sensorischen Merkmale gegeben ist.

Sodann wird in Satz 3 der Leitsatznummer unter Bezugnahme auf deren Satz 1 bestimmt, dass entsprechende Produkte bspw. als „*Vegetarische Seitan-Wurst, Typ Lyoner*“ bezeichnet werden können. Auch hierbei handelt es sich um eine prägende Regelung, denn bisher existierten keine verkehrsüblichen Bezeichnungen für vegetarische und vegane Alternativprodukte. Da bspw. die Angabe „*Vegetarische Seitan-Wurst, Typ Lyoner*“ in der Leitsatznummer kursiv geschrieben ist, handelt es sich folglich um eine prägende Regelung, mit der erstmals verkehrsübliche Bezeichnungen für entsprechende Erzeugnisse geschaffen werden sollen. Dabei ist davon auszugehen, dass es sich bei der Regelung nicht um eine belastende Neuprägung handelt, da bei der Verwendung solcher verkehrsüblichen Bezeichnungen die bisherige Verwendung der meist sehr technisch wirkenden und sehr langen beschreibenden Bezeichnungen nicht mehr zwingend erforderlich ist. Mithin können entsprechende Unternehmer zur Bezeichnung ihrer Produkte nunmehr zwischen verkehrsüblichen und beschreibenden Bezeichnungen wählen. Demnach handelt es sich lediglich bei Satz 1 und Satz 3 der Leitsatznummer um prägende Leitsatzregelungen, die erst nach einer ausreichenden Übung behördlich als Beanstandungsgrundlage verwendet werden können.

bb) Prüfungsstufe 2

Der Einfachheit halber soll die weitere Prüfung ausschließlich anhand des Satzes 1 der LS-Nr. 2.1 Abs. 4 der Leitsätze für vegane und vegetarische Lebensmittel mit Ähnlichkeit zu Lebensmitteln tierischen Ursprungs erfolgen. Nach derzeitigem Kenntnisstand der Autoren und dem aktuellen Marktbild genügen bisher nur wenige Produkte am Markt den Anforderungen des Satzes 1 der Leitsatznummer, weshalb derzeit noch davon auszugehen ist, dass der überwiegende Teil der Verkehrskreise die Regelung noch nicht umgesetzt hat. In der Folge mangelt es an dem Vorliegen des für die Prägung erforderlichen Umstandsmomentes. Bereits aus diesem Grund können aktuell keine Beanstandungen auf die Nichteinhaltung des Satzes 1 der Leitsatznummer gestützt werden.

b) Verfehlung einer Prägung

Wie bereits ausführlich dargestellt, bedarf es für die wirksame Prägung einer Verkehrsauffassung durch eine Leitsatzregelung einer Übung durch ein entsprechendes Zeit- und Umstandsmoment. Sofern die am Verkehr mit dem konkreten Lebensmittel beteiligten Verkehrskreise die in einer prägenden Leitsatznummer genannten Vorgaben ablehnen und von dieser abweichen bzw. diese nicht anwenden, fehlt es an dem Umstandsmoment. In der Folge findet keine Prägung statt, so dass die betroffene Leitsatzregelung leerläuft. Die entsprechende Leitsatzregelung ist dann in der Praxis nicht anwendbar und ist bei einer nachfolgenden Revision der entsprechenden Leitsätze anzupassen oder zu entfernen. Des Weiteren können keine Beanstandungen auf die Nichtbefolgung der Leitsatznummer gestützt werden.

Ebenso wie die Feststellung des Zeitmoments für eine erfolgreiche Prägung Probleme bereiten kann, kann dies umgekehrt der Fall sein, wenn überprüft werden soll, ob die Prägung fehlgeschlagen ist.

Ein Beispiel für eine solch fehlgeschlagene Prägung ist die bereits angesprochene vormalige Leitsatzziffer 2.341 Abs. 5 a. F. bzw. die heutige LS-Nr. 2.3.2 Abs. 5 der Leitsätze für Fleisch und Fleischerzeugnisse. Die von den Leitsätzen verlangte Kennzeichnung hat sich zwischen 2015 und 2021 nicht etabliert und wurde vom Markt abgelehnt. In der Folge scheiterte die Prägung, so dass sowohl das Bundesministerium für Ernährung und Landwirtschaft als auch die Deutsche Lebensmittelbuch-Kommission in ihrem Sachstandsbericht vom 29.6.2021 mitgeteilt haben, dass der mit der Leitsatznummer unternommene Prägungsversuch gescheitert ist, weshalb die Leitsatznummer angepasst werden soll. Unklar bleibt insoweit, ob die Regelung gänzlich gestrichen wird oder ein neuer Prägungsversuch unternommen wird.

Kapitel 2
Leitsätze für Fleisch und Fleischerzeugnisse

Neufassung vom 14.4.2022 (BAnz AT 28.7.2022 B1, GMBl 29-30/2022 S. 657–703), zuletzt geändert durch die Bekanntmachung vom 13.9.2022 (BAnz AT 4.10.2022 B3, GMBl 36/2022, S. 825)

Inhaltsübersicht

2 Besondere Beurteilungsmerkmale für einzelne Erzeugnisse

2.1 Spezielle Fleischteilstücke und Fleischgerichte

2.1.1 Fleischteilstücke
2.1.1.1 Filet
2.1.1.2 Roastbeef
2.1.1.3 Hüfte
2.1.1.4 Kotelettstrang
2.1.1.5 Eisbein
2.1.1.6 Kleinfleisch
2.1.2 Braten
2.1.2.1 Braten allgemein
2.1.2.2 Rollbraten
2.1.2.3 Nierenbraten
2.1.2.4 Gefüllte Kalbs- und Schweinebrust
2.1.3 Produkte in Scheiben
2.1.3.1 Scheiben aus dem Filet
2.1.3.2 Steaks
2.1.3.3 Kotelett
2.1.3.4 Schnitzel
2.1.3.5 Medaillon
2.1.3.6 Rouladen
2.1.4 Produkte aus gestückeltem Fleisch
2.1.4.1 Fleischspieße
2.1.4.2 Döner Kebab
2.1.4.3 Geschnetzeltes
2.1.4.4 Gulasch
2.1.4.5 Ragout (…pfeffer)
2.1.4.6 Frikassee, Ragout fin und Würzfleisch
2.1.4.7 Fleisch im eigenen Saft
2.1.5 Produkte aus gewolftem oder ähnlich zerkleinertem Fleisch
2.1.5.1 Rinderhackfleisch, -gehacktes, -gewiegtes
2.1.5.2 Schweinehackfleisch, -mett, -gehacktes, -gewiegtes
2.1.5.3 Gemischtes Hackfleisch Halb und Halb
2.1.5.4 Schabefleisch, Beefsteakhack, Tatar
2.1.5.5 Hamburger, Beefburger, Cheeseburger
2.1.5.6 Hacksteak
2.1.5.7 Deutsches Beefsteak, Hackbeefsteak
2.1.5.8 Frikadelle, Boulette, Bratklops

2.2 Rohe Pökelfleischerzeugnisse

Kommentar: Mit der Neufassung der Leitsätze für Fleisch und Fleischerzeugnisse in 2022 ist auch eine Neugliederung einhergegangen. Damit enthalten die Leitsätze jetzt erstmalig eine vorangestellte Inhaltsübersicht, aus der sich ergibt, wo sich die einzelnen Beschreibungen befinden.

Wie in der Vergangenheit auch werden die Leitsätze grob in zwei Teile unterteilt. Der erste Teil mit allgemeinen Beurteilungsmerkmalen, die für alle bzw. die beschriebenen Erzeugnisse gelten, wird weiterhin vor die Klammer gezogen. Im zweiten Teil finden sich dann besondere Beurteilungsmerkmale für einzelne Erzeugnisse.

Der allgemeine Teil enthält zunächst in der LS-Nr. 1.1 Begriffsbestimmungen. Sodann wird in LS-Nr. 1.2 die Herstellung beschrieben. LS-Nr. 1.3 beschreibt die Beschaffenheitsmerkmale von Fleischerzeugnissen. LS-Nr. 1.4 beinhaltet Bezeichnungen und Aufmachungen.

Den besonderen Beurteilungsmerkmalen liegt gedanklich eine Gliederung zugrunde, die sich nach dem Verarbeitungsgrad richtet. In LS-Nr. 2.1 werden einzelne, teilweise unbehandelte Fleischteilstücke und Gerichte beschrieben. In LS-Nr. 2.2 folgen rohe, in LS-Nr. 2.3 gegarte Pökelfleischerzeugnisse. Den Abschluss bilden die Wurstwaren in LS-Nr. 2.4.

1 Allgemeine Beurteilungsmerkmale

Die Leitsätze umfassen alle zum Verzehr durch den Menschen bestimmten Teile von geschlachteten oder erlegten warmblütigen Tieren und die daraus gewonnenen Erzeugnisse.

„Fleischerzeugnisse" im Sinne dieser Leitsätze sind Erzeugnisse, die ausschließlich oder überwiegend (> 50 %) aus den oben genannten Teilen bestehen.

Kommentar: Die vorherige Textfassung der Leitsätze enthielt verschiedene Definitionen für Fleisch. Dies führte zu Unklarheiten, so dass der Benutzer immer sehr genau unterscheiden musste, welche Definition in welcher Beschreibung einschlägig war. Diese Unklarheiten beseitigen die neuen Leitsätze, indem sie nunmehr darauf hinweisen, was die Leitsätze umfassen. Damit wird in Leitsatznummer 1 nunmehr der Anwendungsbereich der Leitsätze beschrieben.

Im zweiten Absatz wird sodann die für die Leitsätze geltende Definition des Fleischerzeugnisses wiedergegeben. Diese entspricht der vorherigen Beschreibung. Es handelt sich um Erzeugnisse, die ausschließlich oder überwiegend aus den zum Verzehr durch den Menschen bestimmten Teilen von geschlachteten oder erlegten warmblütigen Tieren und den daraus gewonnenen Erzeugnissen bestehen.

Die Definition zu Fleischerzeugnissen im Sinne der Leitsätze unterscheidet sich damit von der hygienerechtlichen Definition der Verordnung (EG) Nr. 853/2004. Dort sind Fleischerzeugnisse in Anhang I Ziffer 7.1 als verarbeitete Erzeugnisse definiert, die aus der Verarbeitung von Fleisch oder der Weiterverarbeitung solcher verarbeiteter Erzeugnisse so gewonnen werden, dass bei einem Schnitt durch den Kern die Schnittfläche die Feststellung erlaubt, dass die Merkmale von frischem Fleisch nicht mehr vorhanden sind. Hierbei handelt es sich um eine gesetzliche Definition, die für den Bereich der Lebensmittelhygiene, speziell für Lebensmittel tierischen Ursprungs, Bedeutung hat. Die Leitsätze verwenden also für ihren Anwendungsbereich bewusst eine eigene Definition für Fleischerzeugnisse.

Soweit darin die Rede von Erzeugnissen ist, die „überwiegend" aus Teilen von geschlachteten, warmblütigen Tieren stammen, wird zur Klarstellung darauf hingewiesen, dass dies einen Anteil von mehr als 50% voraussetzt. Das bedeutet, dass Erzeugnisse mit einem Fleischanteil von weniger als 50% nicht den Leitsätzen für Fleisch und Fleischerzeugnisse unterliegen. Für die fleischhaltigen Zutaten eines solchen Erzeugnisses bleiben sie jedoch anwendbar. Beispiel: Eine *Pizza Salami* unterliegt nicht dem Anwendungsbereich der Leitsätze, da der Fleischanteil deutlich unterhalb von 50% liegt. Sofern jedoch die in den Leitsätzen beschriebene Bezeichnung *Salami* verwendet wird, muss die Salami als Fleischerzeugnis im Einklang mit den Leitsätzen für Fleisch und Fleischerzeugnisse hergestellt worden sein.

Eine weitere Änderung gegenüber der vorherigen Fassung besteht darin, dass die Leitsätze nun nicht mehr darauf hinweisen, dass sich fleischlose Erzeugnisse in Bezeichnung und Aufmachung eindeutig von Fleischerzeugnissen unterscheiden müssen. Die Streichung hat allerdings lediglich formelle Gründe. Die Leitsätze können nur Beschreibungen innerhalb ihres eigenen Anwendungsbereichs treffen. Fleischlose Erzeugnisse unterliegen jedoch anderen gesetzlichen Regelungen und Beschreibungen in Leitsätzen, bspw. den Leitsätzen für vegane und vegetarische Erzeugnisse mit Ähnlichkeit zu Lebensmitteln tierischen Ursprungs. Deshalb wurde der Hinweis auf fleischlose Erzeugnisse gestrichen.

Nichtsdestotrotz gilt beim Inverkehrbringen von Lebensmitteln immer das allgemeine Irreführungsverbot. Daraus ist abzuleiten, dass die Bezeichnung von allen Lebensmitteln und damit auch von fleischlosen Erzeugnissen nicht irreführend sein darf. Ob dies dazu führt, dass Bezeichnungen aus den Leitsätzen für Fleisch und Fleischerzeugnisse für fleischlose Alternativen überhaupt nicht verwendet werden dürfen, unterliegt jeweils einer Einzelfallbetrachtung.

1.1 Begriffsbestimmungen

Kommentar: Die Begriffsbestimmungen enthalten verschiedene Definitionen für vom Tier stammendes Ausgangsmaterial (1.1.1) und weitere Zutaten zur Herstellung von Fleischerzeugnissen (1.1.2) sowie weitere Begriffsbestimmungen insbesondere für Eiweiße (1.1.3).

1.1.1 Vom Tier stammendes Ausgangsmaterial

Vom Tier stammendes Ausgangsmaterial sind alle Teile von geschlachteten oder erlegten warmblütigen Tieren, die zum Verzehr durch den Menschen bestimmt sind[1)].

Kommentar: Die Beschreibung zu vom Tier stammendem Ausgangsmaterial ist sehr weit gefasst und wird durch die Fußnote 1 ergänzt. Darin heißt es, dass es sich hierbei um Fleisch und Geflügelfleisch handelt, das zuvor nach hygienerechtlichen Vorschriften untersucht und als tauglich zum Genuss für Menschen beurteilt wurde. Insoweit erfolgt also eine Anlehnung an die hygienerechtliche Definition aus Anhang I Ziffer 1.1 der Verordnung (EG) Nr. 853/2004.

Mit der Überschrift und der Einleitung „vom Tier stammendes Ausgangsmaterial" geht ebenfalls eine kleine, aber wichtige Änderung gegenüber der vorherigen Fassung der Leitsätze einher. Insoweit wird das näher beschriebene, vom Tier stammende Ausgangsmaterial nicht mehr zusätzlich als Fleisch bezeichnet, so dass es wie bereits zuvor geschildert nicht mehr verschiedene Fleischdefinitionen im Anwendungsbereich der Leitsätze gibt.

Mit der Bezugnahme auf alle Teile von geschlachteten oder erlegten warmblütigen Tieren ist jedoch klargestellt, dass taugliches Ausgangsmaterial zur Herstellung von Fleischerzeugnissen nicht nur Fleisch verstanden als Skelettmuskulatur sein kann, sondern auch Nebenprodukte der Schlachtung, wie bspw. Innereien.

Die folgenden LS-Nr. 1.1.1.1 bis 1.1.1.8 enthalten dann detailliertere Begriffsbestimmungen für bestimmtes vom Tier stammendes Ausgangsmaterial.

1.1.1.1 Fleisch (Skelettmuskulatur)

Bei Erzeugnissen im Sinne dieser Leitsätze wird unter „Fleisch" nur Skelettmuskulatur mit anhaftendem oder eingelagertem Fett- und Bindegewebe (Leitsatznummer 1.1.1.2 und 1.1.1.3) sowie eingelagerten Lymphknoten, Nerven, Gefäßen und Schweinespeicheldrüsen verstanden.

Kommentar: Die Leitsatznummer enthält die allgemein übliche Fleischdefinition, die auch bisher im Rahmen der Leitsätze verwendet wurde und weiterhin fortgeführt wird. Hier erfolgt die Eingrenzung auf Skelettmuskulatur mit anhaftendem und eingelagertem Fett- und Bindegewebe sowie weiteren natürlichen Bestandteilen. In Abgrenzung zum vom Tier stammenden Ausgangsmaterial nach LS-Nr. 1.1.1 unterfallen der Fleischdefinition nicht die Nebenprodukte der Schlachtung und damit bspw. auch keine Innereien.

Zum Fleisch gehört auch die Schweinebacke. Bei dem Rohstoff „Schweinebacke" handelt es sich um einen traditionell hochwertigen Rohstoff für die Herstellung von Fleischerzeugnissen von höchster Qualität. Die Schweinebacke ist ein Teil des Schweinekopfes. Denn neben den Muskeln (Mm. Masseter und Buccinator) befinden sich in diesem Abschnitt Speicheldrüsen (Glandula parotis) sowie eingebettet Drüsen- und Lymphgewebe. In dieser Leitsatznummer wird festgestellt, dass in Fleischerzeugnissen Teilstücke vom Schwein, die Drüsengewebe enthalten, verarbeitet werden. Es handelt sich um einen zugelassenen Rohstoff. Die äußeren Teile der Schweinebacke vom Kiefer bis zum Halsansatz haben eingelagerte Drüsen, die auch nicht durch einen Zuschnitt beseitigt werden können. Die Größenausmaße einer Drüse hängen im Wesentlichen von der Fütterungsart (rohfaserreich, Flüssignahrung) ab. Eigene Untersuchungen (Riehn et al., Rundschau für Fleischhygiene und Lebensmittelüberwachung 1/2019) haben gezeigt, dass durch eine Beschneidung der oberflächlich sichtbaren Drüsengewebe keine besseren Werte erwartet werden können. In diesem Teilstück können derartige Mengen an Drüsengewebe mitverarbeitet werden, die dann dazu führen, dass der vom ALTS (Beschluss 2013/71/32) propagierte Grenzwert von 1,2 Partikeln/cm² sicher überschritten wird. Dieses entsteht insbesondere dann, wenn z. B. in Rezepturen 50 % eines derartigen Rohstoffes eingesetzt werden, was durchaus in manchen Wurstwaren üblich ist. Dies ist bspw. bei Bratwürsten und Leberwürsten der Fall. Die Schweinebacke zeichnet sich vornehmlich durch eine hervorragende sensorische Qualität aus und wird somit sehr gerne in der fleischverarbeitenden Industrie eingesetzt. Es handelt sich keinesfalls um einen minderwertigen Rohstoff.

Weiterhin muss festgestellt werden, dass ebenfalls der Zerkleinerungsgrad einen erheblichen Einfluss auf das Untersuchungsergebnis hat. In der Regel wird eine histologische Untersuchung durchgeführt. Die Partikel werden durch ein Mikroskop gezählt und dann auf cm² umgerechnet. Der Auswirkung des Zerkleinerungsgrades ist in dem angesprochenen ALTS-Beschluss nicht Rechnung getragen, genau wie dem Anteil des zugesetzten Wassers (bei Brühwürsten technologisch bedingtes Eis). Die Zulässigkeit des Einsetzens eines derartigen Rohstoffes ist nicht zuletzt in einem Oberlandesgerichtsurteil festgestellt worden. Darin wurde ganz klar herausgearbeitet, dass bei der Bratwurst die Schweinebacke ein zugelassener Rohstoff ist und keinesfalls zu beanstanden ist. Festzustellen ist somit, dass auf Basis der Spezifikationsdokumente der Lebensunternehmer nicht die Möglichkeit hat, drüsenreiche und drüsenarme Lieferchargen zu unterscheiden. Das Entfernen aller aufliegenden Drüsenanteile beeinflusst den Anteil der im Gewebe eingelagerten Drüsen nicht. Die amtliche Überwachung kann durch eine Zufallskontrolle auf Betriebsebene zielgerichtet identifizieren, ob die oberflächlich gelegenen Drüsen abgeschnitten werden.

Sowohl in LS-Nr. 1.1.1.1 als auch in LS-Nr. 1.1.1.2.2 wird darauf hingewiesen, dass zum Fleisch beim Schwein auch die eingelagerten Speicheldrüsen bzw. beim Speck (Backenspeck) die eingelagerten Speicheldrüsen zum Rohstoff gehören. Dies ist sehr zu begrüßen.

Die Frage, was letztlich mengenmäßig als Fleisch zu kennzeichnen ist, wird konsequenterweise in LS-Nr. 1.4 unter der Überschrift „Bezeichnung und Aufmachung" beschrieben. Nur für die mengenmäßige Angabe von Fleisch, die sogenannte QUID-Angabe, verweisen die Leitsätze in LS-Nr. 1.4.13 auf die Definition aus der Lebensmittelinformationsverordnung

1.1.1.2 Fettgewebe/Fett

„Fettgewebe" ist überwiegend Fett enthaltendes Gewebe, das vom Fleisch abgetrennt worden ist oder aus dem Bereich der Körperhöhlen, jedoch nicht vom Darm oder Gekröse stammt.

1.1.1.2.1 „Flomen" ist das beim Schwein zwischen Bauchfell und innerer Bauchmuskulatur liegende Fettgewebe.

1.1.1.2.2 „Speck" ist das unter der Haut des Schweines liegende Fettgewebe ohne Schwarte, auch mit Resten von Skelettmuskulatur. „Backenspeck" schließt eingelagerte Speicheldrüsen,

„Bauchspeck" die Brust- und Bauchmuskulatur sowie nicht laktierende Milchdrüsen ein. An „Speck" der frisch oder behandelt im Stück an den Verbraucher abgegeben wird, haftet zumeist Schwarte.

1.1.1.2.3 „Rinderfleischfett" ist Fettgewebe des Rindes, mit Ausnahme der Fettgewebeansammlungen in den Körperhöhlen.

1.1.1.2.4 „Fett" ist der von Wasser und Eiweiß befreite, durch Erhitzen, Abpressen oder Zentrifugieren gewonnene Anteil des Fettgewebes von Schwein („Schweinefett", „Schweineschmalz") oder Rind („Rinderfett", „Talg"). Schweinefett ist bei Kochstreichwurst dem Fettgewebe gleichgestellt.

„Kesselfett" ist das beim Kochen von fettgewebehaltigen Tierkörperteilen austretende, gesondert erfasste Fett. Kesselfett von schlachtfrischen Teilen des Schweines ist bei Kochstreichwurst dem Fettgewebe gleichgestellt.

„Knochenfett" ist das in fleischverarbeitenden Betrieben von Tieren aus eigenen Schlachtungen durch Behandlung von frischen und unverdorbenen Knochen im Vakuum bei Temperaturen unter 100 °C und nachfolgendes Abklären gewonnene Fett. Es ist bei Kochstreichwurst dem Fettgewebe gleichgestellt.

1.1.1.3 Bindegewebe

„Bindegewebe“ ist Gewebe, dessen Eiweißanteil überwiegend aus Bindegewebseiweiß (Kollagen, Elastin) besteht; es umschließt straffes und lockeres Bindegewebe, ausgenommen Fettgewebe.

1.1.1.3.1 „Sehnen“ sind straffe Bindegewebe (Sehnen einschließlich Sehnenscheiden, Sehnenplatten, Bindegewebehäute und Bänder mit Ausnahme des Nackenbandes des Rindes). Ansammlungen von lockerem sowie elastischem Bindegewebe, die beim Ausschneiden von Fleisch anfallen, sind den Sehnen gleichgestellt.

1.1.1.3.2 „Grieben“ sind die beim „Auslassen“ (Erhitzen) von Fettgewebe zurückbleibenden Bindegewebeanteile.

1.1.1.4 Schwarten

„Schwarten“ sind Teile der gebrühten und enthaarten Haut des Schweines. Gebrühte und enthaarte Kopfhaut vom Kalb und Maul des Rindes (Flotzmaul, Ochsenmaul) sind der Schwarte gleichgestellt.

„Schwartenzug“ ist bindegewebereicher Speck unter der Schwarte.

„Schweinemasken“ sind Kopfschwarten des Schweines mit anhaftendem Fett-, Binde- und Muskelgewebe.

Kommentar: Die Beschreibung der Schwarten ist gegenüber der vorherigen Fassung der Leitsätze unverändert geblieben. Allerdings erfolgt nunmehr eine andere Einteilung.

Bisher galten Schwarten als Unterfall des Bindegewebes. Nunmehr wird innerhalb des vom Tier stammenden Ausgangsmaterials nach LS-Nr. 1.1.1 zwischen Bindegewebe nach LS-Nr. 1.1.1.3 und Schwarten nach LS-Nr. 1.1.1.4 unterschieden. Das bedeutet, dass Schwarten soweit nicht mehr ohne Weiteres als Bindegewebe angesehen werden können.

Bei verschiedenen Erzeugnissen, die ausdrücklich die Verwendung von Bindegewebe als Zutat erlauben, kann dieses Bindegewebe nicht mehr mittels Schwarten zugegeben werden. Zu denken ist bspw. an eine *Knoblauchwurst einfach* nach LS-Nr. 2.4.1.1.12 oder eine *Mettwurst einfach* nach LS-Nr. 2.4.1.2.5. Beiden Erzeugnissen dürfen bis zu 10 % Bindegewebe zugesetzt werden, nunmehr aber nicht mehr in Form von Schwarten. Etwas anderes gilt für die *Münchner Weißwurst* nach LS-Nr. 2.4.2.1.8. In deren Beschreibung heißt es, dass 5 bis 10 % zusätzliches Bindegewebe (LS-Nr. 1.1.1.3) zugegeben werden dürfen, „vor allem in Form von besonders gekochten Schwarten oder Kalbskopfhäuten". Nur in dem Fall, in dem also auch Schwarten explizit erlaubt sind, ist eine Zugabe üblich.

In anderen Fällen muss eine Zugabe ggf. gesondert kenntlich gemacht werden. Ein Ausgleich nach LS-Nr. 1.3.1 mit Schwarten zur Einstellung des Bindegewebsgehaltes ist also nicht mehr ohne Weiteres möglich, vgl. die Ausführungen dort.

1.1.1.5 Speisegelatine

„Speisegelatine"[2] ist bei der Herstellung von

- Sülzen und Sülzwurst,
- Fleischerzeugnissen in oder mit Gelee oder Aspik, Corned Beef mit Gelee,
- in luftdicht verschlossenen Packungen oder Behältnissen erhitzten Fleischerzeugnissen (wie Kochschinken und Zunge), nachpasteurisierten Fleischerzeugnissen (wie in Packungen nachpasteurisierten Bratwürsten zum Gelieren des austretenden Fleischsaftes) und
- Überzügen, Glasuren und Garnituren bei Fleischerzeugnissen verkehrsüblich.

Die bei der Herstellung von Fleischerzeugnissen verwendete Speisegelatine entspricht hinsichtlich ihrer tierartlichen Herkunft der verkehrsüblichen tierartlichen Zusammensetzung des damit hergestellten Erzeugnisses.

Kommentar: Speisegelatine zählt nicht zum Fleischeiweiß nach LS-Nr. 1.1.3.2, sondern zum Fremdeiweiß nach LS-Nr. 1.1.3.6. Die Zugabe von Fremdeiweißen zu Fleischzubereitungen oder Fleischerzeugnissen muss nach LS-Nr. 1.4.6 grundsätzlich in der Bezeichnung des Lebensmittels angegeben werden. Hiervon ist die Speisegelatine bei bestimmten Erzeugnissen ausgenommen.

Zu den Ausnahmen gehören zunächst Sülzen und Sülzwürste. Sülzen werden in LS-Nr. 2.4.3.5.1 beschrieben. Es handelt sich um würfel-, streifen- oder scheibenförmiges Fleisch, bei Wurstsülzen um Wurst, in einer Gallertmasse aus Schwartenabkochung (geklärt oder ungeklärt) und/oder Speisegelatine, die die Hälfte des Gesamtgewichts im Fertigerzeugnis nicht überschreitet. Da die Verwendung von Speisegelatine bei der Herstellung von Sülzen also üblich ist, muss insoweit kein gesonderter Hinweis auf die Verwendung der Gelatine bei Sülzen und Sülzwürsten in der Bezeichnung erfolgen.

Auch Fleischerzeugnisse in oder mit Gelee oder Aspik, bspw. *Schinken in Aspik* nach LS-Nr. 2.4.3.5.1.1, sowie *Corned Beef mit Gelee*, vgl. LS-Nr. 2.4.3.5.2.2, müssen bei der Verwendung von Speisegelatine keinen entsprechenden Hinweis in der Bezeichnung tragen, weil die Verwendung bei diesen Produkten ebenfalls verkehrsüblich ist.

Schließlich gilt dies auch für in luftdicht verschlossenen Packungen oder Behältnissen erhitzte Fleischerzeugnisse (wie *Kochschinken* oder *Zunge*), nachpasteurisierte Fleischerzeugnisse (wie in Packungen nachpasteurisierte *Bratwürste* zum Gelieren des austretenden Fleischsaftes) und Überzüge, Glasuren und Garnituren bei Fleischerzeugnissen. Sofern also bspw. Gelatine als Grundlage für einen Pfefferüberzug bei einer Salami verwendet wird, folgt daraus nicht die Notwendigkeit, die Speisegelatine in der Bezeichnung angeben zu müssen. Bei essbaren Wursthüllen bzw. Tauchmassen handelt es sich um Produkte auf Gelatinebasis. Sie können auf Grundlage unterschiedlicher Tierarten hergestellt werden, so dass eine Tierartenvermischung nicht entsteht bzw. kein Deklarationsproblem. Tauchmassen dienen zur optischen bzw. geschmacklichen Einstellung von Würsten. Es werden unterschiedliche Kräuter, Gewürze oder Käse an der Oberfläche der Wurst fixiert.

Der etwas umständlich formulierte letzte Absatz von LS-Nr. 1.1.1.5 meint, dass bei der Herstellung von Fleischerzeugnissen grundsätzlich die eingesetzte Speisegelatine von der gleichen Tierart stammen muss wie das Fleisch, aus dem das Fleischerzeugnis überwiegend hergestellt ist. Stammt die Speisegelatine von einer anderen Tierart, muss ein entsprechender Hinweis erfolgen, vorzugsweise unmittelbar in der Bezeichnung. Beispiel: Ein *Schinken in Aspik* (LS-Nr. 2.4.3.5.1.1) muss bei Verwendung einer Speisegelatine vom Schwein keinen gesonderten Hinweis in der Bezeichnung des Lebensmittels tragen. Etwas anderes gilt für *Hähnchenbrust in Aspik* (LS-Nr. 2.4.3.5.1.5), die mit Gelatine vom Schwein hergestellt wird. Hier muss ein entsprechender Hinweis in der Bezeichnung erfolgen.

Beim *Corned Beef mit Gelee* oder dem *Deutschen Corned Beef* nach LS-Nr. 2.4.3.5.2.2 wird diese Regelung noch einmal ausdrücklich klargestellt. Darin heißt es, dass auf die Mitverwendung von Schwarten und/oder Speisegelatine anderer Tierarten als Rind in Verbindung mit der Bezeichnung des Lebensmittels hingewiesen wird. Eine vergleichbare Regelung findet sich bei der *Rindfleischsülze* bzw. dem *Rindfleisch in Aspik* nach LS-Nr. 2.4.3.5.2.3.

1.1.1.6 Innereien

„Innereien“ für die Herstellung von Fleischerzeugnissen sind Leber, Herz, Zunge.

Als Einlagen verwendete Zungen sind stets vor dem Kehldeckel abgesetzt und – abgesehen von technisch nicht vermeidbaren Resten – von der Schleimhaut, Speicheldrüsen und Zungenbein sowie Kehlgangmuskulatur befreit.

Darüber hinaus werden auch Lunge, Schweinemilz, Nieren, von Schleimhaut befreite Mägen und Vormägen sowie Geflügelmuskelmägen[3)] verwendet. Ihre Verwendung ergibt sich aus der Kennzeichnung des Lebensmittels. Dies gilt auch für die Fälle, in denen die Verwendung dieser Innereien als Möglichkeit in den besonderen Merkmalen aufgeführt wird, z. B. *Mengwurst mit Niere*, *Geflügelleberwurst mit Muskelmagen*.

Innereien werden nicht zu Fleischerzeugnissen verarbeitet, die zum Rohverzehr bestimmt sind.

Kommentar: Die Verarbeitung von Leber erfolgt in erster Linie bei *Leberwürsten* nach LS-Nr. 2.4.3.2. Hierbei ist bei einigen wenigen Erzeugnissen auch die Verarbeitung von (Geflügel-)Herz üblich, bspw. die Verwendung von Geflügel- oder Putenherzen bei einer *Geflügelleberwurst* oder einer *Putenleberwurst* nach LS-Nr. 2.4.3.2.7, die Verarbeitung von Herz und auch Zunge in einer *Hausmacher-* oder einer *Bauernleberwurst* nach LS-Nr. 2.4.3.2.6. Zunge darf auch bspw. bei einigen Blutwürsten verwendet werden, z. B. der *Blutwurst mit Einlagen* (LS-Nr. 2.4.3.4.1) oder der *Zungenrotwurst* (LS-Nr. 2.4.3.4.2) oder auch in der *Pökelzunge* (LS-Nr. 2.3.9).

Innereien dürfen mengenmäßig nicht zum Fleischanteil gerechnet werden, für Herz und Zunge ergibt sich dies ausdrücklich aus LS-Nr. 1.4.13.

Lunge wird bspw. zur Herstellung von *Lungenwurst* (LS-Nr. 2.4.2.1.9) verwendet. Schweinemilz findet bei der Herstellung von *Milzwurst* (LS-Nr. 2.4.2.4.6) Verwendung. Nieren werden als Innereien gesondert vermarktet. Teilweise sind sie bei einigen Braten (vgl. LS-Nr. 2.1.2.3) üblich. Auch zur Herstellung von *Schaschlik* nach LS-Nr. 2.1.4.1 dürfen Nieren verwendet werden. Im Gegensatz zu Leber muss bei der Verwendung von Nieren jedoch ein Hinweis in der Bezeichnung des Lebensmittels erfolgen. Geflügelmuskelmägen dürfen für *Geflügel-* und *Putenleberwurst* (LS-Nr. 2.4.3.2.7) verwendet werden.

Zum Nachweis des Einsatzes von Schleimhäuten wird die histologische Untersuchung genutzt. Als Schleimhaut wird die Schutzschicht von Hohlorganen des Respirationstraktes (Luftröhre, Bronchien, Nase, Nasennebenhöhlen), des Verdauungstraktes (Mund, Ösophagus, Magen, Darm), des oberen Genitaltraktes (Blase, Harnröhre) sowie der Geschlechtsorgane (Uterus, Ei- und Samenleiter) bezeichnet. Eine Sonderform der Schleimhäute ist die kutane Schleimhaut. Hierbei handelt es sich um eine Schleimhaut, die drüsenlos ist. Die Ursache für das Auftreten kutaner Schleimhaut wird in der häufigen Verwendung des Rohstoffes „Schweinebacke" gesehen, der häufig Reste von kutaner Schleimhaut, bedingt durch die Schnittführung, anhaftet.

Ein geringer Anteil an kutaner Schleimhaut von etwa 0,2–0,3 % bezogen auf das Gewicht der Schweinebacke ist bei der Schnittführung bzw. der Gewinnung der Schweinebacke als technologisch unvermeidbar anzusehen. Somit ist ein vereinzelter Nachweis von Partikeln kutaner Schleimhaut bei einfachen und Mittelqualitäten von Brüh- und Kochwürsten zu tolerieren. Ein größerer Anteil als „vereinzelt" im histologischen Bild (s. Erläuterungen zur Histologie unter LS-Nr. 1.1.3.5) wird als mangelhafte Sorgfalt bei der Auswahl und Aufbereitung des Rohstoffes beurteilt und sollte daher beanstandet werden. Die kutanen Schleimhäute finden sich in der Mundhöhle, dem Schlundkopf, der Speiseröhre aller Schlachttiere und außerdem in Vormägen der Wiederkäuer sowie am After.

1.1.1.7 Blut

„Blut" ist die beim Schlachten aus den Blutgefäßen gewonnene, zellige Bestandteile enthaltende Flüssigkeit, sowohl nach Zusatz von gerinnungshemmenden Stoffen als auch nach Entfernung des Fibrins.

„Blutplasma" ist die Flüssigkeit, die nach Zusatz von gerinnungshemmenden Stoffen und Entfernen der zelligen Bestandteile aus dem Blut gewonnen wird. Als Blutplasma gilt auch getrocknetes Blutplasma, das in der Regel im Verhältnis 1:10 in Trinkwasser aufgelöst verarbeitet wird.

„Blutserum" ist die Flüssigkeit, die nach dem Entfernen des Fibrins und der zelligen Bestandteile aus dem nicht mit gerinnungshemmenden Stoffen versetzten Blut gewonnen wird.

Die abgesonderten zelligen Elemente werden als „Dickblut" bezeichnet.

Kommentar: Blut wird insbesondere zur Herstellung von *Blutwürsten* nach LS-Nr. 2.4.3.4 eingesetzt. Nach LS-Nr. 1.3.2.3 handelt es sich bei *Blutwürsten* um Kochwürste, deren Schnittfähigkeit im erkalteten Zustand durch mit Blut versetzte, erstarrte Gallertmasse („Schwartenbrei") oder auf zusammenhängende Koagulation von Bluteiweiß beruht. Für hervorhebende Hinweise im Zusammenhang mit *Blutwürsten* siehe LS-Nr. 1.4.7.

1.1.1.8 Därme

Als Hüllen für Fleischerzeugnisse, sofern sie nicht aufgrund der fleischhygienerechtlichen Vorschriften untauglich sind[4)], werden neben künstlichen Hüllen und unbeschränkt verarbeitungsfähigen Tierkörperteilen folgende, im Übrigen nicht verarbeitungsfähige Tierkörperteile (Leitsatznummer 1.2.7), verwendet:

vom Rind:

- Speiseröhre (ohne Schleimhaut, ohne Muskelschicht, gewendet);

- Pansenwand (ohne Schleimhaut, gewendet) für Saure Rolle usw.;
- Dünndarm (ohne Schleimhaut, gewendet) als Kranzdarm;
- Blinddarm und der Übergang zum Grimmdarm (ohne Schleimhaut, gewendet) als Butte;
- Serosa des Blinddarms als Goldschlägerhäutchen;
- Grimmdarm (ohne Schleimhaut, gewendet) als Mitteldarm;
- Mastdarm (ohne Schleimhaut, gewendet);
- Harnblase (mit Schleimhaut, gewendet);
- Rinderhautspalt (Rinderspalthäute) für die Herstellung von Hautfaserhüllen; vom Kalb/vom Jungrind:
- Blinddarm (ohne Schleimhaut, gewendet) als Kalbsbutte;
- Dünndarm (ohne Schleimhaut, gewendet); von älteren Kälbern/vom Jungrind:
- Harnblase (mit Schleimhaut, gewendet);

vom Schwein:

- Magen (mit Schleimhaut, gewendet); Netzfettgewebe;
- Dünndarm
  a) ohne Schleimhaut, ohne Muskelschicht, ohne Serosa, nicht gewendet als Schweinedarm oder Schweinesaitling;
  b) ohne Schleimhaut, gewendet als Schweinedarm;
  c) gewendet (mit Schleimhaut) für Leberwürstchen;
  d) ohne Schleimhaut, ohne Submucosa und ohne Muskelschicht (nur Serosa) als Bändel für bestimmte Bratwürste;
- Blinddarm (mit Schleimhaut, gewendet) als Säckchen oder Schweinekappe;
- Grimmdarm (mit Schleimhaut, gewendet) als Krausdarm, Übergang zum Mastdarm als sogenannte Nachende;
- Mastdarm (mit Schleimhaut, gewendet) als Fettende oder Schlacke;
- Harnblase (mit Schleimhaut, gewendet); vom Schaf:
- Dünndarm (ohne Schleimhaut, ohne Muskelschicht, ohne Serosa, nicht gewendet) als Schafsaitling;
- Blinddarm (ohne Schleimhaut, gewendet) als Hammelkappe;
- Harnblase (mit Schleimhaut, gewendet); vom Pferd:
- Dünndarm (ohne Schleimhaut, gewendet) als Pferdedarm.

Kommentar: Fußnote 4 stellt klar, dass Hüllen von Fleischerzeugnissen nur dann Lebensmittel sind, wenn sie dazu bestimmt sind, mitverzehrt zu werden, oder wenn der Mitverzehr vorauszusehen ist; im anderen Fall sind sie Bedarfsgegenstände nach § 2 Abs. 6 Nr. 1 LFGB.

Hüllen von Fleischerzeugnissen, die mitverzehrt werden, stellen Zutaten dar und müssen konsequenterweise auch im Zutatenverzeichnis von vorverpackten Lebensmitteln angegeben werden. Eine Angabe als „Naturdarm“ ist vorstellbar, empfehlenswerter ist es jedoch, die Tierart, von der der Darm stammt, mit anzugeben, sofern die Herkunft nicht eindeutig ist. Dafür spricht auch LS-Nr. 1.4.1.5, vgl. die genannte Leitsatzziffer und die Erläuterungen dort. Bei der Angabe einer Bezeichnung, die auf eine bestimmte Tierart hindeutet, ist eine ausdrückliche Nennung hingegen nicht erforderlich. Beispiel: Kranzdärme bestehen aus dem Dünndarm des Rindes, so dass bei Verwendung des Begriffes „Kranzdarm" ein expliziter Hinweis auf die Herkunft vom Rind nicht notwendig ist.

Generell wird unter Kranzdärmen der Dünndarm von Rindern verstanden. Die Kranzdärme werden ohne Schleimhaut, entfettet und gewendet verarbeitet. Sie werden in Brüh-, Blut- und Leberwürsten verarbeitet. Rinderkranzdärme sind ca. 18 Meter lang und zeichnen sich durch die besondere Dickfleischigkeit bzw. die dadurch entstehende Kochfestigkeit aus. Gleichzeitig wird das individuelle Aroma der Würste unterstützt.

Bei verschiedenen Erzeugnissen finden sich Hinweise auf die Üblichkeit der zu verwendenden Därme, bspw. auf Kranzdärme bei der *Regensburger* nach LS-Nr. 2.4.2.1.3 oder auf Schafsaitlinge für *Jagdwürstchen*, *Bauernwürstchen* und *Debreziner* nach der gleichen LS-Nr. Teilweise werden auch bestimmte Arten von Därmen ausgeschlossen, bspw. bei LS-Nr. 2.4.2.1.9, in der es heißt, dass für *Stockwurst*, *Weißwurst einfach*, *Lungenwurst*, *Berliner Dampfwurst* und *Kümmelwurst* keine Schafsaitlinge und keine Därme mit einem Kaliber unter 32 mm verwendet werden. Insofern sind die Beschreibungen der einzelnen Fleischerzeugnisse im Hinblick auf die üblicherweise verwendeten Därme zu beachten.

Eine weitere Besonderheit ergibt sich aus der LMIV. Handelt es sich um eine nicht essbare Wursthülle und somit um einen Bedarfsgegenstand, muss bei vorverpackten Produkten nach Anhang VI Teil C LMIV ein Hinweis erfolgen, dass die Wursthülle nicht essbar ist. In Anlehnung an den gesetzlichen Wortlaut sollte „Wursthülle nicht essbar" formuliert werden. Die Formulierung „Wursthülle zum Verzehr ungeeignet" ist demgegenüber wenig empfehlenswert, da die entsprechende Formulierung die Unsicherheit der Hülle nach Art. 14 der Verordnung (EG) Nr. 178/2002 suggeriert.

1.1.2 Weitere Zutaten zur Herstellung von Fleischerzeugnissen

1.1.2.1 Weitere Lebensmittel

Die Verwendung von Zusätzen bei Fleischerzeugnissen muss geschmacklich und/oder technologisch begründet sein; sie richtet sich, soweit in Rechtsvorschriften keine besonderen Regelungen enthalten sind, nach der allgemeinen Verkehrsauffassung[5]. So beschränkt sich z. B. die Verwendung von Zuckern (Mono-, Di und Oligosaccharide), auch wenn diese geschmacksneutral sind – soweit in den Leitsätzen nicht ausdrücklich etwas anderes vermerkt ist – auf insgesamt 1 %.

Als Zusätze kommen andere Lebensmittel wie Milch und Milcherzeugnisse, Eier und Eiprodukte, Pilze, Getreidekörner, Getreideerzeugnisse, Ölsaaten, Stärke, Gemüse, Obst, Kartoffeln und pflanzliches Eiweiß in Betracht.

Kommentar: Die Fußnote 5, die im Text erwähnt wird, verweist lediglich auf Art. 7 Abs. 1 LMIV. Dieser enthält das allgemeine Irreführungsverbot, das grundsätzlich für jede Angabe im Zusammenhang mit Lebensmitteln gilt. Insofern ergibt sich hieraus vorliegend keine Besonderheit.

Die Beschränkung der Zutaten, die die Leitsätze als Zusätze bezeichnen, auf eine geschmackliche und/oder eine technologische Wirkung ist rechtlich fragwürdig. Bereits in den 80er Jahren hat der EuGH in Bezug auf Bier die Warenverkehrsfreiheit innerhalb der EU betont und darauf hingewiesen, dass selbstverständlich auch Biere, die nicht dem deutschen Reinheitsgebot entsprechen, in Deutschland vertrieben werden können. Aber auch für die in Deutschland ansässigen Hersteller gilt die grundrechtlich geschützte Rezepturfreiheit als Ausprägung der Berufsfreiheit. Diese erlaubt es auch, Zutaten in Fleischerzeugnissen zu anderen Gründen als geschmacklichen oder technologischen Zwecken zu verwenden. Zu denken ist bspw. an ernährungsphysiologische Gründe. Auch der Trend hin zu Ersatzprodukten, bei denen nur ein Teil des eingesetzten Fleisches durch andere Zutaten bspw. pflanzlichen Ursprungs ersetzt wird, unterliegt der grundrechtlich geschützten Rezepturfreiheit als Teil der Berufsfreiheit. Demzufolge ist fraglich, ob eine Beschreibung wie in der Leitsatznummer tatsächlich die Verwendung von Zutaten wirksam einschränken kann.

In gleicher Weise ist die Beschränkung von Zuckern bei Fleischerzeugnissen kritisch zu sehen. Grundsätzlich soll Fleischerzeugnissen max. 1 % an Zucker zugesetzt werden. Eine Ausnahme findet sich in LS-Nr. 1.3.2.1 für Rohwürste. Diesen dürfen Zucker in einer Menge von nicht mehr als 2 % zugesetzt werden. Die höhere Zugabemenge erklärt sich bei den Rohwürsten damit, dass der Zucker als Nährstoff für die Bakterien im Rahmen des Herstellungsverfahrens dient. Gleichwohl sind beide vermeintlichen Beschränkungen kritisch zu betrachten.

Der Einsatz von Zucker bei Rohwürsten ist notwendig, da der Zucker einen wesentlichen Einfluss auf die Rohwurstreifung hat. Der Zucker hat direkten Einfluss auf die Säuerung. Zucker bildet die Nahrungsgrundlage der eingesetzten Mikroorganismen (Milchsäurebakterien). Eine schnelle Absäuerung innerhalb der ersten 48 Stunden der Rohwurstreifung ist enorm wichtig, um pathogene Keime wie Salmonellen und Listeria monocytogenes abzutöten bzw. sie in ihrer Vermehrung zu behindern. PH-Werte von über 5,6 sind zu vermeiden. Somit hat der Einsatz von Zucker einen erheblichen Einfluss auf die Erreichung der Schnittfestigkeit, die Umrötung und Farbstabilität sowie die Geschmacks- und Aromabildung.

Insoweit können die Leitsätze als bloße Beschreibung der Verkehrsauffassung anders als Gesetze oder Rechtsverordnungen keine wirksamen Verbote festlegen. Ein solches Verbot der Verwendung bestimmter Zutaten wäre darüber hinaus auch in Gesetzesform am Grundsatz der Verhältnismäßigkeit zu messen. Das Bundesverfassungsgericht hat im Zusammenhang mit der Beschränkung von Zutaten in Lebensmitteln hohe Anforderungen aufgestellt, vgl. Beschluss vom 16.1.1980, Az. 1 BvR 249/79. Darin hat das Bundesverfassungsgericht entschieden, dass das Verbot der Verwendung bestimmter Zutaten in Lebensmitteln immer nur ultima ratio, also letztes Mittel sein kann. Zuvor seien mildere Mittel zu prüfen. Anstelle des Verbots einer bestimmten Zutat kommt aber immer eine Kennzeichnung als milderes Mittel in Betracht. Diese Überlegungen können auf die Beschränkung von Zucker in den Leitsätzen übertragen werden. Jedenfalls für vorverpackte Lebensmittel ist eine Nährwertinformation nach der LMIV heutzutage obligatorisch. Zu den Pflichtinformationen gehört hierbei auch die Angabe des Zuckergehaltes. In der Folge können sich die Verbraucher jedenfalls bei vorverpackten Fleischzubereitungen und -erzeugnissen über den vorhandenen Zuckergehalt informieren. Sofern die Verbraucher aber über die Nährwertdeklaration über den tatsächlichen Zuckergehalt informiert werden, ist kein Raum für ein Verbot bzw. eine Beanstandung, auch wenn der Zuckergehalt oberhalb des von den Leitsätzen propagierten Wertes von 1 % liegt.

Gleiches gilt für die beispielhaft im letzten Absatz aufgeführten anderen Lebensmittel, die als Zusätze zu Fleischzubereitungen und Fleischerzeugnissen in Betracht kommen. Hierbei handelt es sich um eine beispielhafte Aufzählung, die keinen rechtlich wirksamen Ausschluss anderer nicht genannter Lebensmittel bedeutet. Auch andere Lebensmittel, die in der Aufzählung nicht genannt sind, können Fleischzubereitungen und -erzeugnissen als Zutaten zugesetzt werden. Selbstverständlich müssen diese dann im Enderzeugnis gekennzeichnet werden. Eine Angabe im Zutatenverzeichnis muss dabei grundsätzlich immer erfolgen. Ob zusätzlich auch eine Angabe in der Bezeichnung des Lebensmittels erforderlich ist, ist vom jeweiligen Einzelfall abhängig.

1.1.2.2 Lebensmittelzusatzstoffe

Bei der Herstellung von Fleischerzeugnissen, die als „umgerötet“ beschrieben werden, werden Pökelstoffe (Nitrite und Nitrate) unter den im Anhang II der Verordnung (EG) Nr. 1333/2008 des Europäischen Parlaments und des Rates über Lebensmittelzusatzstoffe genannten Bedingungen verwendet.

Kommentar: Mit der Erläuterung des Begriffs der Umrötung stellt der Leitsatzgeber klar, dass immer dann, wenn in den Leitsätzen von „umgerötet" die Rede ist, eine Pökelung mit Nitrit und Nitraten nach der Verordnung (EG) Nr. 1333/2008 gemeint ist. An zugelassenen Zusatzstoffen zur Pökelung kennt die Verordnung Kaliumnitrit (E 249), Natriumnitrit (E 250), Natriumnitrat (E 251) und Kaliumnitrat (E 252).

Die Verwendung von Zusatzstoffen richtet sich nach der Verordnung (EG) Nr. 1333/2008. In deren Anhang II Teil E finden sich die Kategorien Frisches Fleisch, Fleischzubereitungen und Fleischerzeugnisse. Letztere werden noch einmal in nicht wärmebehandelte und wärmebehandelte Erzeugnisse unterteilt. Eingesetzt werden dürfen die Zusatzstoffe, die über eine Einzel- oder eine Gruppenzulassung für die jeweilige Produktkategorie zugelassen sind.

Für Fleischzubereitungen nach Lebensmittelkategorie 08.2 der Verordnung (EG) Nr. 1333/2008 findet sich in der Verordnung eine beschränkte Zulassung für Kalium- und Natriumnitrit. Diese Beschränkung bezieht sich auf Kasseler, Bräte und Surfleisch sowie weitere Fleischzubereitungen, die in anderen Mitgliedstaaten der Europäischen Union hergestellt werden. Bei den Produkten handelt es sich um Produkte, die im Kern noch Merkmale von frischem Fleisch enthalten, da anderenfalls Fleischerzeugnisse vorliegen würden. Deren Zulassung findet sich in der folgenden Lebensmittelkategorie 08.3 der Verordnung.

Zu berücksichtigen ist dabei, dass der Begriff „Surfleisch" für gepökelte Erzeugnisse allgemein gilt und demzufolge nicht im Sinne einer Bezeichnung zu verstehen ist. Im von der Kommission regelmäßig herausgegebenen Leitfaden zur Auslegung der Produktkategorien der Zusatzstoffverordnung werden unter Ziffer 8.2 *Surhaxe*, *Pökelbrust* und *Pökelzunge* exemplarisch für Surfleisch aufgeführt. Deshalb fallen richtigerweise auch *Pökelfleisch*, *Pökelbraten*, *gepökeltes Eisbein*, *Pökelbrust* und *Pökelzunge* unter den Begriff „Surfleisch". Diese Auffassung hat auch die Länderarbeitsgemeinschaft Verbraucherschutz, Arbeitsgruppe Fleisch- und Geflügelfleischhygiene und fachspezifische Fragen von Lebensmitteln tierischer Herkunft (AFFL) in ihrer 27. Sitzung unter TOP 23 im Jahr 2016 vertreten. Für vergleichbare Produkte muss dies ebenfalls gelten.

In der Verordnung (EG) Nr. 1333/2008 findet sich zudem in der Lebensmittelkategorie 08.2 Fleischzubereitungen für bestimmte Zusatzstoffe eine Beschränkung auf die Abgabe der Lebensmittel in vorverpackter Form. So lautet bspw. die Erläuterung zu dem Eintrag für Ascorbinsäure (E 300), dass diese Zulassung nur für abgepackte Zubereitungen aus frischem Hackfleisch/Faschiertem und Fleischzubereitungen, denen andere Zutaten als Zusatzstoffe oder Salz beigegeben wurden, gilt. Insoweit ist jedoch kein Grund dafür ersichtlich, die Zusammensetzung eines Lebensmittels im Hinblick auf die Abgabeform verpackt bzw. lose zu unterscheiden. Deshalb besteht jedenfalls in Deutschland die überwiegende Auffassung, dass auch für eine lose abgegebene Fleischzubereitung, die den übrigen Anforderungen der Verordnung entspricht, Ascorbinsäure verwendet werden kann. Zu denken ist bspw. an eine über die Bedientheke des Einzelhandels angebotene frische *Bratwurst*. Diese Auslegung hat die AFFL in der zuvor genannten Sitzung ebenfalls bestätigt. Sie ist in gleicher Weise auf die übrigen Zusatzstoffe zu übertragen, die vergleichbare Beschränkungen auf vorverpackte Zubereitungen enthalten.

Die Zulassung für nicht wärmebehandelte Fleischerzeugnisse, insbesondere Rohwürste, ergeben sich sodann aus Anhang II Teil E Lebensmittelkategorie 08.3.1 der Verordnung (EG) Nr. 1333/2008. Für wärmebehandelte Fleischerzeugnisse folgen die Zulassungen aus Anhang II Teil E Lebensmittelkategorie 08.3.2 derselben Verordnung. Der europäische Gesetzgeber arbeitet dabei wiederum mit Einzel- und Gruppenzulassungen. Um sich die Aufführung einer Vielzahl einzelner Zusatzstoffe zu sparen, sind bspw. für alle Fleischerzeugnisse, gleich ob wärmebehandelt oder nicht, alle Zusatzstoffe der Gruppe I zugelassen. Welche Zusatzstoffe das sind, ergibt sich aus Anhang II Teil C der Verordnung (EG) Nr. 1333/2008. Darin finden sich bspw. Ascorbinsäure (E 300), Zitronensäure (E 333) oder auch Natriumalginat (E 401).

Die überwiegende Zahl dieser Zusatzstoffe kann in der Menge quantum satis verwendet werden. Das bedeutet, dass der Gesetzgeber auf die Angabe einer konkreten Höchstmenge verzichtet. Hieraus folgt jedoch nicht, dass die Stoffe in unbegrenzter Menge verwendet werden dürfen. Nach der Guten Herstellungspraxis darf nur die Menge verwendet werden, die erforderlich ist, um die gewünschte technologische Wirkung zu erzielen, wobei die weitere Voraussetzung gilt, dass die Verbraucher über die Verwendung nicht irregeführt werden dürfen. Dies ist regelmäßig durch die entsprechende Kennzeichnung der Fall.

Für lose abgegebene Lebensmittel gilt im Hinblick auf die Kennzeichnung von Lebensmittelzusatzstoffen die Verordnung zur Durchführung unionsrechtlicher Vorschriften über Lebensmittelzusatzstoffe (LMZDV). Diese sieht in § 5 auch bei lose abgegebenen Lebensmitteln die Kennzeichnung bestimmter Zusatzstoffe vor. Allerdings reicht hierfür teilweise die Angabe des jeweiligen Klassennamens anstelle der Angabe des konkreten Zusatzstoffes. In Bezug auf Fleischzubereitungen und Fleischerzeugnisse sind Konservierungsstoffe, Antioxidationsmittel, Nitrat- oder Nitritpökelsalz, die Verwendung von Geschmacksverstärkern sowie die Verwendung von Phosphaten kenntlich zu machen. Die Angabe kann durch ein Schild bei dem jeweiligen Lebensmittel oder in einer schriftlichen Aufzeichnung erfolgen, auf deren Auslage gesondert hingewiesen ist und die den Verbrauchern leicht zugänglich ist.

1.1.2.3 Eiweißhydrolysate

Durch Hydrolyse von Proteinen (Eiweißen) wird das Eiweiß in seine Bestandteile aufgespalten die unter der Bezeichnung Eiweißhydrolysate zusammengefasst werden. Abhängig von der Methode und dem Grad der Hydrolyse bestehen Eiweißhydrolysate aus Mischungen von Peptiden unterschiedlicher Kettenlänge und Aminosäuren bzw. Mischungen einzelner Aminosäuren. Eiweißhydrolysate haben je nach Zusammensetzung unterschiedliche Eigenschaften und daher unterschiedliche Verwendungsmöglichkeiten, z. B. zur Aromatisierung oder zu technologischen Zwecken.

Kommentar: Wenn Eiweißhydrolysate in Fleisch und Fleischerzeugnissen eingesetzt werden, ohne sie in der Etikettierung zu deklarieren, handelt es sich um eine Verbrauchertäuschung. Beim Einsatz von Eiweißhydrolysaten wird der Muskelfleischanteil durch stickstoffhaltige Verbindungen erhöht und somit die Anwesenheit von Fleisch vorgetäuscht. Die Grundlage der Beurteilung für vorverpackte Lebensmittel ist Anhang VI Teil A Ziffer 5 LMIV, wonach zugesetzte Eiweiße tierischen Ursprungs in der Bezeichnung anzugeben sind.

Als bekanntes Eiweißhydrolysat ist „Würze" bekannt. Ein typischer Vertreter ist die sogenannte „Maggiwürze". Sie wurde am 8.6.1886 auf den Markt gebracht. Eiweißreiche Ausgangssubstanzen wie Fleisch, Hefe oder Soja werden aufgespalten und es entstehen die Würzen. Bei der Spaltung bis auf Aminosäurenbasis entsteht dann der Geschmacksverstärker Glutamat, der aber in diesem Falle nicht als Zusatzstoff gekennzeichnet werden muss. Technologisch werden Eiweißhydrolysate somit als Geschmacksverstärker bzw. zur Wasserbindung im Produkt eingesetzt.

Würzen werden auch in Fußnote 8 beschrieben. Würzen, die zum unmittelbaren Verzehr bestimmt sind (gebrauchsfertige Speisewürzen), gelten nicht als Eiweißhydrolysate, sofern sie nicht mehr als 4,5 % Gesamtstickstoff, davon mindestens ein Drittel Aminosäurestickstoff, enthalten.

Im letzten Satz weisen die Leitsätze darauf hin, dass Eiweißhydrolysate unterschiedliche Verwendungsmöglichkeiten haben. Zu denken ist an die Aromatisierung und technologische Zwecke. Hierin liegt jedoch keine Beschränkung, vgl. insoweit die Ausführungen zu LS-Nr. 1.1.2.1. Eiweißhydrolysate dürfen auch zu anderen Zwecken bei der Herstellung einer Fleischzubereitung oder eines -erzeugnisses eingesetzt werden. Ergänzend sind die Beschreibungen zu Fremdeiweißen nach LS-Nr. 1.1.3.6 und Kennzeichnung des Zusatzes von Fremdeiweißen und Hydrolysaten nach LS-Nr. 1.4.6 zu berücksichtigen.

1.1.3 Weitere Begriffsbestimmungen

1.1.3.1 Gesamteiweiß

Als „Gesamteiweiß“ gilt die Summe der Stickstoffverbindungen. Sie ergibt sich aus dem Vergleich des Gehaltes an Rohprotein (Stickstoffgehalt x 6,25) mit dem Gehalt an organischem Nichtfett (= Differenz zwischen 100 und der Summe aus den Prozenten an Wasser, Fett und Asche). Sofern sich die Gehalte an Rohprotein und organischem Nichtfett decken, ist dieser Wert für den Gehalt an Gesamteiweiß repräsentativ. Wenn sich die Werte nicht decken, gilt der niedrigere Wert als Gesamteiweiß. Gleiches gilt auch dann, wenn der Wert von organischem Nichtfett abzüglich etwa vorhandener Kohlenhydrate und anderer nicht stickstoffhaltiger organischer Substanzen niedriger liegt als der Rohproteingehalt.

Kommentar: Die Ermittlung des Rohproteingehalts erfolgt nach dem Kjeldahl-Verfahren. Nach dieser Methode werden alle vorhandenen Stickstoffverbindungen mit Schwefelsäure in Ammoniumsulfat überführt und durch Wasserdampfdestillation in Borat aufgefangen und anschließend mit Salzsäure gegentitriert. Der Gesamtstickstoffgehalt aus dem Ausgangsmaterial wird dann mit dem Faktor 6,25 multipliziert. Dieser Faktor hat die Grundlage in dem durchschnittlichen Stickstoffgehalt von 16% in Muskelprotein. Dieser Umrechnungsfaktor zur Ermittlung des Eiweißgehaltes findet sich auch in der LMIV, vgl. dort Anhang I Nr. 10. Auslobungen wie z.B. „hoher Proteingehalt“ sind nur dann möglich, wenn auf den Proteinanteil mindestens 20% des Brennwertes des Lebensmittels entfallen.

1.1.3.2 Fleischeiweiß

Als „Fleischeiweiß“ gelten Stickstoffverbindungen die aus vom Tier stammendes Ausgangsmaterial (Leitsatznummer 1.1.1) stammen einschließlich der in der Muskulatur enthaltenen originären Nichteiweißstickstoffverbindungen.[6)]

Nicht dazu zählen

- fremde Nichteiweißstickstoffverbindungen (Leitsatznummer 1.1.3.7),
- aus Tierteilen gewonnene Trockenprodukte wie Fleischpulver, Fleischeiweiß-Isolate, Schwartenpulver, Trockenblutplasma und Speisegelatine, ausgenommen gefriergetrocknetes Fleisch, das unter Erhal-

tung der Faserstruktur den Zerkleinerungsgrad von Hackfleisch nicht überschreitet.

Der Gehalt an Fleischeiweiß errechnet sich aus der Differenz zwischen Gesamteiweiß und der Summe aus Fremdeiweiß und fremden Nichteiweißstickstoffverbindungen.

Kommentar: Das Eiweiß, das aus schierem Muskelfleisch und Bindegewebe besteht, wird als Fleischeiweiß bezeichnet. Der Gehalt ist ein Qualitätsmaßstab für Fleisch und Wurstwaren. Bei Fleischerzeugnissen ist der Fleischeiweißanteil stark schwankend, je nach Abtrocknungsgrad bzw. Zusatz von Wasser (z. B. bei Brühwürsten über die Zugabe von Eis).

Nicht zum Fleischeiweiß zählen fremde Nichteiweißstickstoffverbindungen, die in LS-Nr. 1.1.3.7 beschrieben werden. Ferner gehören nicht zum Fleischeiweiß aus Tierteilen gewonnene Trockenprodukte wie Fleischpulver, Fleischeiweiß-Isolate, Schwartenpulver, Trockenblutplasma und Speisegelatine mit Ausnahme von gefriergetrocknetem Fleisch, das unter Erhaltung der Faserstruktur den Zerkleinerungsgrad von Hackfleisch nicht überschreitet. Die genannten Rohstoffe stellen Fremdeiweiße dar, die in LS-Nr. 1.1.3.6 beschrieben werden. Sie dürfen Fleischerzeugnissen zwar zugesetzt werden, zählen jedoch nicht zum Fleischeiweiß.

Ausgenommen ist gefriergetrocknetes Fleisch, das zum Fleischeiweiß zählt. Gefriergetrocknetes Fleisch wird insbesondere bei der Rohwurstproduktion eingesetzt. Diese Leitsatznummer ist dann zu beachten.

Der Gehalt an Fleischeiweiß wird über eine Subtraktion ermittelt. Zu ermitteln sind der Gehalt an Gesamteiweiß nach LS-Nr. 1.1.3.1, an Fremdeiweiß nach LS-Nr. 1.1.3.6 und die Menge an fremden Nichteiweißstickstoffverbindungen nach LS-Nr. 1.1.3.7. Vom Gesamteiweiß ist die Summe aus Fremdeiweiß und fremden Nichteiweißstickstoffverbindungen abzuziehen. Die Differenz bildet den Gehalt an Fleischeiweiß.

1.1.3.3 Bindegewebseiweißfreies Fleischeiweiß

Als „bindegewebseiweißfreies Fleischeiweiß" (BEFFE) gilt die Differenz zwischen Gesamteiweiß und der Summe aus Fremdeiweiß, fremden Nichteiweißstickstoffverbindungen und Bindegewebseiweiß. Eine Differenzierung der Stickstoffverbindungen erübrigt sich, wenn ein gefordertes Minimum an bindegewebseiweißfreiem Fleischeiweiß schon vom undifferenzierten Anteil nicht erreicht wird. BEFFE gilt als Maß für den Anteil an schierem Muskelfleisch, schließt aber auch bei Kochwürsten und bestimmten Brühwürsten das aus Blut, Leber und anderen Innereien stammende bindegewebseiweißfreie Eiweiß ein.

Zurechnen des Fleischeiweißanteiles aus den unter die gemeinschaftliche Definition von „Separatorenfleisch“[7)] fallenden Erzeugnissen, von Muskeln des Kopfes (außer den Kaumuskeln), Muskeln des Karpal- und Tarsalgelenkes und des Schwanzes zu BEFFE schließt sich aus.

Der BEFFE-Gehalt von sehnen- und fettgewebsarmen Rindfleisch (Leitsatznummer 1.2.1.1.1) und fettgewebs- und sehnenarmen Schweinefleisch (Leitsatznummer 1.2.1.2.1) beträgt ca. 20 %.

Kommentar: Der BEFFE-Gehalt ist ebenfalls ein Maß zur Bestimmung der Wertigkeit eines Fleischerzeugnisses. Hierfür werden das Bindegewebseiweiß und das Fremdeiweiß vom Gesamteiweiß abgezogen. Bei Fleischerzeugnissen der Spitzenqualität muss der BEFFE-Wert mindestens 10 % höher sein als bei der mittleren Qualität, vgl. LS-Nr. 1.4.7 und die Ausführungen dort. Der BEFFE-Gehalt gilt als Maß für den Anteil an schierem Muskelfleisch, schließt aber bei Kochwürsten und bestimmten Brühwürsten das aus Blut, Leber oder anderen Innereien stammende bindegewebsfreie Eiweiß ein.

Nicht zum Fleischeiweiß zählt Eiweiß, das aus Separatorenfleisch, Kopffleisch und den Muskeln des Karpal- und Tarsalgelenkes und des Schwanzes stammt. Das Karpalgelenk (Vorderfußwurzelgelenk) ist ein komplexes Gelenk des Vorderbeins. Es besteht aus drei Reihen und verbindet die Unterarmknochen (Elle und Speiche) mit den Handwurzelknochen und den Mittelhandknochen. Viele straffe Bänder stabilisieren das Karpalgelenk. Das Tarsal- oder Sprunggelenk ist ein komplexes Gelenk, das aus 14 knöchernen Anteilen besteht: die beiden Knochen des Unterschenkels (Tibia und Fibula), sieben Hinterfußwurzelknochen (verteilt auf drei Reihen), und die fünf Mittelfußknochen. Das aus den genannten Ausgangsmaterialien stammende Eiweiß darf nicht zum bindegewebseiweißfreien Fleischeiweiß hinzugerechnet werden. Im Übrigen muss die Verwendung derartigen Materials nach LS-Nr. 1.4.3 gekennzeichnet werden, vgl. die Ausführungen dort.

Abschließend enthalten die Leitsätze erstmals eine Beschreibung dazu, welcher BEFFE-Gehalt bei bestimmten Tierarten zu erwarten ist. Bei sehnen- und fettgewebsarmem Rindfleisch nach LS-Nr. 1.2.1.1.1 und bei fettgewebs- und sehnenarmem Schweinefleisch nach LS-Nr. 1.2.1.2.1 beträgt der BEFFE-Gehalt ungefähr 20 %. Eine vergleichbare Angabe für Geflügelfleisch fehlt hingegen.

1.1.3.4 Muskel-Trockensubstanz

„Muskel-Trockensubstanz“ ist die durch Kochen in Phosphatpuffer-Lösung nicht extrahierbare, getrocknete, weitestgehend kollagenfreie Substanz.

1.1.3.5 Bindegewebseiweiß

„Bindegewebseiweiß" sind die aus Bindegewebe stammenden Eiweißstoffe (chemisch: Hydroxiprolin x 8; histologisch: kollagenes und elastisches Bindegewebe).

Kommentar: Die Ermittlung des Bindegewebseiweißes kann chemisch oder histologisch erfolgen. Bei der chemischen Bestimmung wird der Hydroxyprolingehalt ermittelt und sodann mit dem Faktor 8 multipliziert. Das Produkt ist der Anteil an Bindegewebseiweiß.

Die chemische Art der Bestimmung des Bindegewebsanteils wird in der LMIV identisch beschrieben. Anhang VI Teil B LMIV enthält spezielle Anforderungen an die Bezeichnung „Hackfleisch/Faschiertes". Für vorverpacktes Hackfleisch sind danach als Pflichtangaben Angaben zum Fettgehalt und zum Verhältnis zwischen Kollagen zu Fleischeiweiß zu machen. Kollagen ist insoweit ein Synonym für den Begriff „Bindegewebe". Nach einer amtlichen Anmerkung in einer Fußnote zu der Regelung ist nach Anhang VI Teil B Nr. 1 LMIV der Kollagengehalt der mit dem Faktor 8 vervielfältigte Gehalt an Hydroxyprolin. Insoweit stimmt also die Beschreibung in den Leitsätzen mit der LMIV überein.

Die Lebensmittelhistologie ist die einzige direkte Nachweismethode von den üblichen Bestandteilen einer Wurst. Hierbei handelt es sich um Skelettmuskulatur inklusive deren Zerkleinerung, Fettgewebe, Bindegewebe und Lebergewebe, wie sie bspw. in einer Leberwurst üblich ist. Weiterhin können Nebenbestandteile direkt nachgewiesen werden. Hierbei handelt es sich bspw. um Knochen/Knorpel, Drüsen-, Nerven-, Gefäß-, und lymphatisches Gewebe sowie Gewürze. Bei bestimmten Spezialitäten ist es auch möglich, über die Histologie den Einsatz von Trüffel und die Artbestimmung durchzuführen. Mit dem Einsatz bestimmter Färbungen ist es weiterhin möglich, Fremdeiweiße oder Dickungsmittel nachzuweisen. Über den Anteil von Knochenpartikeln können Rückschlüsse gezogen werden auf den Einsatz von Separatorenfleisch bzw. Fleisch, welches nicht in einer Spitzenqualität eingesetzt werden kann. Die Fremdkörpererkennung und -differenzierung spielt ebenfalls eine Rolle. Auch bei Rework (wiederverarbeitetes Brät mit und ohne Hülle) ist es möglich, mit Spezialfärbungen einen Nachweis zu führen.

In der Verordnung (EG) Nr. 853/2004 bzw. in der tierischen Lebensmittelhygieneverordnung sind Tierkörperteile aufgeführt, die in Fleischerzeugnissen nicht verwendet werden können. Zusätzlich nennen die Leitsätze weitere Ausgangsmaterialien, die zur Herstellung von Fleischerzeugnissen nicht verwendet werden, vgl. LS-Nr. 1.2.7 und die Erläuterungen dort. Die

Histologie ermöglicht eine semiquantitative Bestimmung dieser Bestandteile.

Folgende Klassifizierungen werden angewandt:
- überwiegend (> 50 %);
- in reichlicher Menge (> 35 %–50 %);
- mittlerer Menge (> 20 %–35 %);
- in mäßiger Menge (> 5 %–20 %);
- in geringer Menge (1 %–5 % betreffende Gewebskomponente kommt regelmäßig in mindestens einem Partikel pro Schnitt vor);
- vereinzelt (regelmäßig ein Treffer pro Schnitt).

Der Gehalt an bindegewebseiweißfreiem Fleischeiweiß im Fleischeiweiß kann auch mit der histometrischen Methode nachgewiesen werden. Entsprechende Grenzwerte sind im speziellen Teil der Leitsätze aufgeführt. Diese Methode wird nach hiesigem Kenntnisstand nicht mehr eingesetzt bzw. nur noch in Spezialfällen.

1.1.3.6 Fremdeiweiß

„Fremdeiweiß" ist Eiweiß, das nicht von geschlachteten oder erlegten warmblütigen Tieren (Leitsatznummer 1.1.1) stammt (z. B. Eiklar, Milcheiweiß, Fischeiweiß, Sojaeiweiß, Weizeneiweiß). Aus Tierteilen gewonnene Trockenprodukte wie Fleischpulver, Schwartenpulver, Trockenblutplasma, Fleischeiweiß-Isolate und Speisegelatine sind dem Fremdeiweiß gleichgestellt.

Kommentar: Dem Fremdeiweiß gleichgestellt sind aus Tierteilen gewonnene Trockenprodukte wie Fleischpulver, Schwartenpulver, Trockenblutplasma, Fleischeiweißisolate und Speisegelatine. Diese Rohstoffe dürfen folglich nicht dem Fleischeiweiß nach LS-Nr. 1.1.3.2 zugerechnet werden.

Insoweit handelt es sich um eine Fortschreibung der Verkehrsauffassung, die durch die vormalige und zwischenzeitlich aufgehobene Fleischverordnung geprägt war. Nach § 4 Abs. 1 Nr. 2 der vormaligen Fleischverordnung sollten aus Tierteilen gewonnene Trockenprodukte wie Fleischpulver, Schwartenpulver, Trockenblutplasma, Gelatine und Fischeiweiß, von Ausnahmen abgesehen, bei der Herstellung von Fleischerzeugnissen grundsätzlich nicht verwendet werden. Diese absoluten Verarbeitungsverbote waren in verschiedenen Gerichtsentscheidungen jedoch als verfassungsrechtlich bedenklich eingestuft worden, da ein Kennzeichnungsgebot ein milderes Mittel als ein Verarbeitungsverbot darstellt. Deshalb war auch noch unter formaler Geltung der Fleischverordnung anerkannt, dass derartige Rohstoffe bei ausreichender Kenntlichmachung sehr wohl in Fleischerzeugnissen verarbeitet werden konnten. Diese Rechtslage besteht unverändert fort.

Nach Aufhebung der Fleischverordnung hat die eingeschränkte Verwendung dieser Rohstoffe als von der Fleischverordnung geprägte Verkehrsauffassung Eingang in die Leitsätze gefunden. Allerdings enthalten die Leitsätze insoweit kein Verkehrsverbot mehr, sondern sehen im Einklang mit der Rechtsprechung eine Kenntlichmachung vor. Das Kenntlichmachungsgebot für Fremdeiweiße und ihnen gleichgestellte Stoffe findet sich in LS-Nr. 1.4.6, s. die dortigen Erläuterungen.

1.1.3.7 Fremde Nichteiweißstickstoffverbindungen

„Fremde Nichteiweißstickstoffverbindungen“[8), 9)] sind zugesetzte Nichteiweißstickstoffverbindungen, z. B. Eiweißhydrolysate (Leitsatznummer 1.1.2.3).

1.2 Herstellung

1.2.1 Fleischstandards (Kategorisierung der Fleischstandards)

1.2.1.1 Rindfleisch (einschließlich Kalb- und Jungrindfleisch)

Bei Rindfleisch[10)] (einschließlich Kalb- und Jungrindfleisch) werden unterschieden:

Kommentar: Nach der Klassifizierung für Rinderschlachtkörper ist zusätzlich Jungrindfleisch eingefügt worden. Damit kann dann Jungrindfleisch auch eingesetzt werden. Bei Jungrindfleisch handelt es sich um Fleisch von nicht ausgewachsenen, männlichen und weiblichen Tieren, die nicht jünger als acht Monate und nicht älter als 12 Monate sind. Fleisch von Tieren mit dem Alter von acht Monaten oder jünger wird als „Kalbfleisch“ bezeichnet (Art. 78 Anhang VII Teil I Verordnung (EU) 1308/2013), vgl. zur Angabe „Kalb-“ die Ausführung zu LS-Nr. 1.4.1.1 Absatz 5.

1.2.1.1.1 „Sehnen- und fettgewebsarmes Rindfleisch“: Skelettmuskulatur des Rindes, die von Natur aus nur sehr wenig Bindegewebe und Fettgewebe enthält (z. B. Oberschale) oder deren Gehalt an diesen Geweben durch Ausschneiden („Entsehnen“) entsprechend verringert worden ist (z. B. entsehntes Bugstück).

1.2.1.1.2 „Grob entsehntes Rindfleisch“: Rindfleisch mit Bindegewebe- und Fettgewebegehalten, wie sie bei Verarbeitung von nicht übermäßig muskelarmen Rinderhälften ohne Filet, Lende und Oberschale nach Entfernung der groben Sehnen und größeren Fettgewebeansammlungen zu erwarten sind. Fleisch mit höheren Bindegewebe- und Fettgewebegehalten wird entsprechend ausgeschnitten.

1.2.1.1.3 „Sehnenreiches Rindfleisch“: Rindfleisch mit einem Bindegewebegehalt, der höher ist als bei „grob entsehntem Rindfleisch“, jedoch niedriger als bei ausschließlicher Verwendung von Beinfleisch, Fleisch, das von grob ausgelösten Knochen abgetrennt wird („Knochenputz“) und die Kaumuskeln.

Rindfleisch der Schnittstelle zwischen Kopf und Hals wird als sehnenreich gewertet und nur für Brüh- und Kochwürste verwendet. Manuell von grob ausgelösten Knochen abgetrenntes Fleisch wird als sehnenreich gewertet. An Kopf- und Röhren- und Wirbelsäulenknochen haftendes Fleisch wird nur manuell abgetrennt.

1.2.1.2 Schweinefleisch

Bei Schweinefleisch[11)] werden unterschieden:

1.2.1.2.1 „Fettgewebs- und sehnenarmes Schweinefleisch“: Skelettmuskulatur des Schweines, die von Natur aus nur wenig Fettgewebe und Sehnen enthält oder deren Gehalt an Fettgewebe und Sehnen durch Ausschneiden entsprechend verringert worden ist.

1.2.1.2.2 „Grob entfettetes Schweinefleisch“: Schweinefleisch mit einem Fettgewebeanteil, wie er bei nicht übermäßig fetten Schweinehälften nach grober Entfernung von Backen-, Kamm-, Rücken- und Bauchspeck sowie Flomen zu erwarten ist.

1.2.1.2.3 „Fettgewebereiches Schweinefleisch“: Schweinefleisch mit einem Fettgewebeanteil, wie er bei nicht übermäßig fettem Bauchspeck zu erwarten ist.

Manuell von grob ausgelösten Knochen abgetrenntes Fleisch wird als fettgewebereich gewertet. An Kopf- und Röhrenknochen haftendes Fleisch wird nur manuell abgetrennt.

1.2.1.3 Geflügelfleisch

Bei Geflügelfleisch[12)] werden unterschieden:

1.2.1.3.1 Sehnen- und fettgewebsarmes Geflügelfleisch:

Skelettmuskulatur (Geflügelfleisch ohne Haut) von Geflügel, die von Natur aus nur wenig Bindegewebe oder Fettgewebe enthält (z. B. Brustfilet) oder deren Gehalt an diesen Geweben entsprechend verringert worden ist.

1.2.1.3.2 Grob entsehntes Geflügelfleisch:

Geflügelfleisch mit Bindegewebegehalten, wie sie bei der Verarbeitung von ganzem Geflügel ohne Brust nach Entfernung von groben Sehnen und der Flügel zu erwarten sind.

1.2.1.3.3 Sehnenreiches Geflügelfleisch:

Geflügelfleisch mit anhaftender Haut, dessen Bindegewebeanteile höher liegen als bei „grob entsehntem Fleisch“.

Manuell von grob ausgelösten Knochen abgetrenntes Geflügelfleisch wird als sehnenreich gewertet und nur für Brüh- und Kochwürste verwendet.

1.2.2 Entbeinung

Das Herauslösen des Knochens bzw. das Ablösen des Fleisches vom Knochen findet manuell, maschinell oder als Kombination beider Verfahren statt.

Kommentar: Mit der Neufassung im Jahre 2022 enthalten die Leitsätze für Fleisch und Fleischerzeugnisse erstmals eine Beschreibung des Begriffs „Entbeinung“. Dieser Begriff taucht gelegentlich auch in lebensmittelrechtlichen Vorschriften auf, so bspw. in der Definition des Separatorenfleischs in Anhang I Ziffer 1.14 der Verordnung (EG) Nr. 853/2004. Auch die Leitsätze wiederholen in LS-Nr. 1.2.3.1 die identische Beschreibung für Separatorenfleisch und verwenden dort den Begriff des Entbeinens.

Weiterhin ist Anhang III Abschnitt I Kapitel V der Verordnung (EG) Nr. 853/2004 mit „Zerlegungs- und Entbeinungshygiene“ für Rind- und Schweinefleisch überschrieben. Anhang III Abschnitt II Kapitel V der Verordnung (EG) Nr. 853/2004 enthält eine vergleichbare Überschrift für Geflügelfleisch, die „Hygiene beim und nach dem Zerlegen und Entbeinen“ lautet. Trotz dieser mehrfachen Verwendung des Begriffs der Entbeinung enthält die Verordnung keine Definition, was mit dem Begriff „Entbeinen“ gemeint ist.

Die Leitsätze für Fleisch und Fleischerzeugnisse können als untergesetzliche Normen, die wie in der Einleitung dargestellt die Verkehrsauffassung in Deutschland beschreiben sollen, den in einer europäischen Rechtsverordnung verwendeten Begriff der Entbeinung nicht rechtswirksam definieren. Trotzdem können die Leitsätze eine Beschreibung des Begriffs liefern, der bei der Auslegung in Deutschland zu berücksichtigen ist.

Die Frage, ob mit dem Begriff der Entbeinung nur das Auslösen des Knochens aus dem Fleisch, oder umgekehrt stattdessen das Ablösen des Fleisches vom Knochen gemeint ist, beantworten die Leitsätze salomonisch, indem sie beide Varianten unter Entbeinung fassen.

Die Frage nach einer Definition des Begriffs Entbeinung war nach Auffassung des OVG Lüneburg bei der Beurteilung der Frage, ob Gabelbeinfleisch vom Hähnchen als Fleisch oder Separatorenfleisch anzusehen ist, von Bedeutung. In einer Entscheidung aus Juni 2022 hatte das OVG allein das Entfernen des Knochens aus dem Schlachtkörper als Entbeinung angesehen und infolgedessen eine Einordnung als Separatorenfleisch angenommen. Die vorliegende Fassung der Leitsätze mit LS-Nr. 1.2.2 wurde Ende Juli 2022 veröffentlicht. Nicht auszuschließen ist, dass das OVG zu einem anderen Ergebnis gekommen wäre, wenn zum Zeitpunkt der Entscheidung bereits die jetzige Beschreibung in den Leitsätzen bestanden hätte, nach der eben auch das Lösen des Fleisches vom Knochen Entbeinung ist. Dann nämlich wären die im konkreten Fall mit dem Gabelbein ausgestanzten Teilstücke, die im Anschluss maschinell weiterverarbeitet wurden, noch nicht primär entbeint gewesen mit der Folge, dass kein Separatorenfleisch vorgelegen hätte. Ob die jetzt in den Leitsätzen enthaltene Beschreibung an der Beurteilung etwas ändert, wird erst die Zukunft zeigen.

1.2.3 Separatorenfleisch und Knochenputz

1.2.3.1 Separatorenfleisch

„Separatorenfleisch“ wird durch Ablösung des an fleischtragenden Knochen nach dem Entbeinen bzw. an den Geflügelschlachtkörpern haftenden Fleisches auf maschinelle Weise so gewonnen, dass die Struktur der Muskelfasern sich auflöst oder verändert wird[7)].

Kommentar: Die Beschreibung der Leitsätze, was unter Separatorenfleisch zu verstehen ist, ist identisch mit der gesetzlichen Definition. Diese findet sich in Anhang I Ziffer 1.14 der Verordnung (EG) Nr. 853/2004. Auf die Verordnung wird mit der Fußnote 7 Bezug genommen.

Separatorenfleisch unterscheidet sich nach der Vorstellung des Verbrauchers wesentlich von Fleisch, weshalb es auch nach Auffassung des Gesetzgebers vom Anwendungsbereich der Fleischdefinition auszunehmen ist. Bei Separatorenfleisch handelt es sich um ein Erzeugnis, das durch Ablösung des an fleischtragenden Knochen nach dem Entbeinen bzw. an Geflügelschlachtkörpern haftenden Fleisches auf maschinelle Weise so gewonnen wird, dass die Struktur der Muskelfasern sich auflöst oder verändert. Diese aus dem Hygienerecht stammende Definition findet auch im Lebensmittelkennzeichnungsrecht Anwendung, die LMIV verweist in gleicher Weise auf die Definition aus der Verordnung (EG) Nr. 853/2004. Auch die Leitsätze verwenden denselben Wortlaut.

Die Besonderheit der Separatorenfleisch-Definition besteht darin, dass sie an den Prozess der Gewinnung des Materials anknüpft und diese beschreibt. Für die verbindliche Einordnung, ob es sich bei einem Rohstoff also um Fleisch einerseits oder Separatorenfleisch andererseits handelt, gibt eine Endproduktanalyse wenig bis gar keinen Aufschluss. Stattdessen müsste richtigerweise der Herstellungsprozess in Augenschein genommen und anschließend die rechtliche Einordnung des jeweiligen Materials vorgenommen werden, worum es sich bei dem konkreten Rohstoff handelt. Dieses Vorgehen ist in der Praxis regelmäßig nicht möglich, da die Orte der Gewinnung des Rohstoffes und der Verarbeitung oftmals auseinanderfallen. Gewonnen werden Rohstoffe in Schlacht- und Zerlegebetrieben, die Verwendung erfolgt in Verarbeitungsbetrieben.

In der Praxis behilft sich insbesondere die Lebensmittelüberwachung deshalb bei der Beurteilung von Enderzeugnissen im Hinblick auf die Frage, ob bei deren Herstellung ggf. Separatorenfleisch eingesetzt wurde, mit Hilfsparametern. Hierzu werden der Calciumgehalt und/oder der Anteil an Knochenpartikeln betrachtet. Ab einem Calciumgehalt von mehr als 200 mg/kg oder einem Anteil von mehr als 1,5 Knochenpartikeln pro cm^2 geht die Überwachung infolge von Untersuchungen und Erfahrungswerten von einem sicheren Nachweis von Separatorenfleisch aus.

Bei derart hohen Werten spricht vieles dafür, dass auch der im Gesetz und den Leitsätzen beschriebene Prozess zur Gewinnung von Separatorenfleisch im Schlacht- bzw. Zerlegebetrieb tatsächlich angewandt wurde. Trotzdem handelt es sich lediglich um Hilfsparameter, die weder im Gesetz noch den Leitsätzen eine rechtliche Grundlage finden. Entscheidend ist letztlich die Gestaltung des konkreten Gewinnungsprozesses.

Dies zeigt sich am Beispiel des Putenunterkeulenfleisches. Hier verbleibt nach der maschinellen Entfernung des Knochens aus dem Unterschenkel ein trapezförmiges Fleischstück, das mehrere Muskelbäuche enthält. Allerdings sind zwischen den Muskelbäuchen Sehnen eingelagert, die mit zunehmendem Alter der Tiere verknöchern. Die verknöcherten Sehnen führen jedoch zu einem höheren Calciumgehalt und sind im Rahmen der histologischen Untersuchung nicht von Knochen zu unterscheiden. Da es sich bei diesen verknöcherten Sehnen formal gesehen aber immer noch um Sehnen handelt, führt das Entfernen dieser Sehnen nicht zur Einordnung als Separatorenfleisch, obwohl die Hilfsparameter eine solche Beurteilung nahelegen.

Ein zweiter Rohstoff für die Gewinnung von Separatorenfleisch beim Geflügel ist der verbleibende Geflügelschlachtkörper nach dem Entbeinen, also die Karkasse. Nach dem Wortlaut der Separatorenfleisch-Definition muss der Geflügelschlachtkörper als solches verwendet werden. Ob dieser im Ganzen oder in Teilen als Ausgangsmaterial verwendet wird, kann dabei nicht entscheidend sein. Es kann jedoch nicht jede maschinelle Fleischgewinnung beim Geflügel als Separatorenfleischgewinnung angesehen werden, nur weil es sich bei Teilstücken um Bestandteile des Geflügelschlachtkörpers handelt. Werden nur einzelne Teilstücke mit Knochen einem maschinellen Gewinnungsprozess unterzogen, handelt es sich dabei zwar um fleischtragende Knochen, die jedoch nur dann als Ausgangsmaterial für Separatorenfleisch einzuordnen sind, wenn zuvor bereits die Primärentbeinung der Knochen erfolgt ist.

Jedes Tatbestandsmerkmal der Beschreibung in der Definition von Separatorenfleisch dient der Abgrenzung von anderen Prozessen. Das Baadern von Fleisch, bspw. um verschiedene Gewebe wie Fett und Bindegewebe voneinander zu trennen, stellt zwar eine maschinelle Bearbeitung dar, die ggf. auch die Struktur der Muskelfasern auflöst oder zumindest verändert. Sofern jedoch kein knochenhaltiges Ausgangsmaterial verwendet wird, kann der Vorgang des Baaderns nicht zu Separatorenfleisch führen. Unrichtig ist es deshalb, in der Praxis oftmals verwendete Bezeichnungen wie „Baaderfleisch“ oder „3 mm-Fleisch“ pauschal mit Separatorenfleisch gleichzusetzen.

In der Hackfleischherstellung wird häufig ein sogenannter Trennwolf eingesetzt. Dieser entfernt während des Wolfens kleinere Knochenstückchen und Sehnen. Der Prozess ist daher mit dem Baadern vom Grundsatz vergleichbar. Entscheidend für die Einordnung eines Rohstoffes ist, dass bei der Herstellung von Separatorenfleisch das Fleisch vom Knochen getrennt wird, während kein Separatorenfleisch vorliegt, wenn das bereits gewonnene Fleisch von verbliebenen Knochen- oder Knorpelresten sowie Sehnen befreit wird. Die Abgrenzung wird dabei in der Praxis jedoch durchaus schwierig sein und vom jeweiligen Gewinnungsprozess abhängen.

Der Verzicht auf eine maschinelle Ablösung und eine händische Gewinnung von Restfleisch können ggf. zu Knochenputz bzw. manuell gewonnenem Restfleisch nach LS-Nr. 1.2.3.2 führen, eine Einordnung als Separatorenfleisch ist aber ebenfalls ausgeschlossen.

Was unter dem Tatbestandsmerkmal Auflösung bzw. Änderung der Muskelfaserstruktur zu verstehen ist, ist höchstrichterlich durch den EuGH geklärt. Im sogenannten „Newby-Urteil“ aus 2014 hat der EuGH entschieden, dass das Tatbestandsmerkmal bei jeder Bearbeitung anzunehmen ist, die über einen bloßen Schnitt hinausgeht, und dass darüber hinaus alle übrigen Merkmale der Begriffsdefinition für Separatorenfleisch kumulativ vorliegen müssen.

Losgelöst von den dargestellten Schwierigkeiten bei der Beurteilung am Enderzeugnis entspricht es jedenfalls der Verkehrsauffassung, dass auf die Mitverwendung von Separatorenfleisch hingewiesen wird, vgl. LS-Nr. 1.4.3 und die Ausführungen dort. Darüber hinaus liegt in der Verwendung von Separatorenfleisch auch ein Ersetzen von Fleisch, vgl. LS-Nr. 1.4.5 und die Erläuterungen dort.

1.2.3.2 Knochenputz (manuell gewonnenes Restfleisch)

„Knochenputz" (manuell gewonnenes Restfleisch) wird durch Ablösung des an grob ausgelösten Knochen haftenden Fleisches auf manuelle Weise gewonnen.

Kommentar: Knochenputz wird in den öffentlichen Medien oft gleichgestellt mit Separatorenfleisch. Dieses ist jedoch zu unterscheiden. Bei Separatorenfleisch handelt es sich nach Definition eindeutig um die Separierung auf maschinelle Weise. Knochenputz kann nicht als Rohstoff bei der Herstellung einer Spitzenqualität verwendet werden, vgl. LS-Nr. 1.4.7 und die Erläuterungen dort.

1.2.4 Formfleisch

Formfleischerzeugnisse werden aus Fleischstücken hergestellt, die zu einer größeren Einheit zusammengefügt werden. Die neue Form und der Zusammenhalt der Stückware werden durch unterschiedliche technologische Verfahren erreicht (z. B. mechanische Vorbehandlung zur Freisetzung von Muskeleiweiß an den Oberflächen unter gleichzeitiger Auflockerung der Struktur, Hitzebehandlung, Gefrierbehandlung und/oder Verwendung von Stoffen wie Enzyme, Salze oder andere Bindungssysteme). Der Gewebeverband der verwendeten Fleischstücke bleibt im Wesentlichen erhalten. Formfleischerzeugnisse weisen unbeschadet des bei der Herstellung eventuell erforderlichen Salzgehaltes die gleiche Zusammensetzung auf wie Erzeugnisse aus gewachsenem Fleisch, denen sie nachgebildet sind.

Beim Zusammenfügen der Fleischstücke wird kein gewolftes, gekuttertes oder in ähnlicher Weise zerkleinertes Fleisch verwendet. Der gegebenenfalls bei der Herstellung auftretende Muskelabrieb (aus freigesetztem Muskeleiweiß entstehende brätähnliche Substanz[13)] übersteigt, soweit in den Leitsätzen nichts anderes angegeben wird, nicht den Wert von

5 Vol.-% (bei Geflügelfleischerzeugnissen von 10 Vol.-%) im verzehrfertigen, zusammengefügten Fleischanteil.

Zur Vermeidung des Anscheins, dass es sich dabei um ein Erzeugnis aus gewachsenem Fleisch handelt, wird die Bezeichnung des Lebensmittels durch die Angabe *„aus Fleischstücken zusammengefügt“* ergänzt, (z. B. *Schinken, aus Fleischstücken zusammengefügt, Roulade, aus Fleischstücken zusammengefügt, Gulasch, aus Fleischstücken zusammengefügt*[14)]).

Bei Erzeugnissen aus Muskeln und Muskelgruppen, die zu größeren Einheiten zusammengefügt sind, handelt es sich nicht um Erzeugnisse im Sinne von Anhang VI Teil A Nr. 7 Verordnung (EU) Nr. 1169/2011, sofern sie auch isoliert unter der entsprechenden Bezeichnung des Lebensmittels verkehrsfähig wären.

Kommentar: Voraussetzung für die Herstellung eines Formfleischerzeugnisses ist zunächst, dass Fleischstücke verwendet werden, die sodann zu einer größeren Einheit zusammengefügt werden. Der Zusammenhalt kann dabei durch verschiedene technologische Verfahren erreicht werden. Die Leitsätze zählen an dieser Stelle beispielhaft einige Verfahren auf. Genannt werden die mechanische Vorbehandlung zur Freisetzung von Muskeleiweiß an den Oberflächen unter gleichzeitiger Auflockerung der Struktur, was regelmäßig durch das Poltern oder Tumbeln erfolgt. Das dabei ausgetretene Muskeleiweiß dient als natürlicher Kleber, der bei einem Erhitzen der getumbelten Fleischstücke dazu führt, dass diese zusammenhalten. Aber auch mittels Hitze- oder Gefrierbehandlung kann Formfleisch hergestellt werden.

Weiterhin nennen die Leitsätze die Verwendung von Stoffen wie Enzyme, Salze oder andere Bindungssysteme. Ein Enzym, das bspw. beim Zusammenfügen von Fleisch verwendet werden kann, ist Transglutaminase. Dieses Enzym führt dazu, dass sich Proteine vernetzen. Die Beschreibung der Formfleischtechnologie und insbesondere der unterschiedlichen Mittel, die letztlich zum Zusammenfügen von Fleisch führen, ist nicht abschließend. Dies ermöglicht es, auch neue Technologien unter den Begriff des Formfleisches zu fassen.

Weitere Voraussetzung für eine Annahme von Formfleisch ist jedoch, dass der Gewebeverband der verwendeten Fleischstücke im Wesentlichen erhalten bleibt. Unbeschadet eines bei der Herstellung eventuell erforderlichen Salzgehaltes weisen sie die gleiche Zusammensetzung auf wie Erzeugnisse aus gewachsenem Fleisch, denen sie nachgebildet sind.

Die Leitsätze beschreiben noch weitere Anforderungen an Formfleisch. Gewolftes, gekuttertes oder in ähnlicher Weise zerkleinertes Fleisch darf zur Herstellung von Formfleisch nicht verwendet werden. Dies deckt sich mit der Beschreibung am Anfang von LS-Nr. 1.2.4, nach der Fleischstücke und eben kein kleinstückiges Material eingesetzt werden müssen. Bereits durch den Ausschluss von gewolftem, gekuttertem oder in ähnlicher Weise zerkleinertem Fleisch unterscheidet sich die in den Leitsätzen beschriebene Technologie von Formfleisch davon, was die Verbraucher häufig mit dem Begriff verbinden.

Für Formfleisch ist weiterhin Voraussetzung, dass der ggf. bei der Herstellung auftretende Muskelabrieb, also die aus freigesetztem Eiweiß entstehende brätähnliche Substanz, den Wert von 5 Vol.-% im verzehrfertigen zusammengefügten Fleischanteil nicht überschreitet. Für Geflügelfleischerzeugnisse beträgt dieser Anteil 10 Vol.-%. Was die brätähnliche Substanz ist, beschreiben die Leitsätze in Fußnote 13. Hierbei handelt es sich um wabig vernetzte Bezirke mit einer Porengröße über 5 µm und mindestens drei vollständigen Vakuolen auf einer Stelle.

Formfleisch muss in der Kennzeichnung den Anschein vermeiden, dass es sich um ein Erzeugnis aus gewachsenem Fleisch handelt. Deshalb beschreiben auch die Leitsätze beispielhafte Ergänzungen in der Bezeichnung des Lebensmittels durch die Angabe „aus Fleischstücken zusammengefügt". Rechtliche Grundlage für diese Kennzeichnungspflicht und den Wortlaut des Hinweises sind jedoch nicht die Leitsätze, sondern Art. 17 Abs. 5 in Verbindung mit Anhang VI Teil A Nr. 7 LMIV. Insoweit geht die entsprechende Regelung aus der für vorpackte Lebensmittel unmittelbar geltenden LMIV der Beschreibung in den Leitsätzen vor. Die Verwendung des vormals in Leitsätzen vorgesehenen Signalworts „Formfleisch" ist keine Voraussetzung für die Kennzeichnung mehr, was der VGH München 2021 bestätigt hat. Daraufhin wurde die vormalige Vorgabe zur Kennzeichnung als „Formfleisch" in der Neufassung der Leitsätze gestrichen.

Eine Ausnahme für eine Kennzeichnung von Formfleisch mit dem Wortlaut aus der LMIV enthält Fußnote 14. Danach wird bei *Ragout fin* und bei *stückigen Einlagen von Kochwurst* eine Verwendung von Formfleischerzeugnissen nicht kenntlich gemacht. Sofern also bspw. die Einlagen eines Aspikerzeugnisses Formfleisch darstellen, muss darauf im Enderzeugnis nicht hingewiesen werden.

Der letzte Absatz von LS-Nr. 1.2.4 enthält eine weitere praktisch wichtige Ausnahme. Bei Erzeugnissen aus Muskeln und Muskelgruppen, die zu größeren Einheiten zusammengefügt sind, handelt es sich nicht um Formfleisch, wenn sie auch isoliert unter der entsprechenden Bezeichnung des Lebensmittels verkehrsfähig wären. Diese Formulierung stammt ursprünglich aus der vormaligen Beschreibung zur Herstellung von Kochschinken. Danach musste ein Kochschinken, der aus Stücken zusammengefügt wurde, die ihrerseits isoliert unter der Bezeichnung „Schinken" verkehrsfähig waren, keinen Hinweis auf das Zusammenfügen tragen. Diesen Gedanken haben die Leitsätze sodann auf alle Produkte erweitert. Entscheidend ist also, ob das eingesetzte Ausgangsmaterial, das zum Zusammenfügen verwendet wird, so groß ist, dass es auch isoliert unter der Bezeichnung verkehrsfähig wäre. Ist das der Fall, entspricht es der Verkehrsauffassung, dass dann kein Formfleischerzeugnis vorliegt mit der weiteren Folge, dass dann auch der Hinweis nach Anhang VI Teil A Nr. 7 LMIV auf ein Zusammenfügen aus Fleischstücken nicht erforderlich ist.

Die dargestellte Ausnahme sieht eine Kennzeichnung als Formfleisch also dann als nicht erforderlich an, wenn zwar verschiedene Stücke zusammengefügt sind, die jedoch selbst so groß sind, dass sie mit der Bezeichnung des Endprodukts zutreffend beschrieben sind. Aber auch der umgekehrte Fall ist denkbar, wenn nämlich das Enderzeugnis so klein ist, dass letztlich irrelevant ist, ob das Ausgangsmaterial Fleisch wie gewachsen oder zusammengefügt ist. Zu denken ist an kleine Schinkenwürfel, die aus zusammengefügten Schinken geschnitten werden. Hier lässt sich argumentieren, dass es Zufall ist, ob ein kleiner Würfel aus einem nicht zusammengefügten oder einem geformten Ausgangsmaterial stammt mit der Folge, dass man einen Hinweis auf das Zusammenfügen als entbehrlich betrachten kann. Dies ist jeweils im Einzelfall zu prüfen.

1.2.5 Hüllen für Fleischerzeugnisse

Als Hüllen für Fleischerzeugnisse, werden neben künstlichen Hüllen auch unbeschränkt verarbeitungsfähige Tierkörperteile (Leitsatznummer 1.1.1.8) verwendet.

Kommentar: Als Hüllen für Fleischerzeugnisse kommen natürliche Hüllen, insbesondere in Form von Därmen, oder auch künstliche Hüllen in Betracht. Für Därme als natürliche Hüllen vgl. LS-Nr. 1.1.1.8 und die dortige Beschreibung.

Als künstliche Hüllen kommen zusammengefügte, essbare Hüllen in Betracht, die bspw. auf Basis von Cellulose oder Alginaten hergestellt werden. Derartige Hüllen sind, wenn sie mit dem Lebensmittel mitverzehrt werden, Zutaten und müssen folglich im Zutatenverzeichnis kenntlich gemacht werden. In der Praxis hat sich eine Bezeichnung als „essbare Hülle aus …" eingebürgert, wobei dann der Hauptbestandteil zu nennen ist. Da es sich im Regelfall um zusammengesetzte Zutaten handelt, sind anschließend die jeweiligen Zutaten der essbaren Hülle im Zutatenverzeichnis des Enderzeugnisses anzugeben. Zusatzstoffe in der Hülle, die im Enderzeugnis keine technologische Wirkung mehr haben, müssen, sofern sie kein allergenes Potenzial haben, nicht angegeben werden. Gleiches gilt für Verarbeitungshilfsstoffe.

Davon zu trennen sind nicht essbare Hüllen. Hierfür findet sich für vorverpackte Lebensmittel eine Sonderregelung in Anhang VI Teil C LMIV. Ist eine Wursthülle nicht essbar, muss dies angegeben werden, vgl. die Ausführungen zu LS-Nr. 1.1.1.8.

1.2.6 Umarbeitung und Wiederverarbeitung von Fleischerzeugnissen

Fleischerzeugnisse werden nur dann zu anderen Fleischerzeugnissen oder Erzeugnissen mit einem Zusatz von Fleisch oder Fleischerzeugnissen umgearbeitet, wenn sie

- nicht wertgemindert und
- im Enderzeugnis keine Minderung des Nähr- oder Genusswertes bedingen und
- von Hüllen befreit worden sind.

Geräucherte Würstchen in Schaf-Saitlingen, Schweine-Saitlingen oder Hautfasersaitlingen werden mit Hüllen nur zu solchen Erzeugnissen verarbeitet, die dem Verbraucher als geringwertig bekannt zu sein pflegen, und nur in Mengen bis zu 2 %.

Grundsätzlich werden Fleischerzeugnisse nicht zu Fleischerzeugnissen mit hervorhebenden Hinweisen umgearbeitet. Abweichend davon können in Brühwürsten (Leitsatznummer 2.4.2.2 bis 2.4.2.4), die mit hervorhebenden Hinweisen (Leitsatznummer 1.4.7) in Verkehr gebracht werden, bis 3 % Brühwürste der gleichen Sorte verarbeitet werden, wenn diese

- beim maschinellen Aufschneiden in der Herstellungsstätte anfallen,
- in der Herstellungsstätte ohne Zeitverzug weiterverarbeitet werden,
- mindestens den Qualitätsanforderungen an das Endprodukt genügen und
- keinen Einfluss auf die besonderen sensorischen Eigenschaften des Endproduktes ausüben.

Kommentar: Unter der Überschrift „Umarbeitung und Wiederverarbeitung von Fleischerzeugnissen" beschreibt LS-Nr. 1.2.6 das, was in der Praxis als sog. Rework bezeichnet wird. Als Grundsatz stellen die Leitsätze dabei auf, dass Rework überhaupt nur dann im Wege der Umarbeitung verwendet werden darf, wenn das Material nicht wertgemindert ist, keine Minderung des Nähr- oder Genusswertes im Enderzeugnis bedingt und grundsätzlich auch von Hüllen befreit worden ist. Lediglich wenn diese drei Voraussetzungen kumulativ vorliegen, kommt überhaupt eine Verwendung von Rework in Betracht.

Die letztgenannte Voraussetzung enthält wenige Ausnahmen. Geräucherte Würstchen, die in Schaf-Saitlingen, Schweine-Saitlingen oder Hautfasersaitlingen gefüllt sind, werden mit anhaftenden Hüllen nur zu solchen Erzeugnissen verarbeitet, die dem Verbraucher als geringwertig bekannt zu sein pflegen und nur in Mengen bis zu 2 %. Die Ausnahme bezieht sich also auf Einfachqualitäten und enthält darüber hinaus eine Mengenbegrenzung.

Im Umkehrschluss bedeutet das scheinbar, dass bei Vorliegen der Voraussetzungen Rework bei der Herstellung von Fleischerzeugnissen in allen Qualitätsstufen, also Spitzen-, Mittel- und Einfachqualität, verwendet werden kann. Tatsächlich beschreiben die Leitsätze im Folgenden aber ein Verbot der Verwendung von Rework in Spitzenqualität, für das wiederum nur wenige Ausnahmen mit engen Voraussetzungen gelten.

Für Erzeugnisse der Spitzenqualität, die die Leitsätze als „Fleischerzeugnisse mit hervorhebenden Hinweisen" bezeichnen, stellen die Leitsätze im dritten Absatz von LS-Nr. 1.2.6 ein grundsätzliches Verbot der Verwendung von Rework auf.

Von diesem grundsätzlichen Verbot werden lediglich für drei Produktgruppen der Spitzenqualität, nämlich für fein zerkleinerte Brühwürste nach LS-Nr. 2.4.2.2., für grobe Brühwürste nach LS-Nr. 2.4.2.3 und für Brühwürste mit Einlagen nach LS-Nr. 2.4.2.4, Ausnahmen beschrieben.

Diese Ausnahmen stehen jedoch unter weiteren Voraussetzungen. Auch hierfür gilt eine Mengenbeschränkung, die 3 % beträgt. Ferner verlangen die Leitsätze eine Beschränkung des eingesetzten Reworks auf Brühwürste der gleichen Sorte. Das bedeutet, dass bspw. die Verwendung von Rework einer Schinkenwurst zur Herstellung einer später produzierten Charge Schinkenwurst zulässig ist, die Verwendung zur Herstellung einer Jagdwurst der Spitzenqualität hingegen nicht.

Weitere Voraussetzung für die Verwendung des Reworks ist, dass es sich ausschließlich um Material handelt, das beim maschinellen Aufschneiden in der Herstellungsstätte angefallen ist. Gemeint sind damit also bspw. Kappen und Endstücke oder Anschnitte, die beim Slicen von in Stangen gefüllten Brühwürsten entstehen. Die Beschränkung auf den Anfall in der Herstellungsstätte soll verhindern, dass das als Rework verwendete Material zwischen zwei oder mehreren Verarbeitungsbetrieben transportiert wird. Die Verwendung des Reworks muss also in derselben Betriebsstätte erfolgen, in der das Material auch angefallen ist.

Weitere Voraussetzung ist, dass die Weiterverarbeitung in der Herstellungsstätte ohne Zeitverzug erfolgt. Hierbei verwenden die Leitsätze bewusst eine offene Formulierung, die den Lebensmittelunternehmern einen gewissen Spielraum einräumen soll. Bei Angabe einer konkreten Frist wäre die ggf. notwendige Flexibilität nicht gewährleistet. Mit der Formulierung, dass eine Weiterverarbeitung ohne Zeitverzug erfolgen soll, ist gemeint, dass der Einsatz des als Rework angefallenen Materials in der nächsten Produktion erfolgen muss. Sofern ein Randartikel bspw. nur einmal wöchentlich produziert wird, ist auch die Verwendung des vor einer Woche angefallenen Materials bei Produktion in der nächsten Woche eine Weiterverarbeitung ohne Zeitverzug.

Weitere Voraussetzung für die Verarbeitung von Rework in Spitzenqualität ist, dass das verwendete Material mindestens den Qualitätsanforderungen an das Endprodukt genügt. Damit kommt nur die Verwendung von Ausgangsmaterial, das bereits zur Herstellung einer Spitzenqualität verwendet werden sollte, als taugliches Material in Betracht. Schließlich darf der Einsatz des Materials keinen Einfluss auf die besonderen sensorischen Eigenschaften des Produktes haben.

Nur wenn diese Voraussetzungen kumulativ vorliegen, ist demnach eine Verarbeitung von Rework in den genannten Brühwurstarten der Spitzenqualität zulässig. Das bedeutet aber, dass die in der Ausnahme nicht genannten Brühwürstchen nach LS-Nr. 2.4.2.1 nicht unter der Verwendung von Rework hergestellt werden können, wenn die Enderzeugnisse als Spitzenqualität in den Verkehr gebracht werden sollen. Diese Unterscheidung erscheint aus Nachhaltigkeitsgesichtspunkten fraglich. Wünschenswert wäre es deshalb, wenn insoweit eine Anpassung der Leitsätze erfolgen würde. Ein entsprechender Antrag der betroffenen Wirtschaft ist in Vorbereitung. Ob, wann und mit welchem Ergebnis sich die Lebensmittelbuch-Kommission damit beschäftigt, ist derzeit noch nicht abzusehen.

1.2.7 Tierkörperteile, die nicht in Fleischerzeugnissen verarbeitet werden

Über die rechtlichen Verbote[15] hinaus werden folgende Tierköperteile nicht in Fleischerzeugnissen verarbeitet:

- Häute von Wiederkäuern, ausgenommen die unter Leitsatznummer 1.1.1.4 genannten Teile;
- Nackenband und große Gefäßstämme von Rindern;
- Knochen und Knorpel, sofern sie nicht üblicherweise Bestandteil des Erzeugnisses sind (z. B. Knochenschinken sowie technologisch nicht vermeidbare Knorpelreste beim Schweinebauch);
- Därme;
- Harnblase einschließlich Harnröhre;
- Gekröse, einschließlich Netzfettgewebe;
- Hirn;
- Rindermilz;
- Rückenmark;

- Fibrin, das vom Blut getrennt worden ist;
- Dickblut, das bei der Blutplasma-Herstellung anfällt;
- Kesselfett und Knochenfett, das nicht nach Leitsatznummer 1.1.1.2.4 dem Fettgewebe gleichgestellt ist;
- Schleimhaut;
- Hoden;
- Geflügelkamm, -ohren, -kehllappen und -fleischwarzen;
- Schilddrüse.

Kommentar: Rechtliche Verbote für die Verarbeitung einzelner Teile von Schlachtkörpern finden sich in Anhang III Abschnitt VI Nr. 1 der Verordnung (EG) Nr. 853/2004, auf die in Fußnote 15 Bezug genommen wird. Nach der genannten Ziffer dürfen zur Herstellung von Fleischerzeugnissen folgende Teile nicht verwendet werden:

- Geschlechtsorgane, sowohl weiblicher als auch männlicher Tiere, ausgenommen Hoden,
- Harnorgane, ausgenommen Nieren und Blase,
- Knorpel des Kehlkopfs, der Luftröhre und der extralobulären Bronchien,
- Augen und Augenlider,
- äußere Gehörgänge,
- hornartiges Gewebe,
- bei Geflügel: Kopf (ausgenommen Kamm, Ohren, Kehllappen und Fleischwarzen), Speiseröhre, Kropf, Eingeweide und Geschlechtsorgane.

Die vorgenannten Teile dürfen also kraft gesetzlicher Regelung bei der Herstellung von Fleischerzeugnissen nicht verwendet werden. Darüber hinaus beschreibt LS-Nr. 1.2.7, dass über diese rechtlichen Verbote hinaus die in dieser Leitsatznummer aufgeführten Tierkörperteile ebenfalls nicht in Fleischerzeugnissen verarbeitet werden.

1.3 Beschaffenheitsmerkmale

1.3.1 Wertbestimmender Anteil an Skelettmuskulatur

Für die Herstellung der verschiedenen Fleischerzeugnisse wird im allgemeinen Fleisch mit unterschiedlichen Bindegewebe- und Fettgewebeanteilen verwendet. Bei Erzeugnissen, die im Einzelfall aus binde- oder fettgewebeärmerem Fleisch hergestellt werden, als dies in den Besonderen Beurteilungsmerkmalen beschrieben ist, kann mit sehnenreichem (Leitsatznummer 1.2.1.1.3) oder fettgewebereichem (Leitsatznummer 1.2.1.2.3) Fleisch, Bindegewebe (Leitsatznummer 1.1.1.3) oder Fettgewebe (Leitsatznummer 1.1.1.2) ausgeglichen werden. Die fertig hergestellten Erzeugnisse entsprechen jedoch den in den Besonderen Beurteilungsmerkmalen festgelegten Kriterien für einen ausreichend hohen

Fleischanteil; sie weisen außerdem keinen über das herkömmliche Maß hinausgehenden Fett- und Wassergehalt auf.

Wertbestimmend ist bei Fleischerzeugnissen in erster Linie der absolute Anteil an binde- und fettgewebefreiem Fleisch und dessen relativer Anteil am Gesamtfleisch. Als ausreichend sind diese Anteile anzusehen, wenn die nachfolgend bei den einzelnen Erzeugnissen angeführten Analysenwerte für das bindegewebseiweißfreie Fleischeiweiß im Gesamterzeugnis und im Fleischeiweiß in jeder einzelnen Probe nicht unterschritten sind. Diese Werte sind Mindestwerte. Sie gelten auch für kältebehandelte Erzeugnisse. Streuungen, die sich auch bei gleichbleibender Rezeptur aus den Herstellungsbedingungen oder aus der Untersuchungsmethode ergeben können, sind berücksichtigt, weitere Toleranzen also nicht erforderlich.

Der Hersteller kann die Mindestwerte dann in jedem Fall einhalten, wenn er bei der Herstellung dem redlichen Gewerbebrauch entsprechend hinreichende Sicherheitsspannen berücksichtigt.

Durch die Feststellung der Mindestgehalte für bindegewebseiweißfreies Fleischeiweiß ist zwar die Summe der Fett- und Wassergehalte bereits limitiert. Jedoch gehen auch bei ausreichendem Anteil an bindegewebseiweißfreiem Fleischeiweiß sowohl das Fett/Fleischeiweiß- als auch das Wasser/Fleischeiweiß-Verhältnis nicht über das herkömmliche Maß hinaus.

Kommentar: Im ersten Absatz wird ein wichtiger Grundsatz für die Herstellung von Fleischerzeugnissen beschrieben. Dieser besagt, dass wenn zur Herstellung binde- oder fettgewebeärmeres Fleisch verwendet wird, als für das Erreichen der in den Leitsätzen beschriebenen BEFFE-Werte für die einzelnen Produkte erforderlich ist, der Lebensmittelunternehmer dies ausgleichen kann. Der Ausgleich kann über sehnenreiches oder fettgewebereiches Fleisch erfolgen. Auch die Zugabe von Binde- oder Fettgewebe ist zulässig. Bei dem Ausgleich mithilfe der Zugabe von Fettgewebe ist insoweit von Auffetten die Rede. Unter der Voraussetzung, dass die von der kennzeichnungsrechtlichen Definition des Fleischbegriffes vorgegebenen Fett- und Bindegewebsgehalte eingehalten werden, muss eine Kenntlichmachung der zum Ausgleich eingesetzten Rohstoffe nicht gesondert erfolgen. Stattdessen ist die Angabe „-fleisch" im Zutatenverzeichnis ausreichend, dem der Name der Tierart, von dem das Fleisch stammt, voranzustellen ist. Im Zutatenverzeichnis muss also nicht „Schweinefleisch, Fett- und Bindegewebe" angegeben werden. Die zugehörige Regelung findet sich für vorverpackte Lebensmittel in Anhang VII Teil B Nr. 17 LMIV. Diese gesetzliche Regelung wird in LS-Nr. 1.4.13 unter der Überschrift „Quantitative Angaben" wiederholt, vgl. die Ausführungen dort.

Ein Ausgleich mit Schwarten nach LS-Nr. 1.1.1.4 ist anders als in der Vergangenheit nicht mehr begründbar. Als Schwarten noch als Unterfall von Bindegewebe beschrieben wurden, ließ sich ein Ausgleich mit Schwarten zur Einstellung des Bindegewebsgehaltes begründen. Nunmehr wird Bindegewebe in LS-Nr. 1.1.1.3 beschrieben, Schwarten in LS-Nr. 1.1.1.4. Ein Ausgleich ist nach der vorliegenden Leitsatznummer jedoch nur für Bindegewebe nach LS-Nr. 1.1.1.3 beschrieben, so dass Schwarten nicht zum Ausgleich verwendet werden können.

Sofern die für die einzelnen Tierarten geltenden Limits für Fett- oder Bindegewebe eingehalten werden, ist die alleinige Angabe „-fleisch" im Zutatenverzeichnis, ergänzt um die Tierart, ausreichend. Lediglich dann, wenn trotz des Ausgleiches eine Überschreitung des Fett- und/oder des Bindegewebegehaltes vorliegt, muss die entsprechende Zutat im Zutatenverzeichnis genannt werden. Dann sind bspw. „Speck" oder „Schweinefett" anzugeben, die Angabe „Geflügelhaut" kennzeichnet einen überschüssigen Bindegewebsanteil bei Geflügelfleischerzeugnissen. Der Fleischanteil muss dann nach unten korrigiert werden.

Im Gegensatz bspw. zu einzelnen Beschreibungen im Österreichischen Lebensmittelbuch kennen die Leitsätze für Fleisch und Fleischerzeugnisse des Deutschen Lebensmittelbuches keine Festlegung des jeweiligen Fett- oder Wassergehaltes einzelner Produkte. Hier beschränken sich die Leitsätze auf die Beschreibung, dass die einzelnen Erzeugnisse „keinen über das herkömmliche Maß hinausgehenden Gehalt" aufweisen.

Anhaltspunkte dafür, was das herkömmliche Maß ist, können den sog. „Beurteilungskriterien für Fleischerzeugnisse von größerer Marktbedeutung für das gesamte Bundesgebiet" entnommen werden, die von der Arbeitsgruppe Fleischwaren der Lebensmittelchemischen Gesellschaft (LChG) regelmäßig herausgegeben werden. Darin werden in der Tabelle 1 Wasser/Fleischeiweiß- und Fett/Fleischeiweiß-Verhältnisse für verschiedene Produktgruppen aufgeführt. Tabelle 2 führt die Fettgehalte für bestimmte einzelne Roh-, Brüh- und Kochwürste sowie für Kochschinken und vorverpacktes Hackfleisch auf. Schließlich enthält die Tabelle 3 Beurteilungskriterien für einige regionale Spezialitäten. Bei den Beurteilungskriterien der LChG handelt es sich um eine Zusammenstellung der im Rahmen von Untersuchungen festgestellten Ergebnisse.

Eine andere Quelle für die Frage, ob ein über das übliche Maß hinausgehender Fett- oder Wassergehalt vorliegt, stellt der Bundeslebensmittelschlüssel (BLS) dar. Darin werden unter Federführung des Bundesministeriums für Ernährung und Landwirtschaft die Nährstoffgehalte von Lebensmitteln in einer Datenbank erfasst. Grundlage für die Daten des BLS bilden die Untersuchungsergebnisse des Max-Rubner-Instituts, verschiedener Bundesinstitute und -ämter, Landesanstalten, Unternehmen der Lebensmittelwirtschaft und Verbände. Ergänzt wird das Datenmaterial mit Daten aus der wissenschaftlichen Literatur und internationalen Nährstoffdatenbanken.

Da es sich um zwei unterschiedliche Erkenntnisquellen handelt, können sich auch unterschiedliche Fett- oder Wassergehalte für ein und dasselbe Produkt aus diesen Quellen ergeben. In diesem Fall kann jedoch keiner der beiden Quellen der Vorzug gegeben werden und der Lebensmittelunternehmer kann sich berechtigterweise sowohl an den Beurteilungskriterien der LChG als auch am BLS orientieren.

Im zweiten Absatz beschreiben die Leitsätze, dass wertbestimmend bei Fleischerzeugnissen in erster Linie der Anteil an binde- und fettgewebefreiem Fleisch und dessen relativer Anteil am Gesamtfleisch ist. Diese Klarstellung hatte eine besondere Bedeutung, als im Rahmen des allgemeinen lebensmittelrechtlichen Irreführungsverbotes ein gesondertes Verbot bestand, wertgeminderte Lebensmittel ohne ausreichende Kenntlichmachung in den Verkehr zu bringen. Dieses gesonderte Verbot ist jedoch im Sommer 2021 abgeschafft worden. Eine Täuschung über den Wert eines Lebensmittels und damit auch eines Fleischerzeugnisses ist nunmehr lediglich, aber immer noch über das allgemeine Irreführungsverbot erfasst.

Die Leitsätze propagieren weiter, dass die beschriebenen Analysewerte für das bindegewebseiweißfreie Fleischeiweiß und das bindegewebseiweißfreie Fleischeiweiß im Fleischeiweiß in jeder einzelnen Probe nicht unterschritten sein dürfen. Bei den in den Leitsätzen angegebenen Werten soll es sich um Mindestwerte handeln, bei denen Streuungen, die sich auch bei gleichbleibender Rezeptur aus den Herstellungsbedingungen oder aus der Untersuchungsmethode ergeben könnten, berücksichtigt seien. Weitere Toleranzen seien deshalb nicht erforderlich. Ob diese Aussagen jeder gerichtlichen Überprüfung standhalten, ist fraglich. Der Europäische Gerichtshof hat dies bereits Ende der 90er-Jahre in der Sache van der Laan in Zweifel gezogen. Jedenfalls für den Gehalt an Fleischeiweiß im fettfreien Anteil bei Kochpökelerzeugnissen nach LS-Nr. 2.3.1.2 gelten die Anforderungen nicht für jede einzelne Probe, sondern beziehen sich stattdessen auf die jeweilige Charge, vgl. die Ausführungen dort.

Der letzte Absatz von LS-Nr. 1.3.1 stellt noch einmal klar, dass über die Beschreibung von Mindestgehalten für das bindegewebseiweißfreie Fleischeiweiß die Summe der Fett- und Wassergehalte limitiert ist. Aber auch das Fett/Fleischeiweiß- wie auch das Wasser/Fleischeiweiß-Verhältnis gehen nicht über das herkömmliche Maß hinaus. Insoweit kann auf die bereits zuvor angesprochenen Beurteilungskriterien der LChG zurückgegriffen werden.

1.3.2 Wurstwaren

„Wurstwaren" (Würste und wurstartige Erzeugnisse) sind bestimmte, unter Verwendung von geschmackgebenden und/oder technologisch begründeten Zutaten zubereitete schnittfeste oder streichfähige Gemenge aus zerkleinertem Fleisch (Leitsatznummer 1.1.1.1), Fettgewebe (Leitsatznummer 1.1.1.2) sowie sortenbezogen teilweise auch Innereien (Leitsatznummer 1.1.1.6).

Wurstwaren gelangen geräuchert oder ungeräuchert in Hüllen oder Behältnissen oder auch ohne Hüllen in den Verkehr. Fleischerzeugnisse, die als „Pasteten", „Rouladen" oder „Galantinen" bezeichnet sind, sind nur dann Wurstwaren im Sinne dieser Leitsätze, wenn sie die Merkmale von Brühwürsten (Leitsatznummer 1.3.2.2) oder Kochwürsten (Leitsatznummer 1.3.2.3) aufweisen.

Küchenfertig vorbereitete oder tafelfertig zubereitete Fleischerzeugnisse wie Fleischklopse, Küchenpasteten gelten nicht als Wurstwaren.

Kommentar: Der erste Absatz enthält eine Beschreibung des Begriffes „Wurstwaren". Es handelt sich um schnittfeste oder streichfähige Gemenge aus zerkleinertem Fleisch. Für die verwendeten Zutaten wird wie in LS-Nr. 1.1.2.1 (vgl. die dortigen Ausführungen) eine geschmackliche und/oder eine technologische Begründung verlangt. Nach der hier vertretenen Auffassung ist diese Beschränkung vor dem Hintergrund der grundrechtlich geschützten Rezepturfreiheit fraglich. Auch ernährungsphysiologische Gründe können bspw. ein Grund sein, bestimmte Zutaten zu verwenden.

Der zweite Absatz beschreibt die grundsätzliche Üblichkeit des Räucherns, wenn es heißt, dass Wurstwaren geräuchert oder ungeräuchert in den Verkehr gelangen. Bei welchen Erzeugnissen Räuchern allerdings im Einzelfall üblich ist oder ob eine besondere und damit in der Bezeichnung kennzeichnungspflichtige Behandlung nach Anhang VI Teil A Nr. 1 LMIV vorliegt, wenn eine spezielle Wurstware geräuchert oder ungeräuchert angeboten wird, ist im Einzelfall zu prüfen. Beim Vertrieb in Deutschland muss Rauch jedenfalls im Zutatenverzeichnis eines vorverpackten Lebensmittels angegeben werden. In anderen Ländern wie Dänemark oder Polen ist das hingegen nicht der Fall.

Für Pasteten, Rouladen oder Galantinen wird weiter klargestellt, dass diese nur dann Wurstwaren sind, wenn sie die Merkmale von Brühwürsten oder Kochwürsten aufweisen.

Die einzelnen Wurstwaren werden sodann in LS-Nr. 2.4 mit den Untergruppen Rohwürste, Brühwürste und Kochwürste beschrieben.

Die unter der LS-Nr. 2.1 beschriebenen Fleischteilstücke und Fleischgerichte sowie die rohen und die gegarten Pökelfleischerzeugnisse stellen keine Wurstwaren dar.

Der Begriff der Wurstwaren taucht in LS-Nr. 1.4.1.1 im Zusammenhang mit der Angabe „Kalb-“ in der Bezeichnung des Lebensmittels auf, vgl. die Ausführungen dort.

> 1.3.2.1 Rohwürste
>
> „Rohwürste“ sind in der Regel umgerötete, ungekühlt (über + 10 °C) lagerfähige, in der Regel roh zum Verzehr gelangende Wurstwaren, die streichfähig oder nach einer mit Austrocknung verbundenen Reifung schnittfest geworden sind. Zucker werden in einer Menge von nicht mehr als 2 % zugesetzt.

Kommentar: LS-Nr. 1.3.2.1 enthält die allgemeine Beschreibung, was unter einer Rohwurst zu verstehen ist. In der Regel handelt es sich um umgerötete, also gepökelte Erzeugnisse, die ungekühlt lagerfähig sind. Während des Herstellungsverfahrens hat ein Trocknungsprozess verbunden mit einer Reifung stattgefunden, infolgedessen die Produkte entweder streichfähig oder schnittfest geworden sind.

Weiteres Merkmal von Rohwürsten ist, dass sie in der Regel roh zum Verzehr gelangen. Der Lebensmittelunternehmer kann aber dennoch festlegen, dass eine von ihm in den Verkehr gebrachte Rohwurst zum Verzehr im durcherhitzten Zustand bestimmt ist, muss dies jedoch in der Bezeichnung des Lebensmittels angeben.

In Abweichung von LS-Nr. 1.1.2.1 ist die Verwendung von Zuckern in Form von Mono-, Di- und Oligosacchariden auf 2 % beschränkt. Zu den rechtlichen Bedenken im Hinblick auf Limitierung siehe die dortigen Ausführungen.

Die Beschreibung einzelner Rohwurstsorten findet sich sodann in LS-Nr. 2.4.1, unterteilt in die Gruppen der schnittfesten Rohwürste nach LS-Nr. 2.4.1.1 und streichfähige Rohwürste nach LS-Nr. 2.4.1.2.

> 1.3.2.2 Brühwürste
>
> „Brühwürste“ sind durch Brühen, Backen, Braten oder auf andere Weise hitzebehandelte Wurstwaren, bei denen zerkleinertes rohes Fleisch mit Kochsalz und gegebenenfalls anderen technologisch notwendigen Salzen meist unter Zusatz von Trinkwasser (oder Eis) ganz oder teilweise aufgeschlossen wurde und deren Muskeleiweiß bei der Hitzebehandlung mehr

oder weniger zusammenhängend koaguliert ist, sodass die Erzeugnisse bei etwaigem erneuten Erhitzen schnittfest bleiben. Die Menge des verwendeten Trinkwassers ist bei den einzelnen Wurstsorten verschieden. Bezogen auf Fleisch und Fett wird anstelle von Trinkwasser teilweise bis zu 10 % Blutplasma oder Blutserum zugesetzt; der Ersatz von Trinkwasser durch 5 % Milch ist auf zum Braten bestimmte ungeräucherte Würste, deren Brät fein zerkleinert ist, beschränkt.

„Brät" ist

- das unter Zusatz von Trinkwasser und Salzen zerkleinerte rohe Fleisch,
- die für die Brühwurstherstellung zum Abfüllen fertig gestellte Rohmasse.

Würste, die roh in den Verkehr kommen, aber dazu bestimmt sind, vor dem Verzehr durch Brühen, Backen, Braten oder auf andere Weise hitzebehandelt zu werden und dabei schnittfest werden (z. B. rohe Bratwürste und rohe Schweinswürstchen zum Selbstbraten, rohe Weißwürste zum Selbstbrühen und roher Leberkäse zum Selbstbacken) sind Brühwursthalbfabrikate.

Kommentar: LS-Nr. 1.3.2.2 enthält eine Beschreibung des Begriffs „Brühwürste". Auch bei diesen handelt es sich um Wurstwaren, die durch Brühen, Backen, Braten oder auf andere Weise hitzebehandelt sind, bei denen zerkleinertes rohes Fleisch mit Kochsalz und ggf. anderen technologisch notwendigen Salzen meist unter Zusatz von Trinkwasser oder Eis ganz oder teilweise aufgeschlossen wurde und deren Muskeleiweiß bei der Hitzebehandlung mehr oder weniger zusammenhängend koaguliert ist, so dass die Erzeugnisse bei etwaigem erneuten Erhitzen schnittfest bleiben. Die in der Beschreibung genannten ggf. anderen technologisch notwendigen Salze sind bspw. Kochsalzersatzprodukte. Marktgängige Kochsalzersatzprodukte sind hier die Salze von Kalium, Magnesium und anderen Natriumsalzen. Weiterhin sind zu nennen die Salze der Ascorbinsäure (Natrium- und Calciumascorbat). Zugelassen sind ebenfalls die Salze der Zitronensäure, hierbei handelt es sich um Natrium-, Kalium- und Calciumcitrat.

Der Einsatz der Salze von Milchsäure, Zitronensäure und Essigsäure haben in den letzten Jahren eine erhöhte Bedeutung gewonnen, da sie die Vermehrung von Listeria monocytogenes hemmen. Nach einer Veröffentlichung von Herrn Dr. Rolf Steinmüller sind für die oben genannten Säuren die Werte bei 13 °C in Stunden definiert worden. Essigsäure hat einen D-Wert von 132 Stunden bei 0,3 % und einen D-Wert von 104 Stunden bei 0,5 %. Milchsäure ist definiert bei 0,3 % mit 187 Stunden bei 0,5 % mit 129 Stunden. Zitronensäure hat einen D-Wert von 206 Stunden bei 0,3 % und bei 0,5 % von 142 Stunden. Werden diese Säuren kumuliert eingesetzt, so addieren sich die Wirkungen nach dem Leißnerschen Hürdenprinzip (1986). Unter dem D-Wert versteht man die dezimale Reduktionszeit. Der D-Wert ist danach ein Maß für die Hitzebeständigkeit von Mikroorganismen. Er entspricht der Zeit in Minuten, die bei einer definierten Temperatur notwendig ist, um die Ausgangskeimzahl um 90 % bzw. auf ein Zehntel zu reduzieren. Es kann somit festgestellt werden, dass die Kombination der Säuren eine vermehrungshemmende bzw. abtötende Wirkung bei den Produkten, in denen sie eingesetzt werden, entfalten. Diese keimhemmende Wirkung wird nicht nur bei Listeria monocytogenes erlangt, sondern es gibt auch Veröffentlichungen, wonach der Einsatz dieser Säuren (insbesondere Lactat) zu einer Reduzierung der Salmonellenkonzentration führt.

Da es sich bei Brühwürsten um Erzeugnisse handelt, bei denen der Zusatz von Trinkwasser technologisch bedingt ist und regelmäßig oberhalb von 5 % im Enderzeugnis liegt, wurde bei vorpackten Brühwursten über die Anwendbarkeit von Anhang VI Teil A Nr. 6 LMIV diskutiert. Danach ist eine Trinkwasserkennzeichnung in der Bezeichnung von Fleischerzeugnissen erforderlich, die aussehen wie ein Abschnitt, ein Stück, eine Scheibe oder eine Portion Fleisch. Die EU-Kommission hat jedoch frühzeitig in ihren Fragen und Antworten zur LMIV klargestellt, dass Produkte wie bspw. eine *Mortadella* einer Pflicht zur Angabe des bei der Herstellung verwendeten Trinkwassers in der Bezeichnung nicht unterliegen. Diese Auslegung hat keinen Widerspruch erfahren und kann damit ebenfalls als Verkehrsauffassung angesehen werden.

Die Leitsätze stellen ferner klar, dass die Menge des verwendeten Trinkwassers bei den einzelnen Wurstsorten verschieden hoch ist. Weiterhin wird beschrieben, dass teilweise ein Zusatz von bis zu 10 % Blutplasma und Blutserum anstelle von Trinkwasser üblich ist. Insbesondere in Brühwürsten wird Blutplasma oder Blutserum eingesetzt. Dieses erhöht natürlich den Eiweißanteil in der Wurst. Gleichzeitig ist der Nachweis von Blutserum schwierig, da Restblut in unterschiedlicher Menge immer in dem Rohstoff für die Wurstproduktion Fleisch enthalten ist. Die Aminosäurenzusammensetzung ist im Vergleich zum Fleisch hin gleich. Zurzeit wird am Max-Rubner-Institut versucht, über die Methode HPLC-MS/MS Blutplasma nachzuweisen.

Bei zum Braten bestimmten ungeräucherten Würsten, deren Brät fein zerkleinert ist, möchten die Leitsätze den Ersatz von Trinkwasser durch Milch auf 5 % beschränken. Insoweit gelten die identischen Ausführungen, die auch für eine vermeintliche Beschränkung der Menge des eingesetzten Zuckers gelten, vgl. die entsprechenden Ausführungen in LS-Nr. 1.1.2.1. Milch bzw. Milcheiweiß wird z. B. bei Dosenwürsten eingesetzt. Sie verhindern das Platzen der Würste bei der Sterilisation. Bei Tropenkonserven werden für diesen technologischen Effekt Stärken eingesetzt. Weiterhin wird Milch bzw. Sahne in Leberwürsten eingesetzt, um einen „runderen" Geschmack zu bekommen. Die Sahne rundet den leicht bitteren Geschmack der Leber ab. Weiterhin wird in Brühwürsten Milch verarbeitet. Hierbei können die sogenannten Kinderwürste als Beispiel genannt werden. Dieses hat allein wärmetechnische Gründe. Verbreitet ist auch der Einsatz von Milch bei Bratwürsten (Brühwurst). Die Würste werden für einen Tag im Kühlschrank in Milch eingelegt. Dies hat den Effekt, dass die enthaltene Laktose zu einer schnelleren Bräunung der Wurstoberfläche führt. Weiterhin wird das Platzen der Würste weitestgehend verhindert. Durch die veränderte Sensorik in Richtung süßlich wird eine derartige Wurst vom Verbraucher als wohlschmeckender empfunden. Natürlich muss in der Deklaration Laktose bzw. Milcheiweiß genannt werden bzw. hervorgehoben werden. Es handelt sich hierbei um das Eiweiß als Allergen und die Laktose als mögliche Ursache für eine Lebensmittelintoleranz.

Weiterhin beschreibt die Leitsatznummer den Begriff des „Bräts". Hierbei handelt es sich entweder um das unter Zusatz von Trinkwasser und Salz zerkleinerte rohe Fleisch oder um die für die Brühwurstherstellung zum Abfüllen fertiggestellte Rohmasse.

Der letzte Absatz von LS-Nr. 1.3.2.2 erläutert den Begriff des „Brühwursthalbfabrikates". Würste, die roh in den Verkehr kommen, aber bestimmungsgemäß dafür vorgesehen sind, vor dem Verzehr hitzebehandelt zu werden und infolgedessen erst schnittfest zu werden, sind solche Brühwursthalbfabrikate. An Beispielen nennen die Leitsätze rohe Bratwürste (LS-Nr. 2.4.2.1.10 oder 2.4.2.1.11), rohe Weißwürste zum Selberbrühen (LS-Nr. 2.4.2.1.6) und rohen Leberkäse zum Selbstbacken (LS-Nr. 2.4.2.2.2).

Da es sich bei der Bestimmung, die Produkte durch den Verbraucher selbst vor dem Verzehr noch hitzebehandeln zu lassen, im Regelfall um eine Abweichung von der Verkehrsauffassung handelt, da Wurstwaren grundsätzlich verzehrfertig sind, ist diese Abweichung im Rahmen der Aufmachung ausreichend kenntlich zu machen. Die Angabe kann in der Bezeichnung erfolgen, aber auch eine andere augenfällige Kenntlichmachung außerhalb der Bezeichnung ist lebensmittelrechtlich denkbar. Bei einer entsprechend eindeutigen Bestimmung zur Erhitzung im Verbraucherhaushalt liegt bei diesen Produkten kein verzehrfertiges Lebensmittel vor, was auch im Rahmen einer Lebensmittelsicherheitsbewertung im Fall des Nachweises von mikrobiologischen Belastungen zu berücksichtigen ist. Diese Produkte sind also trotz des Vorhandenseins potenziell pathogener Keime als sicher zu beurteilen, wenn das angegebene Behandlungsverfahren dazu geeignet ist, die Keime sicher abzutöten.

1.3.2.3 Kochwürste

„Kochwürste" sind hitzebehandelte Wurstwaren, die vorwiegend aus gekochtem Ausgangsmaterial hergestellt werden. Nur beim Überwiegen von Blut, Leber und Fettgewebe kann der Anteil an rohem Ausgangsmaterial vorherrschen. Kochwürste sind in der Regel nur im erkaltetem Zustand schnittfähig.

„Kochstreichwürste" sind Kochwürste, deren Konsistenz im erkalteten Zustand von erstarrtem Fett oder zusammenhängend koaguliertem Lebereiweiß bestimmt ist.

In Leberwürsten und Leberpasteten beträgt der Leberanteil je nach Ausgangsmaterial und Herstellungsverfahren zwischen 10% und 30%. In einzelnen Fällen kann der Leberanteil auch höher, bei bestimmten, in den Leitsätzen aufgeführten Sorten, auch darunter liegen.

„Blutwürste" sind Kochwürste, deren Schnittfähigkeit im erkalteten Zustand durch mit Blut versetzte, erstarrte Gallertmasse („Schwartenbrei") oder auf zusammenhängende Koagulation von Bluteiweiß beruht.

„Sülzwürste" sind Kochwürste, deren Schnittfähigkeit im erkalteten Zustand durch erstarrte Gallertmasse (Aspik oder „Schwartenbrei") zustande kommt.

Kommentar: Nach der Beschreibung von Kochwürsten handelt es sich, wie der Name schon sagt, um hitzebehandelte Wurstwaren, die vorwiegend aus bereits gekochtem Ausgangsmaterial hergestellt werden. Lediglich dann, wenn Blut, Leber und Fettgewebe überwiegen, soll der Anteil an rohem Ausgangsmaterial vorherrschen dürfen. Kochwürste zeichnen sich weiterhin dadurch aus, dass sie in der Regel nur im erkalteten Zustand schnittfähig sind. Bei erneutem Erhitzen verflüssigen sie sich und zerfallen, was jeder Verbraucher kennt, der Blutwurst bereits einmal in der Pfanne gebraten hat.

Kochstreichwürste beschreiben die Leitsätze als Kochwürste, deren Konsistenz in erkaltetem Zustand von erstarrtem Fett oder zusammenhängendem koagulierten Lebereiweiß bestimmt ist. Leberwürste sind ein klassisches Beispiel für Kochstreichwürste.

Sodann enthält der dritte Absatz von LS-Nr. 1.3.2.3 eine wichtige Beschreibung für *Leberwürste* (LS-Nr. 2.4.3.2) und *-pasteten* (LS-Nr. 2.4.3.1). In diesen beträgt der Leberanteil je nach Ausgangsmaterial und Herstellungsverfahren zwischen 10 und 30%. In einzelnen Fällen kann der Leberanteil höher, bei einzelnen in den Leitsätzen aufgeführten Sorten auch darunterliegen. Beispiel für einen niedrigeren Lebergehalt sind die *Leberwürstchen* nach LS-Nr. 2.4.3.2.10, die zum Teil auch weniger als 10% Leber aufweisen dürfen.

Im nächsten Absatz beschreiben die Leitsätze Blutwürste. Auch diese stellen einen Unterfall der Kochwürste dar, deren Schnittfähigkeit im erkalteten Zustand durch eine mit Blut versetzte, erstarrte Gallertmasse oder auf zusammenhängende Koagulation von Bluteiweiß beruht. Einzelne Blutwurstsorten werden in LS-Nr. 2.4.3.4 beschrieben.

Abschließend beschreibt der letzte Absatz von LS-Nr. 1.3.2.3 die Sülzwürste. Hierbei handelt es sich um Kochwürste, deren Schnittfähigkeit im erkalteten Zustand durch erstarrte Gallertmasse in Form von Aspik oder einem Schwartenbrei zustande kommt. Aspik-Erzeugnisse sind Beispiele für Sülzwürste. Sülzwürste beschreiben die Leitsätze in LS-Nr. 2.4.3.5.

1.3.2.4 Bratwürste

Die Verkehrsauffassung, die sich mit dem Begriff „Bratwurst" verbindet, ist regional unterschiedlich. Erzeugnisse, die unter dieser Bezeichnung in den Verkehr gebracht werden, sind demgemäß entweder

a) Fleischzubereitungen im Sinne von Anhang I Nr. 1.15 der Verordnung (EG) Nr. 853/2004: durch nachfolgende Erhitzung gewinnen diese Halbfabrikate den Charakter der unter Buchstabe c genannten Erzeugnisse, oder
b) Rohwürste (Leitsatznummer 1.3.2.1) soweit sie in unerhitztem Zustand und gereift in den Verkehr kommen, oder
c) Brühwürste (Leitsatznummer 1.3.2.2), soweit ihr Muskeleiweiß durch Hitzeeinwirkung zusammenhängend koaguliert ist, so dass die Erzeugnisse bei etwaigem erneuten Erhitzen schnittfest bleiben, oder
d) Kochwürste (Leitsatznummer 1.3.2.3).

Als „Bratwursthack", „Bratwurstbrät" o. ä. bezeichnete Gemenge sind Rohprodukte im Sinne von Buchstabe a und unterliegen den im Anhang III Abschnitt V der Verordnung (EG) Nr. 853/2004 sowie in der Anlage 5 Kapitel II der Tierische Lebensmittel-Hygieneverordnung angegebenen Verkehrsbeschränkungen.

Kommentar: Richtigerweise weisen die Leitsätze zunächst darauf hin, dass die Verkehrsauffassung zu dem Begriff „Bratwurst" innerhalb Deutschlands extrem unterschiedlich ist. Deshalb beschreiben die Leitsätze vier verschiedene Produkte, die als „Bratwurst" bezeichnet werden können.

Zunächst einmal kann es sich insoweit um Fleischzubereitungen nach Anhang I Nr. 1.15 der Verordnung (EG) Nr. 853/2004 handeln. Fleischzubereitungen sind danach frisches Fleisch, das zerkleinert sein kann, dem Lebensmittel, Würzstoffe oder Zusatzstoffe zugegeben wurden oder das einem Verarbeitungsverfahren unterzogen wurde, das nicht ausreicht, die innere Muskelfaserstruktur des Fleisches zu verändern und so die Merkmale frischen Fleisches zu beseitigen. Fleischzubereitungen zeichnen sich also dadurch aus, dass sie im Kern noch Merkmale frischen Fleisches enthalten.

Gewürzte Hackfleischzubereitungen wie rohe Bratwürste sind ein klassisches Beispiel für eine Fleischzubereitung.

Die zweite Art von Produkten, für die die Bezeichnung „Bratwurst" verwendet wird, sind Rohwürste nach LS-Nr. 1.3.2.1, soweit sie in unerhitztem Zustand und gereift in den Verkehr kommen. Beispiele für eine als Rohwurst einzugruppierende Bratwurst sind die *Bauernbratwurst* oder eine *geräucherte Bratwurst* nach LS-Nr. 2.4.1.1.13.

Die dritte Produktart, für die der Begriff „Bratwurst" verwendet wird, sind Brühwürste nach LS-Nr. 1.3.2.2, soweit ihr Muskeleiweiß durch Hitzeeinwirkung zusammenhängend koaguliert ist, so dass die Erzeugnisse bei etwaigem erneuten Erhitzen schnittfest bleiben. Beispiele für Brühwürste als *Bratwurst* sind die *grobe Bratwurst* nach LS-Nr. 2.4.2.1.10 oder die *fein zerkleinerte Bratwurst* nach LS-Nr. 2.4.2.1.11.

Schließlich werden teilweise auch Kochwürste nach LS-Nr. 1.3.2.3 als *Bratwurst* bezeichnet. Beispiele für derartige Produkte werden in den Leitsätzen jedoch nicht beschrieben.

Abschließend beschreibt LS-Nr. 1.3.2.4 die Begriffe „Bratwursthack" und „Bratwurstbrät". Hierbei handelt es sich um Rohprodukte und damit um Fleischzubereitungen. Bei der Herstellung in einem EG-zugelassenen Betrieb müssen somit die Anforderungen nach Anhang III Abschnitt V der Verordnung (EG) Nr. 853/2004 eingehalten werden. Für nicht-EU-zugelassene Betriebe, die lediglich den Vorgaben der nationalen Tier-LMHV unterliegen, also bspw. Betriebe des Einzelhandels, gelten die Regelungen aus Anlage 5 Kapitel II zur TierLMHV. In den genannten Regelungen werden Vorschriften für die einzusetzenden Rohstoffe sowie für die Hygiene während und nach der Herstellung beschrieben. Insbesondere finden sich darin Temperaturvorschriften, die für das eingesetzte Ausgangsmaterial und die hergestellten Enderzeugnisse gelten.

1.4 Bezeichnung und Aufmachung

1.4.1 Tierartangabe

Kommentar: LS-Nr. 1.4.1 beschreibt, unter welchen Voraussetzungen beim Inverkehrbringen von Fleischzubereitungen und Fleischerzeugnissen die Tierart, von dem das bei der Herstellung eingesetzte Fleisch stammt, anzugeben ist. In erster Linie geht es dabei um die Angabe in der Bezeichnung des Lebensmittels. Hierzu verfügt LS-Nr. 1.4.1 über fünf Unterabsätze mit den Endziffern 1 bis 5, die sich in LS-Nr. 1.4.1.1 mit Erzeugnissen aus Rind- und Schweinefleisch, in LS-Nr. 1.4.1.2 mit der Tierartangabe im Zusammenhang mit Därmen, in LS-Nr. 1.4.1.3 mit der Bezeichnung „rein", unter der

LS-Nr. 1.4.1.4 mit Erzeugnissen aus Geflügelfleisch und in LS-Nr. 1.4.1.5 mit anderen Tierkörperteilen als Fleisch befassen.

1.4.1.1 Fleischerzeugnisse und Erzeugnisse mit einem Zusatz von Fleisch oder Fleischerzeugnissen, in deren Bezeichnung des Lebensmittels nicht auf eine besondere Tierart hingewiesen wird, werden aus Teilen von Rindern und/oder Schweinen hergestellt. Rindfleisch und Schweinefleisch sind gegeneinander austauschbar, soweit sich aus den Leitsätzen nichts Gegenteiliges ergibt. Eine örtlich abweichende Verkehrsauffassung bleibt zu beachten.

Werden Rind- und Schweinefleisch (Leitsatznummer 1.1.1.1) in einem Fleischerzeugnis verarbeitet und wird in der Bezeichnung des Lebensmittels auf Rind hingewiesen, erfolgt zusätzlich ein Hinweis auf Schweinefleisch, z. B. „*Rindersalami mit Schweinefleisch*". In diesem Fall überwiegt der Rindfleischanteil gegenüber dem Schweinefleischanteil.

Die ausschließliche Verwendung von Teilen anderer Tiere (Leitsatznummer 1.1.1) als vom Rind (einschließlich Kalb und Jungrind) und Schwein wird in der Bezeichnung des Lebensmittels angegeben, z. B. „*Wildschweinsalami*".

Die teilweise Verwendung von Teilen anderer Tiere (Leitsatznummer 1.1.1) als vom Rind (einschließlich Kalb und Jungrind) und Schwein wird in der Bezeichnung des Lebensmittels angegeben, gegebenenfalls. ergänzt um den prozentualen Anteil, z. B. „*Salami mit Lammfleisch*", „*Salami mit 5 % Lammfleisch*", „*Wiener Würstchen mit Hähnchenfleisch*", „*Wiener Würstchen mit 10 % Hähnchenfleisch*", „*Leberwurst mit Putenfleisch*", „*Leberwurst mit 20 % Putenfleisch*", „*Lyoner mit Straußenfleisch*" „*Lyoner mit 5 % Straußenfleisch*"[16] usw.

Bei Wurstwaren, in deren Bezeichnung des Lebensmittels der Begriff „Kalb-" vorangestellt ist, besteht der Rindfleischanteil zu mehr als 50 % aus Kalb- und/oder Jungrindfleisch[10].

Wird die Tierart, eine vergleichbare Angabe oder „Kalb-" in der Bezeichnung des Lebensmittels in direkter Verbindung mit Leber genannt (z. B. *Gänseleberwurst, Kalbsleberwurst, Wildleberwurst, Geflügelleberwurst*), so stammt der Leberanteil zu mehr als 50 % vom Kalb/ Jungrind bzw. zu mehr als 50 % von den genannten Tierarten. Da sich die Auslobung auf den Leberanteil bezieht, findet die Regelung der Leitsatznummer 1.4.1.1 zweiter Absatz keine Anwendung. Sofern sich die Tierart(en)kennzeichnung auf den Fleischanteil bezieht, wird dies in der Bezeichnung des Lebensmittels kenntlich gemacht (z. B. Kalbfleisch-

Leberwurst) und gegebenenfalls Leitsatznummer 1.4.1.1 zweiter Absatz angewendet.

Kommentar: Im ersten Absatz beschreibt LS-Nr. 1.4.1.1 den Grundsatz, dass bei der Herstellung von Fleischerzeugnissen oder Erzeugnissen mit einem Zusatz von Fleisch oder Fleischerzeugnissen in Deutschland diese im Grundsatz aus Rind- oder Schweinefleisch hergestellt werden, sofern in der Bezeichnung des Lebensmittels nicht auf eine andere Tierart besonders hingewiesen wird. Weiterhin beschreibt der Leitsatz, dass Rind- und Schweinefleisch wiederum grundsätzlich gegeneinander austauschbar sind, soweit sich aus den Leitsätzen nichts Gegenteiliges ergibt. Rind- und Schweinefleisch werden von den Leitsätzen also als gleichwertig und somit austauschbar angesehen. Eine Ausnahme gilt bei ausdrücklichen Bezugnahmen auf Rind- oder Schweinefleisch in einzelnen Erzeugnissen. Dann ist ein Austausch ausnahmeweise nicht zulässig. Bsp.: Bei einer *Rindersalami* nach LS-Nr. 2.4.1.1.2 erwartet der Verbraucher ebenso wenig Schweinefleisch, wie er die Verwendung von Rindfleisch bei der Herstellung eines *Schinkens* nach LS-Nr. 2.3.1.1 erwartet. Im ersten Fall sollte zur Vermeidung einer Irreführung und einer in sich widersprüchlichen Bezeichnung nicht von *Rindersalami aus Schweinefleisch*, sondern nur von einer *Salami* gesprochen werden. Im zweiten Fall ist ein Hinweis auf die Verwendung der eingesetzten Tierart erforderlich, also *Gekochter Rinderschinken.*

Absatz 2 von LS-Nr. 1.4.1.1 betrifft die gleichzeitige Verwendung von Rind- und Schweinefleisch in einem Fleischerzeugnis. Nach dem Grundsatz von Absatz 1 dürfen die beiden Tierarten in einem Fleischerzeugnis zusammen verarbeitet werden. Ein gesonderter Hinweis auf die Tierarten in der Bezeichnung ist nicht erforderlich, da die Verbraucher mit der Verwendung von Rind- und Schweinefleisch als verkehrsübliche Tierarten bei der Herstellung und Vermarktung eines Fleischerzeugnisses in Deutschland rechnen müssen. Sofern jedoch eine gleichzeitige Verarbeitung beider Tierarten erfolgt und in der Bezeichnung auf den eingesetzten Rindfleischanteil hingewiesen wird, darf die Angabe, dass auch Schweinefleisch eingesetzt wurde, nicht unterbleiben. Umgekehrt gilt diese Regel nicht. Bei der Angabe von Schweinefleisch in der Bezeichnung muss auf einen ebenfalls verwendeten Rindfleischanteil allenfalls im Zutatenverzeichnis, nicht aber in der Bezeichnung hingewiesen werden. Dieser Beschreibung mit der zusätzlichen Angabe von Schwein bei Nennung der Tierart Rind liegt offensichtlich der Gedanke zugrunde, dass die Verbraucher Rindfleisch als höherwertig, zumindest aber teurer als Schweinefleisch einstufen. Sofern ein Fleischerzeugnis jedoch nicht vollständig aus Rindfleisch hergestellt wird, sondern aus einer Mischung aus Rind- und Schweinefleisch, soll der Lebensmittelunternehmer nicht lediglich die vermeintlich höherwertige Tierart in der Bezeichnung angeben und die Mitverwendung von Schweinefleisch in der Bezeichnung verschweigen dürfen. Schweinefleisch muss demnach in der Bezeichnung mit angegeben werden. Als Beispiel nennen die Leitsätze selber eine *Rindersalami mit Schweinefleisch.* Der letzte Satz des Absatzes 2 stellt darüber hinaus klar, dass bei einer vorangestellten Nennung des Rindfleischanteils dieser größer sein muss als der eingesetzte Schweinefleischanteil. Sofern der Anteil an Schweinefleisch überwiegt, muss die Tierart Schwein vorangestellt werden oder auf eine Nennung beider Tierarten in der Bezeichnung verzichtet werden. Für die Bestimmung des jeweiligen Fleischanteils verweist LS-Nr. 1.4.1.1 auf die Fleischdefinition in LS-Nr. 1.1.1.1, wonach unter „Fleisch“ nur Skelettmuskulatur mit anhaftendem oder eingelagertem Fett- und Bindegewebe, eingelagerten Lymphknoten, Nerven, Gefäßen und Schweinespeicheldrüsen verstanden wird. Innereien oder Speck können also für die Frage, welche Tierart bei der Herstellung überwiegt, beim Fleischanteil nicht berücksichtigt werden. Für die Kennzeichnung von Leber enthält Absatz 6 gesonderte Beschreibungen.

Absatz 3 von LS-Nr. 1.4.1.1 betrifft die ausschließliche Verwendung von Teilen anderer Tiere als vom Rind (einschließlich Kalb und Jungrind) und Schwein. Hier erfolgt ein Verweis auf LS-Nr. 1.1.1 und mithin auf die Beschreibung des gesamten vom Tier stammenden Ausgangsmaterials. Hier sind also Innereien sowie Fett- und Bindegewebe mit umfasst. Für derartige Produkte, die also völlig ohne Rind- und Schweinefleisch als den in Deutschland vorherrschenden Tierarten hergestellt werden, verlangen die Leitsätze eine ausdrückliche Angabe der verwendeten Tierart(en) in der Bezeichnung des Lebensmittels. Als Beispiel wird die *Wildschweinsalami* genannt. Die Beschreibung ist bspw. auch für Fleischerzeugnisse aus anderem Wildfleisch als Wildschwein sowie für Lamm-, Ziegen- oder Schaffleisch einschlägig. Für Erzeugnisse aus Geflügelfleisch enthält LS-Nr. 1.4.1.4 gesonderte Beschreibungen.

LS-Nr. 1.4.1.1 Absatz 4 beschäftigt sich mit der teilweisen Verwendung von Teilen anderer Tiere, wobei auch hier über den Verweis auf LS-Nr. 1.1.1 alles vom Tier stammende Ausgangsmaterial mit umfasst ist. An dieser Stelle beschreiben die Leitsätze, dass auch die teilweise Verwendung von Teilen anderer Tiere als vom Rind (einschließlich Kalb und Jungrind) und Schwein in der Bezeichnung des Lebensmittels angegeben werden muss. Als Beispiele nennen die Leitsätze eine *Salami mit Lammfleisch*, *Wiener Würstchen mit Hähnchenfleisch*, eine *Leberwurst mit Putenfleisch* oder eine *Lyoner mit Straußenfleisch.* In diesem Zusammenhang führen die Leitsätze weiter aus, dass „gegebenenfalls“ eine Ergänzung des prozentualen Anteils zu erfolgen hat.

Eine prozentuale, also mengenmäßige Angabe von Zutaten ist die sogenannte „QUID“-Angabe. QUID ist die Abkürzung für die englische Bezeichnung

Quantitative Ingredient Declaration und meint nichts anderes als die mengenmäßige, d. h. prozentuale Angabe einzelner Zutaten. Für vorverpackte Lebensmittel finden sich entsprechende Regelungen in Art. 22 und Anhang VIII LMIV. Vereinfacht gesagt gilt danach, dass eine Zutat, die in der Bezeichnung eines Lebensmittels angegeben wird, oder die die Verbraucher mit einem bestimmten Lebensmittel in Verbindung bringen, grundsätzlich auch mit einem prozentualen Anteil gekennzeichnet sein muss. Bei einem als *Kalbsleberwurst mit Schweinefleisch* bezeichneten Erzeugnis werden die Zutaten Kalbsleber und Schweinefleisch in der Bezeichnung genannt und sind folglich mengenmäßig anzugeben. Bei einer *Salami* oder einer *Lyoner* werden zwar keine Zutaten in den Bezeichnungen genannt. Trotzdem handelt es sich um übliche Bezeichnungen für Fleischerzeugnisse. Diese Produkte bringen die Verbraucher also mit Fleisch als Hauptzutat in Verbindung, so dass auch hier der Fleischanteil mengenmäßig gekennzeichnet werden muss. Die QUID-Angabe kann in der Bezeichnung des Lebensmittels, in deren unmittelbaren Nähe oder im Zutatenverzeichnis erfolgen. Demnach ist es lebensmittelrechtlich zulässig, eine andere Tierart als Rind- und Schweinefleisch in der Bezeichnung anzugeben, den prozentualen Anteil jedoch nur im Zutatenverzeichnis eines vorverpackten Lebensmittels zu kennzeichnen.

Absatz 5 beschäftigt sich mit der Beschreibung des Begriffes „Kalb-". Insoweit beschreiben die Leitsätze, dass bei Wurstwaren, in deren Bezeichnung des Lebensmittels der Begriff „Kalb-" vorangestellt ist, der Rindfleischanteil zu mehr als 50 % aus Kalb- und/oder Jungrindfleisch besteht. Fußnote 10 verweist insoweit auf die europäische Verordnung (EU) Nr. 1308/2013 über die gemeinsame Marktorganisation für landwirtschaftliche Erzeugnisse und die darin enthaltenen Definitionen von Kalb- und Jungrindfleisch. Nach den europäischen Vorschriften handelt es sich bei Kalbfleisch um Fleisch von Tieren, die zum Zeitpunkt der Schlachtung nicht älter als acht Monate alt waren. Jungrindfleisch stammt von Tieren, die zum Zeitpunkt der Schlachtung zwar älter als acht Monate, aber jünger als zwölf Monate waren. Insoweit schließen die Begrifflichkeiten aneinander an. Diese Unterscheidung bilden die Leitsätze in Deutschland aber nicht ab. Sie stellen klar, dass in den Leitsätzen für Fleisch und Fleischerzeugnisse unter dem Begriff „Kalb-" Teile von einem Rind verstanden wurden, das zum Zeitpunkt der Schlachtung jünger als zwölf Monate war.

Noch mehr als mit der Angabe „Rind" verbinden die Verbraucher mit der Angabe „Kalb-" eine besondere Wertigkeit. Deshalb soll eine Voranstellung in der Bezeichnung eines Fleischerzeugnisses nur dann in Betracht kommen, wenn innerhalb des Rindfleischanteils der Anteil an Kalbfleisch ebenfalls überwiegt. Zusätzlich gilt in diesem Zusammenhang LS-Nr. 1.4.1.1 Absatz 2, der die Voranstellung des Rindfleischanteils und damit auch des

Kalbfleisches bei der gleichzeitigen Verarbeitung von Schweinefleisch nur dann erlaubt, wenn der Rindfleischanteil insgesamt überwiegt. In der Zusammenschau bedeuten beide Regelungen also, dass in einem Beispiel bei einem Fleischerzeugnis, das zu 30 % aus Kalbfleisch, 20 % aus Rindfleisch und 20 % aus Schweinefleisch hergestellt wird, die Tierart „Kalb-“ in der Bezeichnung des Lebensmittels vorangestellt werden darf. Denn innerhalb des Rindfleischanteils besteht in dem vorgenannten Beispiel dieser zu mehr als 50 % aus Kalbfleisch. Wegen der Mitverwendung von Schweinefleisch muss jedoch nach LS-Nr. 1.4.1.1 Absatz 2 auch ein Hinweis auf das Schweinefleisch in der Bezeichnung erfolgen. Ein Produkt mit der vorgenannten Fleischmischung könnte bspw. als *Kalbfleischwurst mit Schweinefleisch* bezeichnet werden. Wenn in Abwandlung des Beispiels der Rindfleischanteil 30 % beträgt, der Kalbfleischanteil 20 % und der Schweinefleischanteil ebenfalls 20 %, dürfte das Produkt als *Rindfleischwurst mit Kalb- und Schweinefleisch* oder *Rindfleischwurst mit Schweinefleisch* bezeichnet werden. Da der Kalbsanteil innerhalb des Rindfleisches in diesem Beispiel nicht überwiegt, darf in der Bezeichnung das Kalbfleisch nicht an erster Stelle genannt werden. Bei einer weiteren Abwandlung und einer Herstellung aus 40 % Schweinefleisch und 30 % Kalbfleisch wäre die Angabe *Kalbfleischwurst* ebenfalls unzulässig. Zwar überwiegt der Anteil an Kalb innerhalb des Rindfleisches, wenn dieses zu 100 % aus Kalb besteht. Die Voranstellung der Tierart Rind oder Kalb setzt jedoch voraus, dass ihr Anteil größer als das verwendete Schweinefleisch ist. In diesem Fall handelt es sich um eine Fleischwurst, in deren Bezeichnung fakultativ auf den eingesetzten Rindfleischanteil in Form von Kalbfleisch mit der Angabe *Fleischwurst mit Kalbfleisch* hingewiesen werden kann.

Absatz 6 enthält schließlich eine gesonderte Regelung für die Angabe „Kalb-“ oder die Angabe einer anderen Tierart in direkter Verbindung mit Leber. Sofern der Begriff „Leber“ der Tierart unmittelbar nachfolgt, stammt der Leberanteil zu mehr als 50 % von der oder den genannten Tierart(en). Eine *Kalbsleberwurst* muss also innerhalb des Leberanteils einen Anteil von Kalbsleber von mehr als 50 % aufweisen. Auf einen eventuell eingesetzten Schweineleberanteil muss im Gegensatz zum Fleisch nicht hingewiesen werden, da die Leitsätze die Regelung aus LS-Nr. 1.4.1.1, zweiter Absatz, für nicht anwendbar erklären. Dies gilt sowohl für die Leber als auch den eingesetzten Fleischanteil. Sofern eine *Kalbsleberwurst* also auch unter Verwendung von Schweinefleisch hergestellt wird, muss auf das Schweinefleisch in der Bezeichnung nicht nach LS-Nr. 1.4.1.1 Absatz 2 hingewiesen werden. Das Erzeugnis heißt dann weiterhin *Kalbsleberwurst.*

Absatz 6 beschreibt abschließend in seinem letzten Satz, dass, wenn sich die Tierartenkennzeichnung auf den Fleischanteil bezieht, dies in der Bezeichnung des Lebensmittels kenntlich gemacht wird. Sofern also nicht von

Kalbsleberwurst, sondern von *Kalbfleischleberwurst* die Rede ist, kann die eingesetzte Leber vollständig vom Schwein stammen. Bei der alleinigen Angabe als *Kalbfleischleberwurst* muss der eingesetzte Fleischanteil jedoch ausschließlich vom Rind stammen, wobei der Kalbfleischanteil überwiegen muss. Sofern neben Schweineleber auch Schweinefleisch verarbeitet wird, muss ein Hinweis auf die eingesetzte Tierart nach LS-Nr. 1.4.1.1 Absatz 2 erfolgen. Das Erzeugnis heißt dann *Kalbfleischleberwurst mit Schweinefleisch*.

1.4.1.2 Die Verwendung von Därmen anderer Tierarten als Wursthülle oder von Wursthüllen aus Zutaten anderer Tierarten als durch die Bezeichnung des Lebensmittels ausgedrückt, ist verkehrsüblich, sofern nicht für einzelne Erzeugnisse andere Regelungen getroffen sind.

Kommentar: LS-Nr. 1.4.1.2 beschäftigt sich mit der Frage, ob und ggf. wie sich die Verwendung eines Schafsaitlings bei einem Erzeugnis aus Schweinefleisch, bspw. bei einem *Wiener Würstchen* auswirkt. Insofern stellen die Leitsätze klar, dass die Verwendung von Därmen anderer Tierarten als Wursthülle verkehrsüblich und eine Angabe in der Bezeichnung damit nicht erforderlich ist. Das *Wiener Würstchen*, das ohne besondere Angabe der Tierart nach dem Grundsatz von LS-Nr. 1.4.1.1 Abs. 1 grundsätzlich aus Rind- und/oder Schweinefleisch hergestellt werden kann, ohne dass ein Hinweis in der Bezeichnung erforderlich ist, kann demnach auch in einen Schafsaitling gefüllt sein. Die Verwendung eines Schafsaitlings muss nicht in der Bezeichnung des Lebensmittels angegeben werden, da die Verwendung von Därmen anderer Tierarten als Hüllen üblich ist, wie es die Leitsatznummer ausdrückt. Im Zutatenverzeichnis eines vorverpackten Lebensmittels sollte jedoch ein Hinweis auf die Tierart, von der ein Darm stammt, erfolgen, vgl. die Ausführungen in LS-Nr. 1.1.1.8.

1.4.1.3 Wird ein Fleischerzeugnis mit Zusatzbezeichnungen wie „rein“ oder mit vergleichbaren Hinweisen in Zusammenhang mit der Tierart versehen, so werden ausschließlich Teile (Leitsatznummer 1.1.1) der angegebenen Tierart verwendet.

Kommentar: LS-Nr. 1.4.1.3 beschäftigt sich mit freiwilligen Zusatzangaben wie „rein“ oder mit vergleichbaren Hinweisen im Zusammenhang mit der Angabe einer Tierart. Ein vergleichbarer Hinweis kann bspw. die stilisierte Abbildung (nur) einer Tierart sein, die sich auf der Packung eines vorverpackten Lebensmittels befindet. In dem Fall dürfen die Verbraucher berechtigterweise davon ausgehen, dass nur Fleisch der abgebildeten Tierart bei der Herstellung verwendet wurde. Auch andere sprachliche Hinweise, die die alleinige Verwendung einer bestimmten Tierart nahelegen, wie bspw.

„nur“ im Zusammenhang mit der Nennung einer Tierart, können vergleichbare Hinweise sein.

Werden derartige Angaben verwendet, so beschreiben die Leitsätze, dass ausschließlich Teile der angegebenen Tierart verwendet werden dürfen. Insoweit erfolgt ein Verweis auf LS-Nr. 1.1.1, also auf das gesamte vom Tier stammende Ausgangsmaterial. Erfasst ist also nicht nur Fleisch als Skelettmuskulatur, sondern bspw. auch Innereien sowie Fett und Bindegewebe. Auch diese müssen bei einem als „rein“ beworbenen Erzeugnis ausschließlich von der genannten Tierart stammen. Die Bezeichnung eines Geflügelfleischerzeugnisses, das zwar im Fleischanteil vollständig aus Geflügelfleisch besteht, das jedoch zusätzlich Speck oder Leber einer anderen Tierart enthält, darf folglich nicht mit der Angabe „rein Geflügel“ beworben werden. Eine derartige Auslobung wäre irreführend.

1.4.1.4 Fleischerzeugnisse und Erzeugnisse mit einem Zusatz von Fleisch oder Fleischerzeugnissen, in deren Bezeichnung des Lebensmittels auf die Verwendung von Geflügel hingewiesen wird, werden ausschließlich aus Teilen der Tierarten Huhn und/oder Pute (= Truthuhn) hergestellt. Hühnerfleisch und Putenfleisch sind gegeneinander austauschbar, soweit sich aus den Leitsätzen nichts Gegenteiliges ergibt.

Die ausschließliche oder teilweise Verwendung von Teilen anderer Vögel als Huhn und Pute wird in der Bezeichnung des Lebensmittels angegeben, z. B *„Straußenlyoner“*, *„Geflügellyoner mit 5 % Straußenfleisch“*, *„Geflügellyoner mit Entenfleisch“* oder *„Geflügellyoner mit 8 % Entenfleisch“*.

Werden Geflügelfleischerzeugnisse unter Mitverwendung von anderen Tierarten hergestellt, wird auf diese Tierart in der Bezeichnung des Lebensmittels hingewiesen, z. B. *„Geflügel-Wiener Würstchen mit Rindfleisch“*, *„Puten-Leberwurst mit 20 % Schweinefleisch“*.

Kommentar: LS-Nr. 1.4.1.4 beschreibt die ausschließliche oder teilweise Verwendung von Geflügelfleisch bei der Herstellung von Fleischerzeugnissen. Absatz 1 enthält dabei den Grundsatz, dass als Geflügelfleisch im Sinne der Leitsätze ausschließlich die Tierarten Huhn und/oder Pute gelten. Wie Rind- und Schweinefleisch sind auch Hühner- und Putenfleisch gegeneinander austauschbar, soweit sich aus den Leitsätzen nichts Gegenteiliges ergibt. Ein *Putenrollbraten* nach LS-Nr. 2.1.2.2 darf bspw. ausschließlich aus Putenfleisch hergestellt werden. Mit der Beschränkung auf die Tierarten Huhn und/oder Pute ist jedoch klargestellt, dass andere Geflügelarten wie Ente, Gans oder Strauß gesondert angegeben werden müssen. Es handelt sich somit nicht um Geflügelfleisch im Sinne der Leitsätze. Fleisch von den

Tierarten Huhn und/oder Pute kann demnach wahlweise als Hühnerfleisch, Putenfleisch oder Geflügelfleisch bezeichnet werden. Im Zutatenverzeichnis eines vorverpackten Lebensmittels ist jedoch bei Verwendung der Angabe „Geflügelfleisch“ zusätzlich die Angabe der konkret eingesetzten Tierart empfehlenswert, bspw. in einem Klammerzusatz „Geflügelfleisch (Huhn, Pute)“. Eine geschlechtsspezifische Unterscheidung ist hingegen nicht erforderlich. Dem Lebensmittelunternehmer ist es also freigestellt, ob er Hühner- oder Hähnchenfleisch, Puten- oder Truthahnfleisch angibt.

Absatz 2 von LS-Nr. 1.4.1.4 beschäftigt sich mit der ausschließlichen oder teilweisen Verwendung anderer Vogelarten als Huhn oder Pute. Vergleichbar mit LS-Nr. 1.4.1.1 Abs. 4 für andere Tierarten als Rind oder Schwein muss auch die Angabe anderer Vogelarten in der Bezeichnung des Lebensmittels erfolgen. An Beispielen nennen die Leitsätze eine *Straußenlyoner* oder eine *Geflügellyoner mit Straußenfleisch*. Die mengenmäßige Angabe der verwendeten Tierarten kann wiederum im Zutatenverzeichnis erfolgen, wenn es sich um ein vorverpacktes Lebensmittel handelt.

Absatz 3 behandelt schließlich Geflügelfleischerzeugnisse, die unter Mitverwendung von anderen Tierarten hergestellt werden, also insbesondere auch mit Rind- und Schweinefleisch. Auch hier verlangen die Leitsätze eine Angabe in der Bezeichnung des Lebensmittels. An Beispielen werden ein *Geflügel-Wiener Würstchen mit Rindfleisch* oder eine *Putenleberwurst mit Schweinefleisch* genannt. Auch hier kann die QUID-Angabe im Zutatenverzeichnis erfolgen, wenn es sich um ein vorverpacktes Lebensmittel handelt.

1.4.1.5 Ergibt sich aus der Bezeichnung der unter den Leitsatznummern 1.1.1.2 bis 1.1.1.8 aufgeführten Tierkörperteilen und Erzeugnissen die Tierart nicht eindeutig, so wird die Bezeichnung um die Tierart ergänzt.

Kommentar: LS-Nr. 1.4.1.5 stellt klar, dass auch bei den Ausgangsmaterialien Fett, Bindegewebe, Schwarte, Speisegelatine, Innereien, Blut und Därmen die Bezeichnung um die Tierart zu ergänzen ist, wenn sich die Tierart nicht eindeutig aus der Bezeichnung des jeweiligen Rohstoffes ergibt. Damit werden also die in LS-Nr. 1.4.1 für Fleisch beschriebenen Angaben zur jeweiligen Tierart auch auf die anderen Rohstoffe, die bei der Herstellung von Fleischerzeugnissen in Betracht kommen, ausgedehnt. Immer dann, wenn die tierartliche Herkunft unklar bleibt, hat eine entsprechende Angabe zu erfolgen, die jedoch regelmäßig im Zutatenverzeichnis erfolgt. Bsp.: Das zur Herstellung einer *Blutwurst* eingesetzte Blut sollte als „Schweineblut“ bezeichnet werden. Die Angabe „Speck“ ist jedoch ausreichend, um Fett vom Schwein zutreffend zu kennzeichnen, wenn das Fett den Vorgaben von LS-Nr. 1.1.1.2.2 entspricht, anderenfalls ist es Fett nach LS-Nr. 1.1.1.2.4, dem die Tierart, von dem es stammt, beizufügen ist. Dann muss es also „Schweinefett“ heißen.

1.4.2 Hinweise auf eingelagerte Knochen und Knorpel sowie anhaftende Schwarten

Bei speziellen Fleischteilstücken (z. B. Kotelett) und Fleischerzeugnissen (z. B. Knochenschinken) schließt „Fleisch“ teilweise auch einen entsprechenden Anteil an eingewachsenen Knochen und Knorpeln ein, bei speziellen Fleischteilstücken (z. B. Eisbein) und Fleischerzeugnissen (z. B. Bauchspeck) vom Schwein auch die anhaftende Schwarte.

Bei folgenden Bratenstücken wird nicht ausdrücklich auf das Vorhandensein von Knochen und/oder Knorpeln hingewiesen:

Kotelettstrang, Brust und Bauch, *Schäuferl (Schäuferle)*, *Nuss* sowie *Haxe*, (*Hesse*) am Stück (bei Kalb und Schwein) oder in Scheiben (beim Rind *Beinfleisch* oder *Beinscheibe*, beim Kalb *Ossobuco*). Das gleiche gilt für Geflügel (z. B. *Gänsebraten [Gansbraten]*). In den übrigen Fällen wird auf den Anteil an Knochen hingewiesen, z. B. „mit Knochen“ oder „mit Bein“, sofern die Knochen in das Gewicht einbezogen sind[17)].

Bei Braten aus Schweinehaxen (Leitsatznummer 2.1.1.5), Schweinebrust und Schweinebauch (Leitsatznummer 1.1.1.2.2) sowie Schlegel- und Schulterteilen sind Schwarten ohne besonderen Hinweis einbezogen.

Kommentar: LS-Nr. 1.4.2 stellt klar, dass bei speziellen Fleischteilstücken wie *Kotelett* oder bestimmten Fleischerzeugnissen wie *Knochenschinken* der Begriff „Fleisch“ auch einen Anteil an eingewachsenen Knochen und Knorpeln einschließt. In gleicher Weise ist dies bei speziellen Fleischteilstücken wie Eisbein oder auch Fleischerzeugnissen wie bspw. Bauchspeck vom Schwein in Bezug auf die anhaftende Schwarte der Fall. Das bedeutet aber im Umkehrschluss, dass bei anderen Erzeugnissen sowohl das Vorhandensein von Knochen als auch Schwarten nicht verkehrsüblich ist, es sei denn die Leitsätze enthalten eine entsprechende Beschreibung. Zu denken ist bspw. an die *Münchner Weißwurst* nach LS-Nr. 2.4.2.1.8, die ausdrücklich gekochte Schwarten enthält. Bei anderen Erzeugnissen ohne Hinweis in der jeweiligen Beschreibung ist die Verwendung von Schwarten demnach unüblich. Eine Gleichstellung von Schwarte mit dem Bindegewebe ist aufgrund der getrennten Beschreibung in LS-Nr. 1.1.1.3 einerseits und 1.1.1.4 andererseits nicht mehr zulässig, vgl. die Ausführungen bei LS-Nr. 1.1.1.4.

Auch für bestimmte Bratenstücke wird klargestellt, dass diese üblicherweise Knochen und oder Knorpel enthalten. Dabei handelt es sich um Kotelettstrang, Brust oder Bauch, Schäufele, Nuss sowie Haxe oder Hesse am Stück oder in Scheiben, Beinfleisch oder Beinscheibe vom Rind oder Ossobuco vom Kalb. Diese Bratenstücke müssen keinen Hinweis auf Knochen und/ oder Knorpel enthalten. Für Geflügel gilt dies ebenfalls für Gänsebraten. In allen übrigen Fällen wird auf den Anteil an Knochen hingewiesen, bspw. mit der Angabe „mit Knochen“ oder „mit Bein“, sofern die Knochen in das Gewicht des Erzeugnisses einbezogen sind. Fußnote 17 stellt insoweit nochmals klar, dass bei vorverpackten Lebensmitteln ein Hinweis auf den Knochenanteil erforderlich ist, wenn er nicht aus der Bezeichnung des Lebensmittels hervorgeht oder in Folge der Verpackung nicht deutlich erkennbar ist. Bei *Kleinfleisch* nach LS-Nr. 2.1.1.6 ist das Vorhandensein von Knochen nach der Beschreibung des Produktes üblich, ein gesonderter Hinweis nicht erforderlich.

Bei *Braten aus Schweinshaxen* nach LS-Nr. 2.1.1.5, *Schweinebrust* und *Schweinebauch* nach LS-Nr. 1.1.1.2.2 sowie Schlegel- und Schulterteilen sind Schwarten demgegenüber ohne besonderen Hinweis mit einbezogen und folglich verkehrsüblich.

1.4.3 Hinweise auf Separatorenfleisch

Auf die Mitverwendung von unter die gemeinschaftliche Definition von „Separatorenfleisch“[7] fallenden Erzeugnissen, von Muskeln des Kopfes (außer den als „... fleisch“ geltenden Kaumuskeln), Muskeln des Karpal- und Tarsalgelenkes und des Schwanzes und ihren verwendeten Anteil wird hingewiesen[18].

Besteht der Fleischanteil (Fleisch im Sinne von Leitsatznummer 1.1.1 zu mehr als 50 % aus unter die gemeinschaftliche Definition von „Separatorenfleisch“[7] fallenden Erzeugnissen, aus Muskeln des Kopfes (außer den Kaumuskeln), Muskeln des Karpal- und Tarsalgelenkes und des Schwanzes handelt es sich um ein Produkt eigener Art. In den Besonderen Beurteilungsmerkmalen aufgeführte Bezeichnungen der Lebensmittel werden hier nicht verwendet. Dies betrifft hinsichtlich der Schweinemasken nicht Erzeugnisse, bei denen in Abschnitt 2 mit der Bezeichnung des Lebensmittels oder beim Ausgangsmaterial ausdrücklich auf die Mitverwendung von Schweinemasken (Leitsatznummer 1.1.1.4) hingewiesen wird.

Kommentar: Die Überschrift „Hinweise auf Separatorenfleisch“ für LS-Nr. 1.4.3 ist ungenau, da darüber hinaus auch die Verwendung weiterer Rohstoffe in der Leitsatznummer beschrieben wird. Denn auch für die Verwendung von Kopffleisch (mit Ausnahme der Kaumuskulatur), den Muskeln des Karpal- und Tarsalgelenkes und des Schwanzes verlangen die Leitsätze einen Hinweis auf deren Mitverwendung. Für den Begriff des Separatorenfleisches verweist die Fußnote 7 auf die gesetzliche Definition in Anhang I Ziffer 1.14 der Verordnung (EG) Nr. 853/2004. Ergänzend ist auf LS-Nr. 1.2.3.1 und die dortigen Ausführungen zu verweisen. Die am Ende des ersten Absatzes befindliche Fußnote 18 stellt klar, dass sämtliche in LS-Nr. 1.4.3 angegebenen Rohstoffe bei ihrer Verwendung zur Herstellung von Fleischerzeugnissen auch bei loser Ware in der Bezeichnung des Lebensmittels kenntlich gemacht werden müssen. Damit bringen die Leitsätze zum Ausdruck, dass bei Verwendung der in der Leitsatznummer beschriebenen Rohstoffe eine generelle Abweichung von den üblichen Rohstoffen vorliegt, die zur Herstellung von Fleischzubereitungen und -erzeugnissen grundsätzlich verwendet werden, und die entsprechend kenntlich gemacht werden muss.

Absatz 2 stellt weiterhin klar, dass, wenn der Fleischanteil nach LS-Nr. 1.1.1 zu mehr als 50 % aus Separatorenfleisch, Kopffleisch oder den Muskeln des Karpal- und Tarsalgelenkes oder des Schwanzes besteht, es sich um ein Produkt eigener Art, ein sogenanntes Aliud handelt. Für derartige Produkte sollen die in den Besonderen Beurteilungsmerkmalen aufgeführten Bezeichnungen der Leitsätze nicht verwendet werden. Eine aus Separatorenfleisch hergestellte Fleischwurst soll demnach also nicht *Separatorenfleisch-Fleischwurst* heißen dürfen. Die Leitsätze wollen damit die in den Besonderen Beurteilungsmerkmalen beschriebenen Bezeichnungen „echten" Fleischerzeugnissen vorbehalten. Das ist nachvollziehbar, bezweifelt werden muss jedoch, ob eine derartige Regelung rechtlich Bestand hat. Deutlicher als die Angabe *Separatorenfleisch-Fleischwurst* kann ein Hinweis darauf, dass es sich nicht um eine übliche Fleischwurst handelt, kaum erfolgen. Im Übrigen handelt es sich bei der Verwendung von Separatorenfleisch in vorverpackten Lebensmitteln um einen Anwendungsfall von Anhang VI Teil A Nr. 4 LMIV, der u. a. das Ersetzen von Fleisch betrifft. Nach der dortigen Regelung darf die ursprüngliche Bezeichnung aber ausdrücklich beibehalten werden, sie muss nur um die Angabe der Ersatzzutat ergänzt werden. Zum Ersetzen von Fleisch s. auch LS-Nr. 1.4.5 und die dortigen Erläuterungen. Anzumerken ist allerdings, dass die praktische Bedeutung des zweiten Absatzes der vorliegenden Leitsatznummer gering ist, da sich die hier beschriebenen Erzeugnisse nicht in nennenswertem Umfang auf dem Markt befinden.

Für Schweinemasken enthält die Leitsatznummer noch eine Ausnahme. Für Erzeugnisse, bei deren Herstellung ausdrücklich in der Bezeichnung auf die Mitverwendung von Schweinemasken hingewiesen wird, gilt das Verbot der Verwendung von Bezeichnungen aus den Besonderen Beurteilungsmerkmalen selbstverständlich nicht. Zu denken ist bspw. an eine *Schweinskopfwurst* nach LS-Nr. 2.4.2.3.6 oder eine *Gekochte Mettwurst mit Schnauze* nach LS-Nr. 2.4.3.3.3. Bei diesen Produkten ergibt sich allerdings in der Regel bereits aus der Bezeichnung, dass Schweinemasken enthalten sind. Der Verbraucher wird also nicht über die Beschaffenheit des Produktes getäuscht.

1.4.4 Zusatz weiterer Lebensmittel

Zusätze anderer Lebensmittel wie Milch und Milcherzeugnisse, Eier und Eiprodukte, Pilze, Getreidekörner, Getreideerzeugnisse, Ölsaaten, Stärke, Gemüse, Obst, Kartoffeln und pflanzliches Eiweiß werden kenntlich gemacht, sofern deren Verwendung nicht verkehrsüblich ist.

Kommentar: Zu erinnern ist daran, dass LS-Nr. 1.1.2.1 die Zusätze weiterer Lebensmittel auf geschmackliche und/oder technologische Gründe beschränken will. Auf die rechtlichen Bedenken im Hinblick auf diese Beschränkung wurde bei der Erläuterung dort bereits hingewiesen. Diese Bedenken gelten auch hier unverändert. LS-Nr. 1.4.4 beschäftigt sich mit der Frage, wie die Verwendung weiterer Lebensmittel bei der Herstellung von Fleischerzeugnissen gekennzeichnet werden muss. Gleichzeitig enthält die genannte Leitsatznummer eine Aufzählung von Lebensmitteln, die bei der Herstellung von Fleischerzeugnissen verwendet werden können. Genannt werden Milch und Milcherzeugnisse, Eier und Eiprodukte, Pilze, Getreidekörner, Getreideerzeugnisse, Ölsaaten, Stärke, Gemüse, Obst, Kartoffeln und pflanzliches Eiweiß.

Dies wirft die Frage auf, ob nur die genannten Lebensmittel zur Herstellung von Fleischerzeugnissen verwendet werden dürfen. Diese Frage ist zu verneinen. Insoweit gilt die vom Grundrecht der Berufsfreiheit geschützte Rezepturfreiheit mit der Folge, dass grundsätzlich auch nicht genannte Lebensmittel bei der Herstellung eines Fleischerzeugnisses verwendet werden dürfen. Die Frage ist lediglich, wie die Kennzeichnung zu erfolgen hat.

Für die genannten Lebensmittel verlangen die Leitsätze lediglich, dass diese „kenntlich gemacht" werden, sofern deren Verwendung nicht verkehrsüblich ist. Festzuhalten ist damit, dass die Leitsätze für die hier genannten Zutaten im Gegensatz zu Beschreibungen an anderer Stelle, bspw. in LS-Nr. 1.4.1.1 oder der folgenden LS-Nr. 1.4.6, eine Angabe in der Bezeichnung des Lebensmittels gerade nicht verlangen. Das bedeutet, dass diese Zutaten im Einklang mit Art. 18 LMIV und den für vorverpackte Lebensmittel geltenden Regelungen, insbesondere den Vorgaben aus Anhang VII LMIV, im Zutatenverzeichnis angegeben werden können.

1.4.5 Ersatz von Fleisch

Wird durch Zusätze[19)] (Leitsatznummer 1.1.2.1), Blutplasma und Blutserum[9)] Fleisch (Fleisch im Sinne von Leitsatznummer 1.1.1) ersetzt, wird die Kennzeichnung durch die Angabe des Zusatzes ergänzt. Von einem Ersetzen des Fleischanteils ist in der Regel auszugehen, wenn der Anteil 2 %, bei Fleischerzeugnissen und bei Pasteten und vergleichbaren Produkten der Anteil an Flüssigei, flüssigem Eigelb, gefrorenem Vollei, gefrorenem Eigelb 5 % überschreitet.

Kommentar: LS-Nr. 1.4.5 enthält Verweise auf die Leitsätze selbst wie auch auf die LMIV, die für die Kennzeichnung vorverpackter Lebensmittel und damit auch für Fleischerzeugnisse gilt. Über die Fußnote 19 nehmen die Leitsätze an dieser Stelle Bezug auf die Regelung aus Anhang VI Teil A Nr. 4 LMIV. Hierbei handelt es sich um die sogenannte Imitat- oder Austauschregel. Diese Regel besagt, dass, wenn bei der Herstellung eines Lebensmittels, von dem die Verbraucher das Vorhandensein einer bestimmten Zutat erwarten, ein anteiliger oder vollständiger Austausch der üblicherweise verwendeten Zutat erfolgt, zusätzlich zum Zutatenverzeichnis ein Hinweis auf den Austausch schon in der Bezeichnung des Lebensmittels vorgenommen werden muss. Bsp.: Bei einem als *Mortadella* bezeichneten Lebensmittel erwarten die Verbraucher grundsätzlich, dass es sich um ein Fleischerzeugnis handelt, das somit auch zum überwiegenden Teil aus Fleisch hergestellt wurde. Sofern bei der Herstellung aber das Fleisch ganz oder teilweise durch pflanzliche Proteine, bspw. auf Sojabasis ausgetauscht wird, muss nach Anhang VI Teil A Nr. 4 LMIV ein Hinweis in der Bezeichnung des Lebensmittels erfolgen. Das Produkt ist dann als *Mortadella mit/aus Sojaprotein* zu bezeichnen. Interessanterweise verbietet die LMIV also nicht, dass die ursprüngliche Bezeichnung weiterverwendet wird. Stattdessen muss lediglich ein Hinweis auf die ausgetauschte Zutat in der Bezeichnung des Lebensmittels erfolgen. Sofern also bei einem *Cheeseburger* in Abweichung von LS-Nr. 2.1.5.5 ein Fleischpatty verwendet wird, das einer *Frikadelle* nach LS-Nr. 2.1.5.8 entspricht, kann der Begriff *Cheeseburger* bei entsprechender Kenntlichmachung (z. B. *Cheeseburger mit Rindfleischfrikadelle*) gleichwohl verwendet werden.

Mit der Fußnote 9 enthält LS-Nr. 1.4.4 einen weiteren Hinweis auf eine Regelung aus der LMIV, diesmal auf Anhang VI Teil A Nr. 5 LMIV. Nach dieser Regelung muss auf die Verwendung von tierischen Eiweißen in der Bezeichnung eines Lebensmittels hingewiesen werden, wenn die verwendeten Eiweiße von einer anderen Tierart als das eingesetzte Fleisch stammen. Bsp.: Die Verwendung eines Schweineproteins bei der Herstellung einer Geflügelfleischwurst muss in der Bezeichnung angegeben werden, bspw. *Geflügelfleischwurst mit Schweineprotein*. Wird das identische Protein bei der Herstellung einer Fleischwurst aus Schweinefleisch verwendet, muss kein entsprechender Hinweis in der Bezeichnung erfolgen. Die Angabe im Zutatenverzeichnis bei einem vorverpackten Lebensmittel bleibt selbstverständlich obligatorisch. Der Anwendungsbereich der Regelung aus Anhang VI Teil A Nr. 5 LMIV ist allerdings klein, da er wie gezeigt nur die Zugabe tierischer Proteine erfasst und eine Kenntlichmachung in der Bezeichnung auch nur dann erfolgen muss, wenn es sich um ein Protein handelt, das von einer anderen Tierart als das eingesetzte Fleisch stammt, das bei der Herstellung des Erzeugnisses verwendet wird. Nicht von der Regelung in Anhang VI Teil A Nr. 5 LMIV erfasst ist zudem die Verwendung jeder eiweißhaltigen Zutat anderen tierischen Ursprungs, sondern nur die Verwendung isolierter Proteine. Bsp.: die Verwendung von Rindfleisch in einer *Fleischwurst* aus Schweinefleisch muss nicht aufgrund von Anhang VI Teil A Nr. 5 LMIV in der Bezeichnung angegeben werden, die Verwendung von Milchweiß hingegen schon.

LS-Nr. 1.4.5 wiederholt nun den durch die Imitat- bzw. Austauschregel aus Anhang VI Teil A Nr. 4 LMIV aufgestellten Grundsatz. Wird Fleisch nach LS-Nr. 1.1.1, also jedes vom Tier stammende Ausgangsmaterial, bspw. auch Fett, bei der Herstellung eines Fleischerzeugnisses durch Zusätze (LS-Nr. 1.1.2.1), Blutplasma oder Blutserum ersetzt, wird die Kennzeichnung durch die Angabe des Zusatzes ergänzt. Aufgrund der gesetzlichen Vorgaben der LMIV kann diese Kenntlichmachung nur in der Bezeichnung erfolgen, wenn tatsächlich ein Ersetzen und damit ein Austausch im Sinne des Anhangs VI Teil A Nr. 4 LMIV vorliegt. Erfolgt die Verwendung jedoch nicht, um Fleisch zu ersetzen, sondern aus einem anderen Grund, z. B. ernährungsphysiologisch oder technologisch bedingt, ist die Kenntlichmachung im Zutatenverzeichnis ausreichend, sofern die Angabe in der Bezeichnung nicht aus anderen Gründen erforderlich oder sogar vom Lebensmittelunternehmer gewünscht ist. So wird der Lebensmittelunternehmer z. B. auf den Einsatz besonderer Zutaten hinweisen wollen, die eine besondere geschmackliche oder nährwertbezogene Wirkung auf das Lebensmittel haben.

Entscheidend ist daher die Frage, ob im Einzelfall Fleisch ersetzt wird oder ein anderer Grund für den Einsatz der betroffenen Zutat vorliegt. Die Leitsätze nehmen eine Beschreibung vor, wann von einem Ersetzen des Fleischanteils auszugehen ist. Dies soll dann der Fall sein, wenn der Anteil bei Fleischerzeugnissen 2 % überschreitet. Bei Fleischerzeugnissen und Pasteten, die unter Verwendung von Ei hergestellt wurden, ist von einem Ersatz auszugehen, wenn der Anteil von 5 % überschritten wird. Das bedeutet also, dass die Leitsätze die Verwendung einer Zutat bis zu einer Menge von 2 % grundsätzlich nicht als Ersatz des Fleischanteils ansehen mit der Folge, dass eine entsprechende Angabe nicht in der Bezeichnung des Lebensmittels erfolgen muss. Die Grenzziehung bei 2 % erscheint dabei willkürlich, da keine Grundlage erkennbar ist, aus der sich diese ergibt. Für den Zusatz von Fremdeiweißen und Hydrolysaten ist ergänzend die folgende LS-Nr. 1.4.6 zu berücksichtigen.

1.4.6 Zusatz von Fremdeiweißen und Hydrolysaten

Werden zu Fleischzubereitungen oder Fleischerzeugnissen Fremdeiweiße (Leitsatznummer 1.1.3.6)[9), 19)] oder fremde Nichteiweißstickstoffverbindungen (Leitsatznummer 1.1.3.7)[9), 19)] zugesetzt, so wird die Bezeichnung des Lebensmittels um die Angabe dieser Zutaten ergänzt. Ausgenommen hiervon sind Zusätze von Speisegelatine gemäß Leitsatznummer 1.1.1.5 und/oder technologisch veranlasste Zusätze von pflanzlichen Eiweiß bis maximal 2 %.

Kommentar: Auch in der Beschreibung von LS-Nr. 1.4.6 verweisen die Leitsätze über die Fußnoten 9 und 19 auf die schon in der vorherigen Leitsatzziffer dargestellten Regelungen aus der LMIV. Wiederum erfolgen Bezugnahmen auf die Imitat- und Austauschregel aus Anhang VI Teil A Nr. 4 LMIV und die Kennzeichnung von zugesetzten Eiweißen einer anderen Tierart nach Anhang VI Teil A Nr. 5 LMIV.

Bei einem Einsatz von Fremdeiweißen nach LS-Nr. 1.1.3.6 oder fremden Nichteiweißstickstoffverbindungen nach LS-Nr. 1.1.3.7 verlangen die Leitsätze ausdrücklich eine Angabe in der Bezeichnung des Lebensmittels. Ausnahmen sind lediglich die Zusätze von Speisegelatine nach LS-Nr. 1.1.1.5 und/oder technologisch veranlasste Zusätze von pflanzlichem Eiweiß bis maximal 2 %.

Damit gehen die Leitsätze also über die Vorgaben der LMIV für vorverpackte Lebensmittel hinaus. Nach den Leitsätzen müsste also ein Zusatz von 3 % Weizenprotein in der Bezeichnung eines Fleischerzeugnisses gekennzeichnet werden. Die LMIV sieht hingegen keine Kennzeichnungspflicht für pflanzliche Proteine in der Bezeichnung eines Fleischerzeugnisses vor. Fraglich ist, ob die Beschreibung in den Leitsätzen insoweit rechtlich tragfähig ist. Dafür spricht, dass die LMIV wie gezeigt gerade keine Regelung zur Kennzeichnung pflanzlicher Proteine enthält. Folglich lässt sich argumentieren, dass die Leitsätze eine zusätzliche Verkehrsauffassung für pflanzliche Proteine bei der Herstellung von Fleischerzeugnissen in und für Deutschland formulieren können. Wenn man die LMIV aber so auslegt, dass sie mit der Regelung abschließend nur eine Kennzeichnung tierischer Proteine bezweckt und damit gleichzeitig konkludent eine Kennzeichnungspflicht für pflanzliche Eiweiße ausschließt, wäre jedenfalls bei vorverpackten Lebensmitteln die Beschreibung in den Leitsätzen wegen Verstoßes gegen die LMIV rechtlich unwirksam und folglich unbeachtlich. Dieses Problem ist soweit ersichtlich noch nicht vertieft betrachtet worden. Rechtsprechung liegt hierzu ebenfalls nicht vor.

1.4.7 Hervorhebende Hinweise

Fleischerzeugnisse mit hervorhebenden Hinweisen wie Spitzenqualität, Delikatess-, Feinkost-, Gold-, prima, extra, spezial, 1a, ff oder dergleichen oder in besonders hervorhebender Aufmachung (z. B. goldfarbene Hülle) unterscheiden sich von den unter der betreffenden Bezeichnung des Lebensmittels sonst üblichen Fleischerzeugnissen, abgesehen von hohem Genusswert, durch besondere Auswahl des Ausgangsmaterials, keine Verarbeitung von Separatorenfleisch oder manuell oder auf andere Art vom Knochen gewonnenem Restfleisch sowie insbesondere durch höhere Anteile an Skelettmuskulatur.

Sofern in den Leitsätzen keine besonderen Feststellungen getroffen sind, liegt der Anteil an bindegewebseiweißfreiem Fleischeiweiß in diesen Fällen (Leitsatznummer 1.4.7) absolut um ein Zehntel (z. B. 13,2 statt 12 %), bezogen auf Fleischeiweiß histometrisch um 10 %-Punkte (z. B. 80 statt 70 Vol.- %), chemisch um 5 %-Punkte (z. B. 75 statt 70 %) höher. Dabei muss ein Wert von BEFFE im Fleischeiweiß von 80 Vol.-%, histometrisch bestimmt, bzw. 85 %, chemisch bestimmt (bei Geflügelfleischerzeugnissen 90 %), nicht überschritten werden. Als Spitzenqualität ausgelobter *Bierschinken* (Leitsatznummer 2.4.2.4.1) und *Schabefleisch* (Leitsatznummer 2.1.5.4) weisen entgegen der Feststellung in Satz 1 lediglich einen erhöhten Anteil an bindegewebseiweißfreiem Fleischeiweiß auf.

Bei rohen Erzeugnissen mit hervorhebenden Hinweisen (z. B. Delikatess, Ia) und Hinweisen wie luftgereift, luftgetrocknet, langgereift, naturgereift u. ä. verringert sich der jeweilige Wasseranteil um 3 % absolut (z. B. bei Delikatess-Lachsschinken: 69 %, bei Knochenschinken, langgereift: 62 %).

Bei Kochpökelwaren (Leitsatznummer 2.3.1.2) mit hervorhebenden Hinweisen liegt der Anteil an Fleischeiweiß im fettfreien Anteil um 1 %-Punkt absolut (z. B. 20 statt 19 %) höher, BEFFE im Fleischeiweiß (Leitsatznummer 1.1.3.3) bleibt unverändert.

Blutwürste (Leitsatznummer 2.4.3.4) und Presswürste (Leitsatznummer 2.4.3.5.3) mit hervorhebenden Hinweisen weisen von groben Fett- und Bindegewebsanteilen befreite Muskelfleisch- bzw. Zungeneinlagen von mindestens 35 % auf.

Sülzen (Leitsatznummer 2.4.3.5.1) mit hervorhebenden Hinweisen weisen von groben Fett- und Bindegewebsanteilen befreite Muskelfleisch- bzw. Zungeneinlagen von mindestens 50 % auf.

Kommentar: LS-Nr. 1.4.7 beschreibt unter der Überschrift „Hervorhebende Hinweise“ die Anforderungen an die Auslobung eines Fleischerzeugnisses als Spitzenqualität. Da gefühlt die weitaus überwiegende Anzahl der insbesondere im Lebensmitteleinzelhandel angebotenen vorverpackten Fleischerzeugnisse eine entsprechende Auslobung trägt, hat die Beschreibung enorme praktische Bedeutung.

Als Beispiele für hervorhebende Hinweise nennen die Leitsätze die Angaben Spitzenqualität, Delikatess-, Feinkost-, Gold-, Prima, Extra, Spezial oder 1a. Die Aufzählung ist jedoch nicht abschließend und hat nur beispielhaften Charakter. Auch andere Begrifflichkeiten können folglich einen hervorhebenden Hinweis darstellen, bspw. Angaben wie Premium, Top oder Spitze. Auch eine besondere Aufmachung, bspw. die Verwendung einer goldfarbenen Hülle, kann ein hervorhebender Hinweis sein, bei dem das Erzeugnis den Anforderungen von LS-Nr. 1.4.7 entsprechen muss.

Inhaltlich stellt Absatz 1 den Grundsatz auf, dass sich Fleischerzeugnisse mit hervorhebenden Hinweisen durch einen hohen Genusswert, eine besondere Auswahl des Ausgangsmaterials, keine Verarbeitung von Separatorenfleisch oder manuell oder auf andere Art von Knochen gewonnenem Restfleisch sowie insbesondere durch höhere Anteile an Skelettmuskulatur auszeichnen. Damit werden also zum einen allgemeine Kriterien aufgestellt, die ein Spitzenerzeugnis erfüllen muss, und zum anderen die Verwendung bestimmter Rohstoffe, die einer Spitzenqualität grundsätzlich entgegenstehen sollen, bei der Herstellung ausdrücklich ausgeschlossen. Hierbei handelt es sich einerseits um die Verarbeitung von Separatorenfleisch nach LS-Nr. 1.2.3.1, andererseits um manuell oder auf andere Art vom Knochen gewonnenes Restfleisch. Hierunter ist bspw. der Knochenputz nach LS-Nr. 1.2.3.2 zu verstehen.

Im Grundsatz müssen Erzeugnisse der Spitzenqualität sich also durch eine besondere Auswahl des Ausgangsmaterials und insbesondere die entsprechend erhöhten Anteile an Skelettmuskulatur auszeichnen, die sodann im folgenden Absatz beschrieben werden. Aber auch für Erzeugnisse, für die in den Besonderen Beurteilungsmerkmalen keine bestimmten Analysewerte beschrieben werden, die entsprechend erhöht werden müssten, kommt eine Auslobung als Spitzenqualität in Betracht. Hier muss dann das Merkmal der „besonderen Auswahl des Ausgangsmaterials“ betrachtet werden. Möchte der Hersteller also einen hervorhebenden Hinweis verwenden, muss ggf. dargelegt werden können, inwiefern im konkreten Fall eine Auswahl des Ausgangsmaterials stattgefunden hat, die gegenüber Erzeugnissen, die unter vergleichbaren Bezeichnungen in den Verkehr gebracht werden, eine Besonderheit darstellt und gleichzeitig einen hohen Genusswert bedingt. Bsp.: Ein *Gulasch*, das nach LS-Nr. 2.1.4.4. von Sehnen durchzogen sein darf, könnte als Spitzenqualität bezeichnet werden, wenn hochwertige Rinderteilstücke mit einem geringen Sehnenanteil zur Herstellung des Gulaschs verwendet werden oder die grundsätzlich erlaubten Sehnen aus dem Fleisch händisch entfernt werden. Dann läge eine besondere Auswahl des Ausgangsmaterials vor, die eine prominente Hervorhebung rechtfertigen kann.

Absatz 2 beschreibt näher, wie höhere Anteile an Skelettmuskulatur bestimmt werden können. Insoweit gilt der Grundsatz, dass der Anteil an bindegewebseiweißfreiem Fleischeiweiß absolut um ein Zehntel höher liegen muss. Der im Text der Leitsätze vorhandene Hinweis auf LS-Nr. 1.4.7 macht keinen erkennbaren Sinn, es müsste eher ein Verweis auf LS-Nr. 1.1.3.3 erfolgen, die das bindegewebseiweißfreie Fleischeiweiß beschreibt. Ein in den Leitsätzen vorgesehener Anteil an BEFFE von 10% muss folglich bei einer Spitzenqualität mindestens 11% betragen. Zusätzlich muss das bindegewebseiweißfreie Fleischeiweiß im Fleischeiweiß, also der Wert für BEFFE im FE histometrisch um 10%-Punkte, chemisch um 5%-Punkte höher liegen. Bei einem Gehalt an BEFFE im FE von 80% muss eine Spitzenqualität somit bei chemischer Bestimmung einen BEFFE-Wert von 85% aufweisen.

Satz 2 enthält dabei eine Grenze. Ein Wert von BEFFE im Fleischeiweiß von 80 Vol.-% histometrisch bestimmt bzw. 85% chemisch bestimmt muss grundsätzlich nicht überschritten werden, wobei bei Geflügelfleischerzeugnissen 90% BEFFE im FE zugrunde gelegt werden. Bsp.: Eine *Schlackwurst* nach LS-Nr. 2.4.1.1.3 muss ebenso wie eine *Teewurst* nach LS-Nr. 2.4.1.2.1 einen Gehalt an BEFFE im FE von chemisch nicht unter 85% aufweisen. Bei einer Auslobung als Spitzenqualität bei derartigen Erzeugnissen muss demnach lediglich der BEFFE-Gehalt um ein Zehntel erhöht werden, der Gehalt an BEFFE im FE muss nicht über 85% hinaus gesteigert werden.

Weiterhin stellen die Leitsätze klar, dass als Spitzenqualität ausgelobter *Bierschinken* nach LS-Nr. 2.4.2.4.1 und *Schabefleisch* nach LS-Nr. 2.1.5.4 entgegen der Beschreibung in Satz 1 lediglich einen erhöhten Anteil an bindegewebseiweißfreiem Fleischeiweiß, also an BEFFE absolut aufweisen müssen. Diese Ausnahme erklärt sich daraus, dass beide Erzeugnisse nach ihrer üblichen Beschreibung in den Leitsätzen bereits Werte von BEFFE im FE von mehr als 85% haben müssen (*Bierschinken* nicht unter 88%, *Schabefleisch* nicht unter 90%). Diese Werte müssen also nicht nochmal erhöht werden, dürfen gleichzeitig aber auch nicht unterschritten sein. Anderenfalls dürften die Erzeugnisse bei einem Inverkehrbringen als Spitzenqualität geringere Analysewerte haben als ohne hervorhebenden Hinweis.

Sodann schildern die Leitsätze in den folgenden vier Absätzen für bestimmte Produktarten, deren Qualität vorrangig nicht über die Gehalte an BEFFE und BEFFE im FE bestimmt wird, welche Voraussetzungen für die Verwendung von hervorhebenden Hinweisen bei diesen Erzeugnissen jeweils vorliegen müssen.

Bei rohen Erzeugnissen mit Hinweisen auf Spitzenqualität und Hinweisen wie „luftgereift", „luftgetrocknet", „langgereift", „naturgereift" oder ähnlichen Hinweisen verringert sich der Wasseranteil um 3 % absolut. Dies betrifft insbesondere *Rohschinken* nach LS-Nr. 2.2.2 und vergleichbare Erzeugnisse. LS-Nr. 2.2.2.4 beschreibt für verschiedene Rohschinken-Sorten den üblichen, im weichsten (zentralen) Magerfleischanteil zu bestimmenden Wasseranteil. Dieser beträgt bspw. bei *Knochenschinken* 65 %, bei *Lachsschinken* 72 %. Werden derartige Erzeugnisse mit einem Hinweis auf Spitzenqualität in den Verkehr gebracht, darf der Wasseranteil beim *Knochenschinken* bei max. 62 %, beim *Lachsschinken* bei max. 69 % liegen.

Bei Kochpökelwaren ist nicht der Anteil des bindegewebseiweißfreien Fleischeiweißes, sondern der Anteil des Fleischeiweißes im fettfreien Anteil (FEIFFA) maßgeblich. Dieser muss bei Kochpökelwaren nach LS-Nr. 2.3.1.2, also insbesondere bei einem *Kochschinken*, der als Spitzenqualität ausgelobt wird, um 1 % absolut höher liegen, also 20 statt 19 % betragen. Der Gehalt an BEFFE im FE bleibt unverändert, insoweit gelten die Beschreibungen in LS-Nr. 2.3.2 Abs. 1 von im Grundsatz 85 % BEFFE im FE und Abs. 5 von 90 % BEFFE im FE bei zusammengefügten Erzeugnissen.

Bei Blut- und Presswürsten mit hervorhebenden Hinweisen ist für eine Auslobung als Spitzenqualität der Anteil der Muskelfleisch- bzw. Zungeneinlagen maßgeblich. Derartige Erzeugnisse weisen deshalb Einlagen von mindestens 35 % auf, die von groben Fett- und Bindegewebsanteilen befreit sein müssen.

Auch für Sülzen ist für eine Auslobung als Spitzenqualität der Anteil an Muskelfleisch- bzw. Zungeneinlagen entscheidend. Diese müssen mindestens 50 % betragen und ebenfalls von groben Fett- und Bindegewebsanteilen befreit sein.

1.4.8 Hinweis auf die Zerkleinerung

Bei Fleischerzeugnissen, die üblicherweise sowohl grob als auch feinzerkleinert in den Verkehr kommen, z. B. bei streichfähiger Mettwurst oder Leberwurst, wird der Zerkleinerungsgrad notwendigenfalls nur bei grober Zerkleinerung mit „grob", „grobzerkleinert" oder dgl. deklariert. Sofern eine Kennzeichnung der feinen Zerkleinerung notwendig ist, erfolgt diese mit Wortverbindungen wie „fein", „feinzerkleinert", „feingekörnt" oder „feingehackt".

Kommentar: LS-Nr. 1.4.8 beschreibt, wie Hinweise auf den Grad der Zerkleinerung von Fleischzubereitungen und -erzeugnissen aussehen müssen. Gemeint sind damit Erzeugnisse, die sowohl in grober als auch fein zerkleinerter Variante in den Verkehr gelangen. Für derartige Erzeugnisse, wie streichfähige *Mettwurst* oder *Bratwurst*, die beide in den verschiedenen Zerkleinerungsgraden angeboten werden, stellt LS-Nr. 1.4.8 klar, dass der Zerkleinerungsgrad nur bei grober Zerkleinerung angegeben werden muss. Bsp.: Die fein zerkleinerte Mettwurst beschreibt LS-Nr. 2.4.1.2.2, diese heißt nur *Mettwurst*. Die grob zerkleinerte Variante wird in der folgenden LS-Nr. 2.4.1.2.3 beschrieben. Diese heißt in Anwendung von LS-Nr. 1.4.8 *Grobe Mettwurst*.

Lediglich dann, wenn ausnahmsweise eine Kennzeichnung der feinen Zerkleinerung notwendig ist oder freiwillig vorgenommen wird, erfolgt diese mit Wortverbindungen wie „fein", „fein zerkleinert", „fein gekörnt" oder „fein gehackt". In vorherigen Fassungen der Leitsätze war der Begriff „fein" noch als hervorhebender Hinweis beschrieben worden. Nunmehr ist klargestellt, dass es sich dabei auch um eine Angabe zum Zerkleinerungsgrad handelt.

Ein weiteres Beispiel für die Anwendung von LS-Nr. 1.4.8 ist die *Bratwurst*. LS-Nr. 2.4.1.10 beschreibt die *Grobe Bratwurst*, in deren Bezeichnung auf die Grobkörnigkeit des Ausgangsmaterials hingewiesen wird. LS-Nr. 2.4.2.1.11 beschreibt demgegenüber eine fein zerkleinerte Bratwurst, die lediglich als *Bratwurst* in den Verkehr gebracht werden darf. Der Hinweis auf die Feinzerkleinerung ist hier freiwillig.

1.4.9 Hinweis auf einfache Qualitäten

Bei Fleischerzeugnissen ist die zusätzliche Angabe „einfach" nur für bestimmte, in den Leitsätzen ausdrücklich genannte Sorten üblich. Sie ist Teil der Bezeichnung des Lebensmittels. Diese Angabe stellt für andere Erzeugnisse keine ausreichende Kenntlichmachung zur Vermeidung einer Irreführung[5)] dar.

Kommentar: Möchte der Lebensmittelunternehmer eine Einfachqualität kenntlich machen, kann er dies durch die Angabe „einfach" nur für diejenigen Produkte, bei denen dies in den Leitsätzen ausdrücklich vorgesehen ist. Dies ist bspw. bei der *Plockwurst einfach* nach LS-Nr. 2.4.1.10, der *Knoblauchwurst einfach* nach LS-Nr. 2.4.1.12, dem *Knacker einfach* nach LS-Nr. 2.4.2.5 oder der *Leberwurst einfach* nach LS-Nr. 2.4.3.2.9 möglich. Der Zusatz *einfach* ist hier wesentlicher Teil der Bezeichnung.

In anderen Fällen, in denen der Lebensmittelunternehmer eine Einfachqualität in den Verkehr bringen möchte, die nicht ausdrücklich in den Besonderen Beurteilungsmerkmalen beschrieben ist, soll er durch andere Begriffe auf die Qualität hinweisen. Anderenfalls soll es sich bei der bloßen Verwendung des Begriffes „einfach" um keine ausreichende Kenntlichmachung zur Vermeidung einer Irreführung handeln. Dies ist jedoch von der Aufmachung im jeweiligen Einzelfall abhängig. Beispiele für andere Begriffe als einfach nennen die Leitsätze nicht. Denkbar sind Ergänzungen der Bezeichnung durch Angaben wie „zweite Wahl“. Anderenfalls muss durch beschreibende Angaben wie „mit Fettgewebe“ oder „mit Schwarten“ auf die tatsächliche Produktqualität hingewiesen werden.

1.4.10 Geographische Angaben und Ursprungsbezeichnungen

Geographische Angaben sind in der Regel echte Herkunftsangaben. In manchen Fällen können sie, soweit sie in den Leitsätzen ausdrücklich genannt werden, aber auch nur Hinweise auf eine bestimmte Zusammensetzung und Herstellungsweise sein. In dem ausgewiesenen Raum werden sie dann häufig nicht verwendet. In Verbindung mit den Worten „Original“ oder „Echt“ oder nach Eintrag in das Verzeichnis der geschützten Ursprungsbezeichnungen und der geschützten geographischen Angaben als geschützte Ursprungsbezeichnungen (g. U.) oder geschützte geographische Angaben (g. g. A.) weisen geographische Bezeichnungen der Lebensmittel in jedem Fall auf die Herkunft hin[20)].

Für Erzeugnisse mit g. g. A., g. U. bzw. geschützte traditionelle Spezialitäten g. t. S. gelten die entsprechenden Vorschriften bzw. spezifischen Anforderungen. Diese Erzeugnisse sind nicht in den Leitsätzen unter 2. aufgeführt (siehe Anhang zu Fußnote 20).

Fleischerzeugnisse mit geographischen Bezeichnungen, die in den Leitsätzen nicht gesondert genannt sind, liegen in der Regel über, in keinem Fall unter den Anforderungen, die in diesen Leitsätzen für entsprechende Erzeugnisse ohne geographische Bezeichnung festgestellt sind; andernfalls wird zur Vermeidung einer Irreführung auf die Abweichung hingewiesen.

Kommentar: Im ersten Satz von LS-Nr. 1.4.10 stellen die Leitsätze den Grundsatz auf, dass geographische Angaben in der Regel Herkunftsangaben sind. Das bedeutet, dass die Verwendung einer geographischen Angabe also im Grundsatz für die Herkunft eines Produktes steht. Dieser Grundsatz wird im Folgesatz gleich wieder relativiert, nach dem geographische Hinweise aber auch nur Hinweise auf eine bestimmte Zusammensetzung oder Herstellungsweise sein können. Dann handelt es sich um Gattungsbezeichnungen oder Rezepturbeschreibungen. Dies ist insbesondere der Fall, wenn eine solche Angabe in den Leitsätzen ausdrücklich erfolgt. Bsp.: Die Angaben *Kasseler* (LS-Nr. 2.3.3.2), *Wiener Würstchen* (LS-Nr. 2.4.2.1.2) oder *Lyoner* (LS-Nr. 2.4.2.2.1) sind Verkehrsbezeichnungen für Produkte. Diese können in ganz Deutschland unter der jeweiligen Bezeichnung hergestellt werden, ohne dass es sich insoweit um eine Herkunftsangabe handelt.

Die Frage, ob eine Herkunftsangabe vorliegt, hat bei vorverpackten Lebensmitteln weitergehende lebensmittelrechtliche Konsequenzen. Sofern es sich nämlich um echte Herkunftsangaben handelt, muss gegebenenfalls auch eine Aussage über die Herkunft der primären Zutat vorgenommen werden. Primäre Zutat ist das verwendete Fleisch. Hierzu muss eine Herkunftsangabe erfolgen, wenn das Fleisch eine andere Herkunft aufweist als durch die Herkunftsangabe des Lebensmittels zum Ausdruck gebracht wird. Entsprechende Regelungen hierzu finden sich in Art. 26 Abs. 3 LMIV und der Durchführungsverordnung (EU) 2018/775. Allerdings bestimmt auch Art. 1 Abs. 1 der Verordnung (EU) 2018/775, dass geographische Begriffe in verkehrsüblichen Bezeichnungen und Gattungsbezeichnungen keine Pflicht zur Herkunftskennzeichnung der Primärzutat auslösen. Die Abgrenzung, ob ein geographischer Begriff also die Rezeptur für ein bestimmtes Produkt oder eine Gattung kennzeichnet oder stattdessen eine Aussage über die Herkunft des Lebensmittels trifft, ist also wichtig.

Sofern im Zusammenhang mit geographischen Angaben oder Ursprungsbezeichnungen jedoch die Worte „Original“ oder „Echt“ verwendet werden oder es sich um gesetzlich gesondert geschützte Bezeichnungen handelt, nämlich sogenannte geschützte Ursprungsbezeichnungen (g. U.) oder geschützte geographische Angaben (g. g. A.), weisen geographische Bezeichnungen der Lebensmittel in jedem Fall auf die Herkunft hin.

Geographische Herkunftsbezeichnungen haben ihre rechtliche Grundlage in der Verordnung (EU) 1151/2012 über Qualitätsregelungen für Agrarerzeugnisse und Lebensmittel, auf die auch in Fußnote 20 in LS-Nr. 1.4.10 verwiesen wird.

Eine geschützte Ursprungsbezeichnung (g. U.) garantiert, dass Erzeugung, Verarbeitung und Zubereitung eines Erzeugnisses in einem bestimmten geographischen Gebiet nach einem anerkannten und festgelegten Verfahren erfolgt sind. Sämtliche Produktionsschritte müssen also in dem betreffenden Gebiet stattfinden. Beispiele für geschützte Ursprungsbezeichnungen sind die *Diepholzer Moorschnucke* oder die *Lüneburger Heidschnucke.*

Geschützte geographische Angaben (g. g. A.) belegen eine Verbindung der landwirtschaftlichen Erzeugnisse und der Lebensmittel mit dem Herkunftsgebiet, wobei mindestens ein wesentlicher Produktionsschritt im Herkunftsgebiet stattgefunden haben muss; die verwendeten Rohstoffe können aus einer anderen Region stammen. Beispiele sind der *Schwarzwälder Schinken* oder die *Nürnberger Rostbratwurst.*

Ein vollständiges Verzeichnis der für Deutschland eingetragenen geschützten geographischen Angaben und der geschützten Ursprungsbezeichnungen ist den Leitsätzen als Anlage beigefügt.

Auch geschützte geographische Angaben und geschützte Ursprungsbezeichnungen unterliegen derzeit noch keiner Pflicht zur Angabe der Herkunft der Primärzutat. Für derartige Erzeugnisse gelten die entsprechenden Vorschriften und spezifischen Anforderungen. Dies sind einerseits die Verordnung (EU) 1151/2012 und anderseits die per einzelner Durchführungsverordnung veröffentlichte Spezifikation des jeweiligen Erzeugnisses. Da insoweit eigene Regelungen gelten, sind die Erzeugnisse in den Besonderen Beurteilungsmerkmalen der Leitsätze nicht aufgeführt.

Abschließend weist LS-Nr. 1.4.10 darauf hin, dass Fleischerzeugnisse mit geographischen Bezeichnungen, die nicht gesondert in den Leitsätzen beschrieben sind, in keinem Fall unter, im Regelfall über den Anforderungen liegen, die in den Leitsätzen für entsprechende Erzeugnisse ohne geographische Bezeichnung beschrieben sind. Anderenfalls muss auf die Abweichung hingewiesen werden, um eine Irreführung der Verbraucher zu vermeiden. Bei manchen geographischen Herkunftsbezeichnungen handelt es sich immer um eine Spitzenqualität, auch wenn sie nicht so ausgelobt worden ist (z. B. *Frankfurter Rindswurst*).

1.4.11 Hinweise auf eine bestimmte Herstellung

Fleischerzeugnisse mit Hinweisen auf eine bestimmte Herstellung (z. B. Hausmacher-, Bauern-, Guts-, altes Familienrezept) oder bestimmte Personengruppen (z. B. Gutsherren, Schlemmer), die in den Leitsätzen nicht genannt sind, liegen über, auf keinen Fall unter den Anforderungen, die in den Leitsätzen für entsprechende Erzeugnisse ohne solche Hinweise festgestellt sind, andernfalls wird zur Vermeidung einer Irreführung[5)] die Abweichung ausreichend kenntlich gemacht.

Kommentar: Hinweise auf eine bestimmte Herstellung sind nach der beispielhaften Aufzählung Begriffe wie Hausmacher-, Bauern-, Guts-, Altes Familienrezept oder Verweise auf bestimmte Personengruppen (z. B. Gutsherren, Schlemmer). Sofern Fleischerzeugnisse entsprechende Hinweise enthalten, die in den Leitsätzen nicht genannt sind, gilt wiederum, dass die so beworbenen Produkte auf keinen Fall unter, sondern über den Anforderungen liegen, die in den Leitsätzen für entsprechende Erzeugnisse ohne derartige Hinweise beschrieben sind. Anderenfalls muss zur Vermeidung einer Irreführung die Abweichung ausreichend kenntlich gemacht werden.

Bei der Verwendung sogenannter nostalgischer Bezeichnungen wie Hausmacher Art wurde früher zum Teil die Auffassung vertreten, dass eine derartige Aufmachung der Verwendung moderner Produktionsmethoden oder des Einsatzes von Zusatzstoffen entgegenstehen soll. Dieser Auslegung haben die Gerichte bereits in den 90er-Jahren Absagen erteilt. Die Verwendung derartiger nostalgischer Angaben oder Bezeichnungen wird von den Verbrauchern nicht mit einer Chemiefreiheit gleichgesetzt, weswegen auch bei solchermaßen beworbenen Produkten zugelassene Zusatzstoffe verwendet werden dürfen, sofern diese zumindest im Zutatenverzeichnis korrekt angegeben sind. Ansonsten muss eine jeweilige Prüfung im konkreten Einzelfall anhand der verwendeten Aufmachung erfolgen.

1.4.12 Phantasiebezeichnungen

Phantasiebezeichnungen und isoliert gebrauchte geographische Angaben, die in den Leitsätzen nicht genannt sind, werden durch die übliche Bezeichnung des Lebensmittels oder eine Beschreibung des Erzeugnisses ergänzt, aus der die Art des Lebensmittels erkennbar ist und von verwechselbaren Erzeugnissen unterschieden werden kann.

Kommentar: Der Begriff der Phantasiebezeichnung taucht auch in der LMIV auf. Art. 17 Abs. 4 LMIV bestimmt, dass die Bezeichnung eines Lebensmittels durch keine als geistiges Eigentum geschützte Bezeichnung, Handelsmarke oder Phantasiebezeichnung ersetzt werden darf. Das bedeutet, dass die Verwendung von Phantasiebezeichnungen zulässig ist, aber die Angabe einer rechtlich verlangten Bezeichnung nicht ersetzen kann. Wann ein Begriff eine Phantasiebezeichnung ist, erläutert die LMIV nicht.

Auch die Leitsätze enthalten hierfür keine Definition. Gemeinhin wird man Phantasiebezeichnungen als werbliche Aussagen verstehen können, mit denen ein Produkt schlagwortartig in den Verkehr gebracht wird, die jedoch nicht die Bezeichnung im Rechtssinne darstellen. Demzufolge verlangen auch die Leitsätze, dass Phantasiebezeichnungen durch die übliche Bezeichnung des Lebensmittels oder eine Beschreibung des Erzeugnisses ergänzt werden, aus der die Art des Lebensmittels erkennbar ist und es von verwechselbaren Erzeugnissen unterschieden werden kann. Insoweit verweisen die Leitsätze also lediglich auf die bestehende Rechtslage aus Art. 17 Abs. 1 Satz 2 LMIV und die zugehörigen Definitionen der verkehrsüblichen Bezeichnung in Art. 2 Abs. 2 lit. o) LMIV und der beschreibenden Bezeichnung in Art. 2 Abs. 2 lit. p) LMIV, ohne diese explizit zu nennen.

Das Gleiche gilt nach der Leitsatznummer ohne gesonderte Nennung in der Überschrift auch für isoliert gebrauchte geographische Angaben, die in den Leitsätzen nicht genannt sind. Auch Begriffe wie „Thüringer“ oder „Deutschländer“ benötigen folglich die Beifügung einer Bezeichnung im Rechtssinn.

1.4.13 Quantitative Angaben

Zum Zwecke der Lebensmitteletikettierung lautet die Begriffsbestimmung für den Klassennamen „...fleisch“, dem der Name der Tierart, von der es stammt, voranzustellen ist[21]:

Die Skelettmuskeln von Tieren der Arten „Säugetiere“ und „Vögel“, die als für den menschlichen Verzehr geeignet gelten, mitsamt dem wesensgemäß darin eingebetteten oder damit verbundenen Gewebe, deren Gesamtanteil an Fett und Bindegewebe die nachstehend aufgeführten Werte nicht übersteigt, und soweit das Fleisch Zutat eines anderen Lebensmittels ist.

Höchstwerte der Fett- und Bindegewebeanteile für Zutaten, die mit dem Begriff ‚...fleisch‘ bezeichnet werden:

Spezies	**Fett (%)**	**Verhältnis Kollagen/ Fleischeiweiß***
Säugetiere (ausgenommen Kaninchen und Schweine) und Mischungen von Spezies, bei denen Säugetiere überwiegen	25	25
Schweine	30	25
Vögel und Kaninchen	15	10

*Das Verhältnis Kollagen/Fleischeiweiß wird als Prozentsatz des im Fleischeiweiß enthaltenen Kollagens ausgedrückt. Der Kollagengehalt ist der mit dem Faktor 8 vervielfältigte Gehalt an Hydroxyprolin.

Werden diese Höchstwerte überschritten und sind alle anderen Kriterien der Definition von „...fleisch“ erfüllt, so muss der „...fleischanteil“ entsprechend nach unten angepasst werden. Das Verzeichnis der Zutaten muss in diesem Fall die Angabe „...fleisch“, dem die Namen der Tierarten, von denen es stammt vorangestellt sind, und die Angabe „Fett“ oder „Bindegewebe“ enthalten.

Die unter die gemeinschaftliche Definition von „Separatorenfleisch“ im Sinne des Anhanges 1 Nr. 1.14 der Verordnung (EG) Nr. 853/ 2004[7] fallenden Erzeugnisse sind nicht “...fleisch“.

Das Zwerchfell und die Kaumuskeln gehören zu Fleisch, während das Herz, die Zunge, die Muskeln des Kopfes (außer den Kaumuskeln), des Karpal- und Tarsalgelenkes und des Schwanzes nicht darunterfallen.

Kommentar: LS-Nr. 1.4.13 stellt eine Wiederholung von Anhang VII Teil B Nr. 17 LMIV dar. Es handelt sich um eine Darstellung, welchen Anforderungen der Klassenname „…fleisch" unterliegt. Dieser kann im Zutatenverzeichnis eines zusammengesetzten Lebensmittels verwendet werden.

Unter dem Klassennamen sind Skelettmuskeln von Tieren der Arten Säugetiere und Vögel zu verstehen, die als für den menschlichen Verzehr geeignet gelten, mitsamt dem wesensgemäß darin eingebetteten und damit verbundenen Gewebe, deren Gesamtanteil an Fett und Bindegewebe die nachstehend aufgeführten Werte nicht übersteigt, und soweit das Fleisch Zutat eines anderen Lebensmittels ist.

Die Höchstwerte der Fett- und Bindegewebsanteile betragen für die Spezies Säugetiere mit Ausnahme von Kaninchen und Schweinen sowie Mischungen von Spezien, bei denen Säugetiere überwiegen, für Fett 25% und für das Verhältnis von Kollagen zu Fleischeiweiß ebenfalls 25%. Für Schweine beträgt der Höchstgehalt für Fett 30%, für das Verhältnis von Kollagen zu Fleischeiweiß 25%. Für Vögel und Kaninchen sind 15% bei Fett und 10% beim Verhältnis von Kollagen zu Fleischeiweiß die Grenze, bis zu der der Klassenname „…fleisch" verwendet werden kann.

Kommt danach aufgrund der Einhaltung der jeweiligen Grenzwerte die Verwendung des Klassennamens in Betracht, ist der Name der Tierart, von dem das Fleisch stammt, voranzustellen. Anerkannt ist insoweit, dass der Begriff „Geflügelfleisch" verwendet werden kann, auch wenn es sich dabei genau genommen nicht um die Angabe einer konkreten Tierart handelt, wobei nach LS-Nr. 1.4.1.4 darunter nur Hähnchen- und Putenfleisch zu fassen sind.

Im Anschluss an die Tabelle mit den jeweiligen Grenzwerten findet sich noch über einen Sternchenhinweis die Erläuterung, dass das Verhältnis Kollagen zu Fleischeiweiß als Prozentsatz des im Fleischeiweiß enthaltenen Kollagens ausgedrückt wird und der Kollagengehalt der mit dem Faktor 8 vervielfältigte Gehalt an Hydroxyprolin ist. Dies deckt sich mit der Beschreibung in LS-Nr. 1.1.3.5.

Für den Fall, dass die Höchstwerte überschritten werden, aber alle anderen Kriterien der Definition von „…fleisch" erfüllt sind, muss der Fleischanteil entsprechend nach unten angepasst werden. Gleichzeitig muss das Verzeichnis der Zutaten um die Angabe einer fett- oder bindegewebehaltigen Zutat ergänzt werden, je nachdem bei welchem Gehalt eine Überschreitung vorliegt. Dabei kann es sich um die Angabe „Fett" oder „Bindegewebe" handeln, wobei die jeweilige Tierart mit anzugeben ist. Möglich sind aber auch Angaben wie „Speck" oder „Geflügelhaut".

Klargestellt wird sodann weiterhin, dass die unter die gemeinschaftliche Definition von Separatorenfleisch fallenden Erzeugnisse nicht „Fleisch" im Sinne von LS-Nr. 1.4.13 und von Anhang VII Teil B Nr. 17 LMIV sind. Die LMIV enthält hierfür einen gesonderten Klassennamen in Anhang VII Teil B Nr. 18 LMIV.

Im letzten Absatz stellt LS-Nr. 1.4.13 klar, dass das Zwerchfell und die Kaumuskeln zum Fleisch gehören, während das Herz, die Zunge, die Muskeln des Kopfes (mit Ausnahme der Kaumuskeln), des Karpal- und Tarsalgelenkes und des Schwanzes nicht zum Fleisch gehören. Auch hierbei handelt es sich um eine Wiederholung der gesetzlichen Vorgaben der LMIV für vorverpackte Lebensmittel, die in Fußnote 2 zu Anhang VII Teil B Nr. 17 die gleiche Regelung enthält. Letztgenannte Rohstoffe sind zudem bei der Herstellung von Fleischerzeugnissen nach LS-Nr. 1.4.3 gesondert zu kennzeichnen, vgl. die dortigen Ausführungen.

2 Besondere Beurteilungsmerkmale für einzelne Erzeugnisse

Die nachstehend beschriebenen Erzeugnisse und auch deren Bezeichnungen stellen keine erschöpfende Aufzählung dar; erfasst sind nur Erzeugnisse und Bezeichnungen der Lebensmittel mit einer gewissen Marktbedeutung. Soweit unter einer Position mehrere Erzeugnisse genannt sind, handelt es sich dabei entweder um regional unterschiedliche Bezeichnungen der Lebensmittel für ein und dasselbe Erzeugnis oder um eine Zusammenfassung von Erzeugnissen, die sich in Würzung, Zerkleinerungsgrad oder dergleichen unterscheiden, hinsichtlich des Ausgangsmaterials und der Analysenwerte praktisch aber gleich sind.

Die Reihenfolge der bei den einzelnen Erzeugnissen als Ausgangsmaterial angegebenen Tierkörperteile richtet sich nach der Systematik dieser Leitsätze. Sie enthält im Allgemeinen keine Aussage über Anteile; nur wenn von der Systematik abgewichen wird, überwiegt Fleisch der zuerst genannten Tierart (z. B. Leitsatznummer 2.4.1.1.1 *Schinkenplockwurst*).

Die als Bezeichnung des Lebensmittels anzusehenden Bezeichnungen sind im Folgenden kursiv gedruckt.

Kommentar: Eingangs des zweiten Teils der Leitsätze für Fleisch und Fleischerzeugnisse, in dem sich Besondere Beurteilungsmerkmale für einzelne Erzeugnisse befinden, wird darauf hingewiesen, dass die Leitsätze keinen abschließenden Charakter haben. Das bedeutet, dass auch Begriffe, die nicht in den Leitsätzen für Fleisch und Fleischerzeugnisse geregelt sind, Bezeichnungen sein können. Zu denken ist an Angaben wie *Cevapcici* oder *Bacon*, mit denen die Verbraucher ebenfalls gewisse Vorstellungen verbinden. Hier obliegt es dann im Einzelfall dem Lebensmittelunternehmer darzulegen, welche Anforderungen die Verbraucher bei einem so bezeichneten Produkt erwarten und welche Angaben in der Bezeichnung zu machen sind bzw. welche Angaben im Zutatenverzeichnis bei vorverpackten Lebensmitteln ausreichend sind.

Viele Leitsatznummern im Besonderen Teil enthalten verschiedene Bezeichnungen. Hierzu stellen die Leitsätze klar, dass es sich dabei entweder um regional unterschiedliche Bezeichnungen für das identische Erzeugnis handelt oder zwar verschiedene Erzeugnisse vorliegen, bei denen aber die Abweichungen nur gering sind und sich Ausgangsmaterial und Analysewerte nicht unterscheiden.

Ferner wird erläutert, dass sich die Reihenfolge der Nennung des Ausgangsmaterials bei den einzelnen Erzeugnissen nach der Systematik der Leitsätze richtet, bei der also bspw. Rind- vor Schweinefleisch genannt wird. Eine Aussage über die eingesetzten Anteile ist damit – von Ausnahmen abgesehen – im Regelfall nicht verbunden. Nur wenn von der Systematik ausdrücklich abgewichen wird, soll das Fleisch der zuerst genannten Tierart überwiegen. Als Beispiel nennen die Leitsätze eine *Schinkenplockwurst* nach LS-Nr. 2.4.1.1.1. Andere Beispiele sind die *Leberpastete* nach LS-Nr. 2.4.3.1.1 oder der *Pfälzer Saumagen* nach LS-Nr. 2.4.3.3.5.

Abschließend enthalten die Leitsätze noch einen wichtigen Hinweis. Die im Text der Leitsätze kursiv abgedruckten Begriffe sollen als (übliche) Bezeichnungen des Lebensmittels anzusehen sein. Insoweit handelt es sich also um verkehrsübliche Bezeichnungen nach Art. 2 Abs, 2 lit. o) und Art. 17 Abs. 1 Satz 2 LMIV. Daran orientiert sich auch die vorliegende Kommentierung und verwendet eine kursive Schriftart, wenn ein Begriff als Bezeichnung verwendet wird.

Die Reihenfolge der Darstellung im Besonderen Teil orientiert sich am Grad der Verarbeitung von unverarbeitet hin zu prozessiert. Es beginnt mit den Fleischteilstücken (LS-Nr. 2.1.1), gefolgt vom Braten (LS-Nr. 2.1.2), den Produkten in Scheiben (LS-Nr. 2.1.3), den Produkten aus gestückeltem Fleisch (LS-Nr. 2.1.4), den Produkten aus gewolftem oder ähnlich zerkleinertem Fleisch (LS-Nr. 2.1.5), den rohen Pökelfleischerzeugnissen (LS-Nr. 2.2), den gegarten Pökelfleischerzeugnissen (LS-Nr. 2.3) und abschließend den Wurstwaren (LS-Nr. 2.4), unterteilt in Rohwürste (LS-Nr. 2.4.1), Brühwürste (LS-Nr. 2.4.2.) und Kochwürste (LS-Nr. 2.4.3).

2.1 Spezielle Fleischteilstücke und spezielle Fleischgerichte

2.1.1 Fleischteilstücke

2.1.1.1 Filet

Filet, Lende, Lungenbraten, Schlachtbraten, beim Schwein auch *Lummel, Lummer* sind bei warmblütigen Tieren mit Ausnahme des Geflügels die von Knochen abgetrennte und von größeren Fettgewebsauflagerungen befreite innere Lendenmuskulatur (innere Hüftmuskulatur, Psoasmuskulatur, Rückenbeugemuskulatur; M. iliopsoas und M. psoas minor).

Sofern die Tierart nicht angegeben ist, handelt es sich um Filet eines Rindes. Filet vom Kalb sowie von anderen Tierarten wird entsprechend gekennzeichnet (z. B. *Kalbsfilet, Schweinefilet [Schweinsfilet], Hirschfilet).*

Falsches Filet, Bugfilet, Schulterfilet sind der kopfwärts auf der äußeren Seite des Schulterblattes befindliche Muskel (M. supraspinatus) des Rindes.

Hasenrücken- und Kaninchenrückenfilet ist die ausgelöste äußere Muskulatur des Rückens (in erster Linie M. longissimus). Die innere Lendenmuskulatur – isoliert auch als *Hasen-* oder *Kaninchenfilet* bezeichnet – kann beigefügt werden.

Kommentar: Im ersten Absatz wird der Begriff des Filets bzw. der Lende für warmblütige Tiere, mit Ausnahme des Geflügels, beschrieben. Es handelt sich insoweit um die von Knochen getrennte und von größeren Fettgewebeauflagerungen befreite innere Lendenmuskulatur. Für das Filet des Geflügels enthalten die Leitsätze keine Beschreibung. Insoweit gilt die Definition des Brutfilets in der Verordnung (EG) Nr. 543/2008, den Vermarktungsnormen für Geflügelfleisch. Das Brustfilet beim Geflügel meint danach die ganze oder halbe entbeinte Brust, d. h. ohne Brustbein und Rippen. Bei Putenbrust darf das Filet auch ausschließlich aus innerem Brustmuskel (pectoralis profundus) bestehen. Für das Hähnchenbrustfilet gilt diese Ausnahme nicht. Für gegarte Pökelfleischerzeugnisse aus Geflügelfleisch, die gegebenenfalls auch den Begriff Filet enthalten, siehe LS-Nr. 2.3.10 und die Ausführungen dort.

Im zweiten Absatz von LS-Nr. 2.1.1.1 wird der Grundsatz aufgestellt, dass es sich ohne Angabe der Tierart um das Filet eines Rindes handelt. Filet vom Kalb oder anderen Tierarten muss entsprechend gekennzeichnet werden. Insofern handelt es sich um eine besondere Ausprägung von LS-Nr. 1.4.1.1.

2.1.1.2 Roastbeef

Roastbeef, flaches Roastbeef, Lende, Rostbraten, Contre-Filet ist die von den Lendenwirbeln und den letzten vier Brustwirbeln gelöste äußere Lendenmuskulatur (hintere rückenseitige Rückenstreckmuskulatur, in erster Linie M. longissimus dorsi) des Rindes.

Als Hochrippe wird der vordere Rücken des Rindes zwischen der achten und zwölften Rippe bezeichnet.

Das *Runde Roastbeef* besteht beim Rind aus dem im Bereich der Hochrippe liegenden Teil des langen Rückenstreckers (M. longissimus dorsi) und dem kappenartig darauf sitzenden Dornmuskel (M. spinalis et semispinalis), die zusammen das „Auge" einer Hochrippe (*Rib-Eye, Hochrippen-Medaillon*) umschließen. *Rib-Eye-Steak, Delmonico Steak* ist eine Scheibe *Rundes Roastbeef* (siehe auch Leitsatznummer 2.1.3.2).

Côte de boeuf, Rib of Beef am Stück ist die *Hochrippe* mit Rippen, jedoch ohne Wirbelkörper und Dornfortsätze.

Entrecôte umfasst Hochrippe und flaches Roastbeef. Neben dem Fleischteilstück wird auch eine Scheibe aus dem *Entrecôte* als *Entrecôte* bezeichnet.

Große Lende, Schoss, Nierenstück sind die gesamte Lende (innere und äußere Lendenmuskulatur des Rindes – Filet und Roastbeef – mit Knochen).

2.1.1.3 Hüfte

Hüfte, Huft, Spitze, kurzes Schweifstück, Rosenspitz, Mürbschoss, Mürbbraten ist die bei Rindern an das Roastbeef anschließende, an der Außenfläche des Beckenknochens liegende und zum Kreuzbein reichende äußere Hüftmuskulatur. Die Spitze der in die Hüfte reichenden Unterschale (proximaler Teil des M. glutaeobiceps) wird als *Tafelspitz* bezeichnet.

2.1.1.4 Kotelettstrang

Die rückenseitige Stamm-Muskulatur einschließlich der dazugehörigen Wirbelsäule und den anteiligen Rippenknochen vom Schwein bilden den Kotelettstrang.

Vom Knochen befreite Teile des Kotelettstranges werden auch als *Lachs* bezeichnet.

2.1.1.5 Eisbeine

„*Eisbeine*" (Schweinshaxen) sind die Teile der Extremitäten des Schweines zwischen Knie- bzw. Ellbogengelenk und den Fußwurzelgelenken. Ihr knochenfreier Teil wird für die Verarbeitung in der Regel entschwartet. Ausgenommen sind Erzeugnisse, bei denen die Verarbeitung von Schwarten üblich ist oder bei denen die Verwendung von nicht entschwartetem Eisbein ausdrücklich vorgesehen ist.

Kommentar: Grundsätzlich muss das Eisbein für die Verarbeitung von Schwarten befreit werden. Ausnahmen gelten für Erzeugnisse, bei denen die Verarbeitung von Schwarten üblich ist oder die Verwendung von nicht entschwartetem Eisbein ausdrücklich vorgesehen ist. Ein Beispiel ist das *Gepökelte Eisbein* nach LS-Nr. 2.3.6 oder die *Eisbeinpastete* nach LS-Nr. 2.4.2.4.3.

2.1.1.6 Kleinfleisch

Kleinfleisch sind neben *Spitzbein, Schnauze, Rüssel* und *Ohren* fleischtragende Brustknochen und Rippen (*Schälrippchen, Bratenrippchen, Spareribs, Bruststpitz*) sowie Wirbelknochen des Schweines einschließlich Schwanz. Beim Rind werden fleischtragende Knochen als *Fleischknochen*, beim Kalb auch als *Kalbskleinfleisch* bezeichnet.

Tenderons sind um einen Rippenknochen gelegte Fleischstreifen aus Kalbsbrust oder Schweinebauch (mit oder ohne Schwarte). Die Tierart wird angegeben (z. B. *Schweinetenderons*).

Kommentar: Kleinfleisch darf nach der Beschreibung Knochen enthalten. Damit handelt es sich um ein weiteres Beispiel für LS-Nr. 1.4.2, wonach bei einzelnen Erzeugnissen das Vorkommen von Knochen üblich ist. Ein gesonderter Hinweis in der Bezeichnung ist nicht erforderlich.

2.1.2 Braten

2.1.2.1 Braten allgemein

Braten sind zum Braten geeignete, in natürlichem Zusammenhang belassene, bratfertig zugeschnittene Fleischteile, auch in gebratenem oder gegrilltem Zustand. Die Verwendung von fettgewebereichem Schweinefleisch (Leitsatznummer 1.2.1.2.3) wird entsprechend kenntlich gemacht (z. B. *Gebratener Schweinebauch*).

Für Erzeugnisse aus zerkleinertem Fleisch wird die Angabe „Braten" nur dann in Wortverbindungen gebraucht, wenn sich aus der Bezeichnung des Lebensmittels zweifelsfrei ergibt, dass kein in natürlichem Zusammenhang belassenes Fleisch vorliegt (z. B. bei Erzeugnissen im Sinne von Leitsatznummer 2.1.5.6 und gleichartigen Erzeugnissen am Stück, z. B. *Hackbraten*, auch *Falscher Hase)*, oder bei bestimmten Groben Brühwürsten, sofern der Charakter des Erzeugnisses erkennbar ist, z. B. *Römerbraten, Wienerbraten* (Leitsatznummer 2.4.2.3.2).

Ohne Angabe der Tierart wird bei *Sauerbraten, Schmorbraten, Rostbraten, Burgunderbraten* und *Zwiebelbraten* Rindfleisch, bei *Rahmbraten* Kalbfleisch, bei *Szegediner Braten* Schweinefleisch erwartet. In den übrigen Fällen wird die Tierart angegeben (z. B. *Schweinebraten [Schweinsbraten], Rinderbraten [Rindsbraten], Hasenbraten, Rahmbraten [Schwein], Burgunderbraten [Schwein]*).

Pökelbraten ist gepökelter Schweinebraten.

Kommentar: Die Beschreibung des Begriffs „Braten“ umfasst mehrere Angebotsformen. Wesentliches Merkmal ist jedoch, dass es sich um in natürlichem Zusammenhang belassene, zugeschnittene Fleischteile handelt. Insofern muss es sich also um gewachsenes Fleisch handeln. Eine Verwendung von Formfleisch wäre entsprechend kenntlich zu machen, es sei denn, die Ausnahme nach LS-Nr. 1.2.4. Absatz 4 greift ein. Das wäre der Fall, wenn auch die zusammengefügten Fleischstücke einzeln als Braten bezeichnet werden könnten.

Zulässig ist sowohl die Bezeichnung „Braten“ für Teilstücke, die zum Braten geeignet sind und bratfertig zugeschnitten sind. Aber auch bei der Abgabe in gebratenem oder gegrilltem Zustand kommt diese Bezeichnung in Betracht.

Absatz 2 stellt nochmals klar, dass für Erzeugnisse aus zerkleinertem Fleisch die Angabe Braten nur dann verwendet wird, wenn sich aus der Bezeichnung im Übrigen zweifelsfrei ergibt, dass kein im Zusammenhang belassenes Fleisch vorliegt. Als Beispiele nennen die Leitsätze selbst einen *Hackbraten* oder *Falschen Hasen* nach LS-Nr. 2.1.5.8. Eine weitere Ausnahme betrifft grobe Brühwürste, wenn der Charakter als zerkleinertes Erzeugnis erkennbar ist. Dies gilt bspw. für die Bezeichnungen *Römerbraten* oder *Wienerbraten* nach LS-Nr. 2.4.2.3.2.

Der folgende Absatz beschreibt verschiedene spezielle Bezeichnungen für einzelne Braten, bei denen entweder eine bestimmte Tierart kraft der verwendeten Bezeichnung erwartet wird bzw. verlangt in den übrigen Fällen, dass die Tierart entsprechend angegeben werden muss.

2.1.2.2 Rollbraten

Rollbraten ist im Zusammenhang belassenes, gerolltes oder von einem Netz umgebenes Fleisch; die Tierart wird angegeben (z. B. *Schweinerollbraten [Schweinsrollbraten]*).

Putenrollbraten ist gerolltes gewachsenes Putenbrustfleisch mit nicht mehr als 10 % anhaftender Haut und nicht mehr als 40 % Einlagen von gewachsener Brust- und/oder Oberschenkelmuskulatur ohne Haut.

Putenoberkeulenrollbraten ist gewickeltes, im natürlichen Zusammenhang belassenes Putenoberkeulenfleisch, dem maximal 15 % Haut anhaftet.

Kommentar: Für den Rollbraten gelten als Braten die allgemeinen Ausführungen von LS-Nr. 2.1.2.1. Das bedeutet, dass auch ein Rollbraten im Kern aus gewachsenem Fleisch bestehen muss, auch wenn sich diese Vorgabe nicht ausdrücklich in LS-Nr. 2.1.2.2 findet.

Der Rollbraten ist mit keiner bestimmten Tierart verbunden, so dass das als Ausgangsmaterial eingesetzte Fleisch immer im Hinblick auf die Tierart gekennzeichnet werden muss.

Für *Putenrollbraten* enthalten die Leitsätze sodann nähere Anforderungen an das eingesetzte Ausgangsmaterial. Zunächst erfolgt die Beschreibung, dass ein *Putenrollbraten* grundsätzlich aus Brustfleisch bestehen muss, das nicht mehr als 10 % anhaftende Haut enthält. Daneben dürfen 40 % an Einlage verwendet werden, die wahlweise aus Brust und/oder Oberkeulen ohne Haut bestehen kann.

Bei einer ausschließlichen oder überwiegenden Verwendung von Oberkeulenfleisch lautet die Bezeichnung *Putenoberkeulenrollbraten.* Dabei ist der Hautanteil auf 15 % limitiert. Zulässig wäre es auch, ein solchermaßen hergestelltes Erzeugnis anstelle mit der in den Leitsätzen vorgesehenen Bezeichnung *Putenoberkeulenrollbraten* sprachlich schöner als *Putenrollbraten aus der Oberkeule* zu bezeichnen.

2.1.2.3 Nierenbraten, Kalbsnierenbraten

Nierenbraten, Kalbsnierenbraten ist gerolltes Kalbfleisch ohne grobe Sehnen und ohne gelbe Bauchhaut, mit Kalbsniere.

Schweinenierenbraten (Schweinsnierenbraten) ist entschwarteter, gerollter Schweinebrauch mit Schweineniere.

2.1.2.4 Gefüllte Kalbs- und Schweinebrust

Gefüllte Kalbsbrust ist von Rippen und Brustbein, gelegentlich auch von Brustknorpeln befreite, taschenartig präparierte Kalbsbrust, die als Küchengericht vorwiegend mit einer Masse aus Weißbrot („Semmelknödelteig“) oder aus zerkleinertem, grob entsehntem Fleisch und Weißbrot, mit *Lyonerbrät* Leitsatznummer 2.4.2.2.1) oder *Jagdwurstbrät* (Leitsatznummer 2.4.2.3.2) gefüllt ist.

Für *Gefüllte Schweinebrust (Gefüllte Schweinsbrust)* und *Gefüllter Schweinebauch* gilt vorstehendes entsprechend.

2.1.3 Produkte in Scheiben

2.1.3.1 Scheiben aus dem Filet

Filetkopf ist der beckenseitige, stumpfe Teil eines Filets.

Filetspitze ist der brustseitige, spitze Teil eines Filets, *Filet mignons* sind Scheiben aus der Filetspitze.

Filet medaillons sind Scheiben Kalbsfilet.

Chateaubriand, Doppeltes Filetstück, Doppeltes Lendenstück sind etwa 5 cm dicke Scheiben aus dem Kopf oder dem Mittelstück eines Rinderfilets.

Filetsteak, Tournedo, Tenderloin-Steak sind Scheiben Filet (siehe auch Leitsatznummer 2.1.3.2).

2.1.3.2 Steaks

Steak ist eine zum Kurzbraten oder Grillen geeignete (mürbe), nicht zu dünne, in der Regel quer zu den Fasern geschnittene Scheibe aus in natürlichem Zusammenhang belassenem sehnenarmen Fleisch, meist mit anhaftendem Fettgewebe, ohne Knochen, ausgenommen *Porterhouse-Steak* und *T-Bone-Steak,* zum Teil auch *Club-Steak* und *Sirloin-Steak.*

Sofern die Tierart nicht angegeben ist, handelt es sich wie bei *Beefsteak, Rinderstück (Rindsstück)* und *Rindersteak (Rindssteak)* um Steak eines Rindes. Steaks von anderen Tieren werden in jedem Fall entsprechend gekennzeichnet (z. B. *Hirschsteak, Kalbssteak, Schweinesteak [Schweinssteak], Hammelsteak, Putensteak*). Dies gilt auch bei Hinweisen auf Würzung und Zubereitung (z. B. *Paprikasteak vom Kalb; Jägersteak vom Schwein*).

Bezeichnungen wie *Filetsteak* (Leitsatznummer 2.1.3.1), *Rumpsteak, Lendensteak, Rückensteak, Rib-Eye-Steak, Hüftsteak* und *Kluftsteak* weisen auf die Verwendung bestimmter Fleischteile des Rindes hin.

Rib-Eye-Steak, Delmonico Steak ist eine Scheibe rundes Roastbeef.

Lendenschnitte, Lendensteak sind Scheiben flaches oder rundes Roastbeef oder Rinderfilet (Rindsfilet).

Neben dem Fleischteilstück wird auch eine Scheibe aus dem Entrecôte als *Entrecôte* bezeichnet.

Rumpsteak, Sirloin-Steak sind Scheiben aus einem Roastbeef oder dem unmittelbar anschließenden Teil einer Hüfte.

Club-Steak ist eine Scheibe aus dem vorderen Teil eines Roastbeefs oder dem hinteren Teil einer *Hochrippe.*

T-Bone-Steak und *Porterhause-Steak* sind knochenhaltige Scheiben einer *Großen Lende* (stets Filet einschließend).

Hüftsteak, Huftsteak, Point-Steak sind Scheiben aus einer Hüfte.

Kluftsteak ist eine Scheibe aus sehnenarmer, zum Kurzbraten geeigneter Muskulatur der Keule.

Schweinenackensteak (Schweinsnackensteak) ist eine Scheibe aus dem Schweinenacken.

Holzfällersteak ist ein Nacken- bzw. Kammkotelett oder auch eine Scheibe aus der Schweineschulter mit oder ohne Knochen.

Kommentar: Auch für die Bezeichnung als *Steak* beschreiben die Leitsätze verschiedene Eigenschaften, die gemeinsam vorliegen müssen. Zunächst einmal muss es sich um in natürlichem Zusammenhang belassenes Fleisch handeln, also Fleisch wie gewachsen vorliegen. Dieses Fleisch muss sehnenarm sein, darf aber Fettgewebe enthalten. Im Grundsatz enthält ein *Steak* von Ausnahmen abgesehen keine Knochen. Ferner muss es sich um eine geschnittene Fleischscheibe handeln, die nicht zu dünn ist, in der Regel aber quer zu den Fasern des Fleisches geschnitten ist und sich zum Kurzbraten oder Grillen eignet. Wenn diese Voraussetzungen erfüllt sind, kann der Begriff „Steak“ verwendet werden.

Sodann enthalten die Leitsätze für verschiedene Zuschnitte aus unterschiedlichen Tierarten weitergehende Beschreibungen. Im Grundsatz gilt, dass Teilstücke vom Rind ohne Hinweis auf die Tierart als *Steak* bezeichnet werden können. Die Zuordnung zum Rind erfolgt teilweise über die Teilstückbezeichnung, bspw. *Filetsteak* oder *Lendensteak*.

Bei der Verwendung von anderen Tierarten muss in der Bezeichnung des Lebensmittels ein Hinweis auf die Tierart erfolgen.

In der Praxis führt die Auslegung dieser Eigenschaften immer wieder zu Beanstandungen, insbesondere bei der Beurteilung von Steaks aus Geflügelfleisch. Dabei geht es z. B. um die Form, weil eine Scheibenform fehle. Eine Scheibe weist nach dem Wortsinn zwar eine flache und meist runde Form auf. Eine Scheibe muss aber eben nicht zwingend rund sein. Dabei ist gerade beim Geflügelfleisch zu beachten, dass weder die Brust eine runde Form aufweist noch die Oberkeule nach dem Aufschneiden rund ist, wenn sie nicht gesondert zugeschnitten wird. Die Scheibendicke wird demgegenüber durch die Leitsätze selbst relativiert, weil es sich gerade nicht um zu dünne Scheiben handeln soll. Auch nennen die Leitsätze verschiedene Steaks, die wie das *Filetsteak* oder das *Porterhouse-Steak* eine erhebliche Scheibendicke aufweisen. Die Garzeiten für diese Steaks sind gerade aus diesem Grund auch relativ lang, weshalb auch die Formulierung „zum Kurzbraten geeignet“ relativiert wird und vom jeweiligen Produkt abhängt. Ein weiterer Grund zur Beanstandung sind bei Geflügelsteaks die häufig nicht glatten Oberflächen. Dieser Umstand ist jedoch produktimmanent und darauf zurückzuführen, dass Geflügelfleisch beim Entbeinen sowie beim Zuschnitt leichter zerfasert. Schließlich wird häufig beanstandet, dass Geflügelsteaks nicht quer zu den Fasern geschnitten seien. Auch hier führt der geringere Muskelzusammenhalt beim Geflügel jedoch dazu, dass es nicht quer zur Faser geschnitten werden muss, damit es auch nach dem Garen weich und angenehm verzehrbar bleibt. Ein Steak kann daher auch aus der Putenoberkeule geschnitten sein, die Beschreibungen der Leitsätze sind dann aber mit Augenmaß anzuwenden, da sie offensichtlich in erster Linie Rindfleisch betreffen.

2.1.3.3 Kotelett

Die rückenseitige Stamm-Muskulatur einschließlich der dazugehörigen Wirbelsäule und den anteiligen Rippenknochen vom Schwein bilden den Kotelettstrang. Als Hochrippe wird der vordere Rücken des Rindes zwischen der achten und zwölften Rippe bezeichnet.

Bei als *Kotelett* gegebenenfalls unter Angabe der Tierart (vgl. Absatz 4) bezeichnetem Fleisch herrscht der lange Rückenstrecker (M. longissimus dorsi), das „Auge" des Koteletts, vor; Scheiben, in denen mehrere Muskeln das Bild beherrschen, werden beim *Schwein* (Hals- und vorderer Brustwirbelbereich bis zur 3. Rippe) als *Kammkotelett*, *Nackenkotelett*, *Hals-(grat)kotelett*, beim Kalb (vorderer Brustwirbelbereich) unter gleichzeitiger Angabe der Tierart als *Halskotelett* bezeichnet. Als *Herz-, Rippen-, Mittel- und Stielkotelett, Karree* oder *Karbonade* werden Scheiben aus dem Kotelettstrang des Brustbereiches ab 3. Rippe bezeichnet, als *Filet-*, *Lummer-* oder *Lendenkotelett* – soweit Filet eingeschlossen ist – Scheiben aus dem Lendenbereich des Kotelettstranges.

Zum Kotelett zählen beim Schwein nicht Fettgewebsauflagerungen über 1,0 cm und Schwarten sowie Rippen und Fleisch- sowie Fettgewebsanteile, die das Kotelett- „Auge" um mehr als 5 cm überragen.

Sofern die Tierart nicht angegeben ist, handelt es sich um Kotelett vom Schwein (*Schweinekotelett, Schweinskotelett*). Koteletts von anderen Tierarten werden entsprechend gekennzeichnet, z.B. *Kalbskotelett*, *Rindskotelett*, *Rib-Steak*, *Lammkotelett*, *Hirschkotelett*, *Rinderlendenkotelett* (siehe auch Leitsatznummer 2.1.3.2).

Falsches Kotelett ist eine Scheibe Schweinebauch auch mit Knochen.

Wenn Kotelett oder Falsches Kotelett paniert wird, werden höchstens 20 % Panade, bezogen auf das Gesamtgewicht, aufgetragen. Das erhitzte Fertigerzeugnis enthält nicht mehr als 35 % Panade.

Kommentar: Für die Beschreibungen zum Panadeauftrag vgl. die nachfolgenden Ausführungen zum *Schnitzel* bei LS-Nr. 2.1.3.4.

2.1.3.4 Schnitzel

Schnitzel ist bei warmblütigen Tieren eine zum Kurzbraten oder Grillen geeignete Scheibe von in natürlichem Zusammenhang belassenem sehnen- und fettgewebsarmen Fleisch (Leitsatznummer 1.2.1.1.1, 1.2.1.2.1).

Scheiben aus dem Schweinenacken werden auch als *Nackenschnitzel* bezeichnet.

Sofern die Tierart nicht angegeben oder auf andere Weise erkennbar ist, handelt es sich um Schweinefleischscheiben. Schnitzel von anderen Tieren werden entsprechend gekennzeichnet (z. B. *Kalbsschnitzel*, *Rinderschnitzel [Rindsschnitzel]*, *Rehschnitzel*, *Putenschnitzel*).

Wiener Schnitzel ist paniertes Kalbsschnitzel. Auf Wiener Art zubereitete Schnitzel von anderen Tierarten werden entsprechend gekennzeichnet (z. B. *Schweineschnitzel Wiener Art*, *Putenschnitzel Wiener Art*).

Schnitzel à la Holstein ist unpaniertes Kalbsschnitzel mit Garnierung (Sardellen usw.) und Spiegeleiauflage.

Rahmschnitzel stammt ebenfalls vom Kalb.

Cordon bleu besteht aus zwei gleich großen Schnitzeln (eventuell in Form einer Tasche), dazwischen Schinken und Käse, meist paniert. Ohne Angabe der Tierart handelt es sich um Kalbsschnitzel. Werden Schnitzel von anderen Tierarten verwendet, wird die Tierart entsprechend gekennzeichnet (z. B. *Cordon bleu vom Schwein*, *Puten-Cordon bleu*). Die Leitsatznummer 1.4.1.4 findet darüber hinaus keine Anwendung.

Wenn Schnitzel paniert wird, werden höchstens 20 % Panade, bezogen auf das Gesamtgewicht, aufgetragen. Das erhitzte Fertigerzeugnis enthält nicht mehr als 35 % Panade.

Kommentar: Für die Bezeichnung *Schnitzel* stellen die Leitsätze wiederum die Anforderung auf, dass es sich um in natürlichem Zusammenhang belassenes Fleisch handeln muss. Verlangt ist also Fleisch wie gewachsen. *Schnitzel* zeichnen sich ferner dadurch aus, dass das Ausgangsmaterial sehnen- und fettgewebsarm ist. Sodann muss es sich der Form nach um eine Fleischscheibe handeln, die wie ein *Steak* auch zum Kurzbraten oder Grillen geeignet ist.

Im Gegensatz zum Rind handelt es sich bei *Schnitzeln* grundsätzlich um Scheiben aus Schweinefleisch. Demzufolge müssen Schnitzel von anderen Tierarten mit einer Angabe zur jeweiligen Tierart versehen sein.

Eine Ausnahme bildet das *Wiener Schnitzel*. Hierbei handelt es sich um paniertes Kalbsschnitzel. Andere auf Wiener Art zubereitete Schnitzel von anderen Tierarten müssen entsprechend gekennzeichnet werden. Die Leitsätze schlagen hierfür die Formulierung *Wiener Art* vor. Gerichtlich ist jedoch entschieden, dass bspw. auch die Angabe *Wiener Schnitzel vom Schwein* eine zulässige Angabe ist. Damit wird abweichend von der üblichen Tierart die Herkunft des Fleisches in der Bezeichnung angegeben, was nicht zu beanstanden ist.

Ebenso wie das *Schnitzel à la Holstein* und das *Rahmschnitzel* besteht auch ein *Cordon bleu* ohne Hinweis auf die Tierart wie ein *Wiener Schnitzel* grundsätzlich aus Kalbfleisch. Sofern *Cordon bleu* aus Fleisch anderer Tierarten hergestellt wird, muss die Tierart in der Bezeichnung entsprechend gekennzeichnet werden. Der letzte Satz zur Beschreibung des *Cordon bleu* heißt, dass LS-Nr. 1.4.1.4 keine Anwendung findet. LS-Nr. 1.4.1.4 beschreibt die Kennzeichnung von Fleischzubereitungen und -erzeugnissen aus Geflügelfleisch. Mit dem Verweis ist gemeint, dass bei einem *Puten-Cordon bleu* der eingesetzte Schinken und der Käse nicht ebenfalls vom Geflügel stammen müssen und deshalb ein Hinweis auf die Verwendung weiterer Tierarten als Geflügelfleisch in der Bezeichnung des Lebensmittels nicht erfolgen muss.

Schließlich enthält der letzte Unterabsatz von LS-Nr. 2.1.3.4 Ausführungen zur Panade, die sich auch beim *Kotelett* nach LS-Nr. 2.1.3.3 finden. Die Leitsätze stellen klar, dass der Panadeauftrag höchstens 20 % bezogen auf das Gesamtgewicht beträgt. Gleichzeitig enthält das erhitzte Fertigerzeugnis nicht mehr als 35 % Panade. Das bedeutet, dass der Lebensmittelunternehmer beim Inverkehrbringen als Fleischzubereitung nur den Grenzwert von 20 % für das rohe Produkt im Blick haben muss. Sofern die panierten Schnitzel jedoch im Rahmen der Herstellung erhitzt und Fleischerzeugnisse hergestellt werden, muss auch der zweite Grenzwert von 35 % für das Enderzeugnis beachtet werden. Dieser Wert von 35 % gilt jedoch nur für den Zeitpunkt des Abschlusses des Herstellungsverfahrens, nicht aber für die gesamte Haltbarkeitsdauer des Produktes. Denn während der Lagerung der *Schnitzel* laufen Austauschprozesse ab, bei denen Fleischsaft aus der Fleischscheibe in die Panade hinein diffundiert und dabei zu einer relativen Gewichtszunahme der Panade führen. Dabei geht jedoch nicht nur Wasser in die Panade über, sondern auch im Fleischsaft gelöste Eiweiße. Die amtliche Überwachung überprüft den Panadeauftrag bei Schnitzeln regelmäßig mittels einer präparativ-gravimetrischen Methode. Dabei wird die Panade mittels feinen Spateln vom Fleisch getrennt. Im Anschluss werden Fleischscheibe und abgelöste Panade gewogen und ins Verhältnis zueinander gesetzt. Richtigerweise muss jedoch die zutreffende Ermittlung des Panadeauftrags durch Differenzwägung im Herstellungsbetrieb erfolgen. Denn nur diesen Zeitpunkt beschreiben die Leitsätze, was obergerichtlich ebenfalls bereits entschieden ist.

2.1.3.5 Medaillon

Medaillons sind kleine, aus sehnenarmen Fleisch quer zu den Fasern geschnittene, zum Kurzbraten geeignete Scheiben; die Tierart wird angegeben, z. B. *Kalbsmedaillons (Kalbsnüsschen)*, *Rindermedaillons (Rindsmedaillons)*, *Putenmedaillons*.

Kommentar: Auch bei Medaillons handelt es sich um zum Kurzbraten geeignete kleine Fleischscheiben. Diese sollen quer zu den Fasern geschnitten sein. Ausgangsmaterial ist im Regelfall sehnenarmes Fleisch. Die Tierart, von denen die Medaillons stammen, ist in der Bezeichnung anzugeben.

2.1.3.6 Rouladen

Rouladen, Fleischröllchen, Fleischvögel sind dünne zusammenhängende, unter Einschluss von Füllung gerollte, zum Braten geeignete Scheiben aus sehnen- und fettgewebsarmen Fleisch (Leitsatznummer 1.2.1.1.1, 1.2.1.2.1). Sofern die Tierart nicht angegeben ist, handelt es sich um Rindfleisch.

Die Füllung besteht in der Regel aus Speckstreifen, Gurkenstreifen, Zwiebeln, Pilzen, Schinkenstreifen oder anderen geschmackgebenden Zutaten, z. T. wird zum Füllen auch Brät oder gewolftes Fleisch verwendet, das in der Qualität der Grundlage für Hacksteak (Leitsatznummer 2.1.5.6) entspricht. *Kalbsrouladen, Kalbsvögel* werden aus Kalbfleisch hergestellt und auch vorwiegend mit Kalbsbrät (Leitsatznummer 2.4.2.1.6) und gekochtem Ei gefüllt.

Kommentar: Bei Rouladen handelt es sich um Fleischscheiben aus sehnen- und fettgewebsarmem Fleisch. Sie müssen zum Braten geeignet sein und sind um eine Füllung gerollt. Ohne Angabe einer Tierart handelt es sich bei dem Begriff *Rouladen* grundsätzlich um Rindfleisch. Bei Rouladen von anderen Tierarten muss ein entsprechender Hinweis erfolgen.

Als mögliche Füllung beschreiben die Leitsätze Speck, Gurken, Zwiebeln, Pilze, Schinken oder andere geschmackgebende Zutaten. Auch Senf oder andere würzende Zutaten können verwendet werden. Die Leitsätze können insoweit keine abschließende Aufzählung erlaubter Zutaten vornehmen. Auch die Verwendung von Brät nach LS-Nr. 1.3.2.2 oder gewolftem Fleisch als Füllung ist üblich. Bei Verwendung von gewolftem Fleisch als Füllung beschreibt LS-Nr. 2.1.3.6 die Qualität, indem die Grundlage für ein *Hacksteak* nach LS-Nr. 2.1.5.6 einzuhalten ist. Das beinhaltet einen BEFFE-Gehalt von nicht unter 12 %, einen Anteil an bindegewebsfreiem Fleischeiweiß im Fleischeiweiß von nicht unter 80 % und einen maximalen Stärkegehalt von 15 % in der rohen Füllung.

Bei *Kalbsrouladen* oder *Kalbsvögeln,* die aus Kalbfleisch hergestellt werden, ist die Verwendung von Kalbsbrät, das zur Herstellung einer *Kalbbratwurst* nach LS-Nr. 2.4.2.1.6 verwendet werden kann, und gekochtem Ei als Füllung üblich.

2.1.4 Produkte aus gestückeltem Fleisch

2.1.4.1 Fleischspieße

Fleischspieße, Dragonerspieße, Jägerspieße enthalten Stücke grob entsehnten Rindfleisches (Leitsatznummer 1.2.1.1.2) und/oder entfetteten Schweinefleisches (Leitsatznummer 1.2.1.2.2) sowie würzende Beigaben (z. B. Zwiebeln, Paprikaschoten, Gurken). Für den Fleischanteil von *Filetspießen* werden nur Teile aus dem Filet (Leitsatznummer 2.1.1.1) verwendet.

In rohem Zustand bestehen die Spieße mindestens aus zwei Dritteln Fleisch, im Übrigen aus würzenden Beigaben.

Geflügelfleisch- und *Wildfleischspieße* bestehen in rohem Zustand mindestens zu zwei Dritteln aus Geflügel- bzw. Wildfleisch, im Übrigen aus Speck und würzenden Beigaben.

Schaschlik enthält neben Stücken grob entsehnten Rindfleisches (Leitsatznummer 1.2.1.1.2) und/oder grob entfetteten Schweinefleisches (Leitsatznummer 1.2.1.2.2) auch fettgewebereiches Schweinefleisch (Leitsatznummer 1.2.1.2.3) oder Speck (Leitsatznummer 1.1.1.2.2) (meist umgerötet), würzende Beigaben, zum Teil auch Leber und Nieren. Sofern Nieren enthalten sind, wird in der Bezeichnung des Lebensmittels darauf hingewiesen.

In rohem Zustand enthält Schaschlik einen Anteil an grob entsehntem Rindfleisch und/oder grob entfettetem Schweinefleisch von mindestens 30 %, Speck sowie würzenden Beigaben, gegebenenfalls Leber und/oder Nieren.

Kommentar: In Anwendung von LS-Nr. 1.4.1.1 bestehen *Fleischspieße* ohne Hinweis auf eine bestimmte Tierart aus Rind- und/oder Schweinefleisch. Es handelt sich um Fleischstücke, die entweder aus grob entsehntem Rindfleisch und/oder grob entfettetem Schweinefleisch sowie würzenden Beigaben bestehen. Die Spieße bestehen in rohem Zustand zu zwei Dritteln aus Fleisch, im Übrigen aus würzenden Beigaben. Die gleiche Anforderung gilt auch für Fleischspieße aus Geflügel- oder Wildfleisch, wobei insoweit auf die abweichende Tierart in der Bezeichnung hingewiesen werden muss.

Für *Schaschlik* ist neben grob entsehntem Rindfleisch und/oder grob entfettetem Schweinefleisch auch fettgewebereiches Schweinefleisch oder Speck üblich. *Schaschlik* enthält ebenfalls würzende Beigaben, die zum Teil auch aus Innereien, insbesondere Leber, bestehen können. Auch Nieren können verwendet werden, dann muss jedoch in der Bezeichnung des Schaschliks darauf hingewiesen werden, bspw. mit der Angabe *Schaschlik mit Nieren*. Der Fleischanteil im *Schaschlik* muss im rohen Zustand mindestens 30 % betragen.

2.1.4.2 Döner Kebab

*Döner Kebab, Döner Kebap, Hähnchen-/Puten-Döner Kebab, Hähnchen-/Puten-D*öner *Kebap*

Ausgangsmaterial:

grob entsehntes Schaffleisch und/oder grob entsehntes Rindfleisch (Leitsatznummer 1.2.1.1.2)

grob entsehntes Geflügelfleisch (Leitsatznummer 1.2.1.3.2) (Huhn, Pute) bei Hähnchen-/Puten-Döner Kebab, Hähnchen-/Puten-Döner Kebap

Besondere Merkmale:

dünne Fleischscheiben, auf Drehspieß aufgesteckt; ein mitverarbeiteter Hackfleischanteil aus grob entsehntem Rindfleisch (Leitsatznummer 1.2.1.1.2) und/oder grob entsehntem Schaffleisch beträgt höchstens 60 %. Außer Salz und Gewürzen sowie gegebenenfalls Eiern, Zwiebeln, Öl, Milch und Joghurt enthält *Döner Kebab* keine weiteren Zutaten.

Bei Hähnchen-/Puten-Döner Kebab, Hähnchen-/Puten-Döner Kebap wird kein wie Hackfleisch zerkleinertes Fleisch eingesetzt; der maximale Hautanteil beträgt 18 %.

Analysenwerte:

roher Hackfleischanteil,

bindegewebseiweißfreies Fleischeiweiß nicht unter 14 % bindegewebseiweißfreies Fleischeiweiß im Fleischeiweiß

histometrisch	nicht unter 65 Vol.-%
chemisch	nicht unter 75 %

Kommentar: In LS-Nr. 2.1.4.2 beschreiben die Leitsätze, was in Deutschland unter Produkten mit Bezeichnungen wie *Döner Kebab* in verschiedenen Schreibweisen zu verstehen ist. Sprachlich bedeutet der Begriff „Döner“ sinngemäß „sich drehend“. „Kebab“ kann mit „Röst- oder Grillfleisch“ übersetzt werden. Nur am Rande sei die Frage in den Raum geworfen, ob es sinnvoll ist, aus dem Ausland stammende Produkte in Deutschland zu beschreiben und damit Menschen und Unternehmen, die Erzeugnisse aus ihrer Heimat nach Deutschland bringen und diese hier in Verkehr bringen, Vorschriften zu machen, wie diese in Deutschland beschaffen sein müssen. Dies gilt in gleichem Maße für Produkte wie *Kabanossi* oder *Cheeseburger*. Die Beschreibung solcher Produkte, die ihren Ursprung nicht in Deutschland haben, kann deshalb durchaus kritisch hinterfragt werden. Trotzdem müssen sich Anwender mit den Beschreibungen der Leitsätze auseinandersetzen.

Die Leitsätze sehen als Ausgangsmaterial für *Döner Kebab* Schaf- oder Rindfleisch sowie Geflügelfleisch vor. Als besondere Merkmale zeichnet sich *Döner Kebab* dadurch aus, dass es sich um dünne Fleischscheiben handelt, die auf einen Drehspieß aufgesteckt sind. Ein eventuell mitverarbeiteter Hackfleischanteil aus grob entsehntem Rind- oder Schaffleisch beträgt höchstens 60 %. Ein darüber hinausgehender Hackfleischanteil wird von den Behörden ebenso beanstandet wie die Verwendung von Material mit einem höheren Zerkleinerungsgrad als Hackfleisch. Als Zutaten sollen neben den genannten Fleischarten ausschließlich Salz und Gewürze sowie ggf. Eier, Zwiebeln, Öl, Milch und Joghurt verwendet werden. Weitere Zutaten sollen also nicht der Verkehrsauffassung für *Döner Kebab* entsprechen. Derartige Beschränkungen sind bei ausreichender Kennzeichnung rechtlich fragwürdig, vgl. bspw. die entsprechenden Erläuterungen zu LS-Nr. 1.1.2.1.

Bei *Geflügel-Döner Kebab* wird kein wie Hackfleisch zerkleinertes Fleisch eingesetzt. Gleichzeitig ist der maximal eingesetzte Hautanteil auf 18 % limitiert.

Sofern ein Produkt die Anforderungen nicht erfüllt, ist über eine alternative Bezeichnung nachzudenken. Diese kann den Begriff „Drehspieß" enthalten. Gerade in der Gastronomie dürfte ein Großteil der angebotenen Produkte unter derartigen Bezeichnungen vertrieben werden, da die Anforderungen an einen *Döner Kebab* nach den Leitsätzen nicht erfüllt werden. Angesichts der dennoch sehr hohen Nachfrage nach diesen Produkten, stellt sich die Frage, ob die Leitsätze insoweit tatsächlich die bestehende Verkehrsauffassung beschreiben und nicht ggf. lediglich eine frühere bzw. gewünschte Beschaffenheit solcher Produkte beschreiben.

Auf dem Markt finden sich außerdem industriell hergestellte Erzeugnisse, die teilweise auch den Begriff „Kebab" im Namen tragen oder auf eine entsprechende Würzung hinweisen. Unrichtig wäre es aber, derartige Erzeugnisse an der Beschreibung von LS-Nr. 2.1.4.2 zu messen, da darin nicht isoliert der Begriff „Kebab", sondern nur die Kombination *Döner Kebab* beschrieben ist.

2.1.4.3 Geschnetzeltes

Geschnetzeltes, Schnetzel, Schnitzelchen, Geschnitzeltes sind ohne Angabe der Tierart kleine dünne, quer zu den Fasern geschnittene Scheiben oder Streifen aus sehnen- und fettgewebsarmen Kalbfleisch (Leitsatznummer 1.2.1.1.1).

Filet STROGANOFF besteht ebenso wie *Filetgulasch STROGANOFF* aus Rinderfiletstücken. Für *Boeuf STROGANOFF* wird zartes, sehnenarmes Rindfleisch verwendet.

2.1.4.4 Gulasch

Gulasch ist gestückeltes, gegartes Rindfleisch in gewürzter Sauce.

Das Fleisch ist von groben Sehnen und Sehnenplatten, größeren Ansammlungen von Fettgewebe und lockerem Bindegewebe sowie von gelber Bauchhaut befreit; es kann von Sehnen durchzogen sein. Knochenputz, Kopffleisch oder Innereien werden nicht verwendet. Die ausschließliche oder teilweise Verwendung von Fleisch anderer Tierarten wird in unmittelbarer Wortverbindung mit der Bezeichnung „Gulasch" angegeben (z. B. *Kalbsgulasch, gemischter Gulasch*).

Der Fleischanteil entspricht einer Frischfleischmenge von über 50 %[22)].

Szegediner Gulasch (*Szekler Gulasch*) ist ein überwiegend aus Sauerkraut hergestelltes Erzeugnis mit einem Zusatz von Schweinefleisch (Leitsatznummer 1.2.1.2). Der Fleischanteil entspricht einer Frischfleischmenge von über 30 %. Bei anderen Gulasch-Erzeugnissen werden Zutaten wie Kartoffelstücke oder Sauerkraut in Verbindung mit der Bezeichnung des Lebensmittels angegeben.

Kommentar: Nach der Beschreibung von LS-Nr. 2.1.4.4 besteht *Gulasch* aus gestückeltem, gegartem Rindfleisch in einer gewürzten Sauce. Nähere Anforderungen werden in den weiteren Absätzen beschrieben. Der Fleischanteil in *Gulasch* entspricht einer Frischfleischmenge von 50 %. Fußnote 22 stellt klar, dass wegen der Schwankungen beim Einfüllen für eine Frischfleischmenge von über 50 % eine Einwaage von 55 % empfohlen wird.

Auf dem Markt ist oftmals gestückeltes und/oder gewürfeltes Fleisch zu finden, das als *Gulasch* bezeichnet wird. Richtigerweise setzt die Bezeichnung jedoch gegartes Rindfleisch voraus, das sich gleichfalls in einer entsprechenden Würzsoße befindet. Sofern also lediglich das frische Fleisch in den Verkehr gebracht wird, handelt es sich streng genommen um *Rinder-* oder *Schweinegeschnetzeltes* nach LS-Nr. 2.1.4.3, das allenfalls als *Fleisch für Gulasch* oder eventuell auch als *Gulaschfleisch* bezeichnet werden kann.

Die alleinige Angabe als *Gulasch* entspricht bei Fehlen einer Würzsauce nicht den Anforderungen von LS-Nr. 2.1.4.4.

2.1.4.5 Ragout

Ragout (...pfeffer) besteht aus gebratenen Fleischstücken in einer gewürzten Soße und weiteren Zutaten, wie Gemüse oder Pilzen. Wird auf eine Tierart hingewiesen (z. B. *Schweineragout, Kalbsragout, Hasenpfeffer*), so ist nur das Fleisch dieser Tierart verwendet worden. Auf die Verwendung von Innereien (Leitsatznummer 1.1.1.6) wird hingewiesen (z. B. *Zungenragout, Nierenragout*).

2.1.4.6 Frikassee, Ragout fin und Würzfleisch

Frikassee enthält Stücke von gegartem Skelettmuskelfleisch von Kalb und/oder Geflügel sowie weitere stückige Zutaten wie Spargel und Champignons in einer hellen, mild gewürzten Soße. Sofern nicht sehnenarmes Formfleisch (Leitsatznummer 1.2.4) verwendet wird, können zur Sicherung der Saftigkeit Fleischeinlagen bei Kenntlichmachung bis zu einem Viertel aus einer sehnenarmen Farce (z. B. in Form von Klößchen) bestehen. Wird auf eine Tierart hingewiesen (z. B. *Hühnerfrikassee*), so ist nur Fleisch dieser Tierart verwendet worden. Die Mitverwendung von Geflügelhaut ist nicht üblich.

Frikassee-Fertigerzeugnisse enthalten gegarte Fleischeinlagen in folgenden Mengen:

a) bei „Frikassee“ ohne Hinweis auf Gemüseeinlagen in der Bezeichnung des Lebensmittels	mindestens 30 %
b) bei „Frikassee“ mit einem Hinweis auf Gemüseeinlagen in der Bezeichnung (z. B. *Hühnerfrikassee mit Spargel* oder *Champignons* oder *Kalbsfrikassee mit Gemüseeinlagen)*	mindestens 25 %

Bei Verwendung von Formfleisch oder Mitverwendung von Farce ist jeweils der Mindestwert um 5 % absolut höher.

Ragout fin ist ein Ragout aus Kalbfleisch (Leitsatznummer 1.2.1.1.2) und/oder Jungrindfleisch auch mit einem Zusatz von Geflügelfleisch (Brust, Keule ohne Haut), teilweise auch Kalbszunge. Sofern kein Formfleisch (Leitsatznummer 1.2.4) verwendet wird, kann der Fleischanteil bis zu 40 % aus einer sehnenarmen Farce bestehen, die unter Verwendung von Sahne und Hühnerei bzw. -eigelb aus Kalb-/Jungrindfleisch und Geflügelfleisch (auch mit anteilmäßiger Haut) hergestellt wird. Als

Zutaten werden Champignons verwendet. Bei „Ragout fin", bei dem in der Bezeichnung auf die Verwendung von Geflügelfleisch hingewiesen wird, überwiegt der Geflügelfleischanteil. Der Fleischanteil beträgt im Fertigerzeugnis 35 %. Eine Verwendung von Formfleisch oder von Farce wird nicht kenntlich gemacht.

Würzfleisch ist ein ragout-fin-artiges Erzeugnis aus grob entfettetem Schweinefleisch (Leitsatznummer 1.2.1.2.2) oder aus Geflügelfleisch (Brust und Keule ohne Haut). Der Fleischanteil kann bis zu 40 % aus einer sehnenarmen Farce bestehen. Als Zutaten werden Champignons verwendet. Der Fleischanteil beträgt im Fertigerzeugnis 35 %.

Kommentar: Bei *Ragout fin* besteht die Besonderheit, dass eine Verwendung von Formfleisch nach LS-Nr. 1.2.4 nicht kenntlich gemacht werden muss.

2.1.4.7 Fleisch im eigenen Saft

2.1.4.7.1 *Rindfleisch im eigenen Saft* – Konserven enthalten nicht umgerötetes grob entsehntes Rindfleisch (Leitsatznummer 1.2.1.1.2), dem zur Bindung des während der Erhitzung austretenden Fleischsaftes Schwarten (Leitsatznummer 1.1.1.4) zugesetzt werden können.

Auf die Verwendung von Schwarten wird in Verbindung mit der Bezeichnung des Lebensmittels hingewiesen.

Analysenwerte:

bindegewebseiweißfreies Fleischeiweiß	nicht unter 12 %
oder Muskel-Trockensubstanz	nicht unter 9,5 %

Kommentar: Bei der Herstellung von *Rindfleisch im eigenen Saft* soll zwar die Verwendung von (Schweine-)Schwarten zur Bindung des während der Erhitzung austretenden Fleischsaftes ausdrücklich üblich sein. Allerdings soll auf die Verwendung von Schwarten in der Bezeichnung des Lebensmittels hingewiesen werden. Das erscheint vor dem Hintergrund, dass die Verwendung als üblich beschrieben wird, zumindest diskutabel. Anzugeben wäre bspw. *Rindfleisch im eigenen Saft mit (Schweine-)Schwarten.*

2.1.4.7.2 *Schweinefleisch im eigenen Saft* – Konserven enthalten grob entfettetes Schweinefleisch (Leitsatznummer 1.2.1.2.2), dem zur Bindung des während der Erhitzung austretenden Fleischsaftes Sehnen (Leitsatznummer 1.1.1.3.1) und/oder Schwarten (Leitsatznummer 1.1.1.4) zugesetzt werden können.

Analysenwerte:

bindegewebseiweißfreies Fleischeiweiß	nicht unter 11 %
oder Muskel-Trockensubstanz	nicht unter 8 %

Kommentar: Auch bei der Herstellung von *Schweinefleisch im eigenen Saft* ist die Verwendung von Schwarten zur Bindung des während der Erhitzung eventuell austretenden Fleischsaftes ebenso üblich wie die Verwendung von Sehnen. Bei Verwendung von Schwarten muss jedoch bei *Schweinefleisch im eigenen Saft* im Gegensatz zu dem vergleichbaren Produkt aus Rindfleisch nach LS-Nr. 2.1.4.7.1 nicht in der Bezeichnung auf die eingesetzten Schwarten hingewiesen werden. Auch wenn in LS-Nr. 1.4.2 der Hinweis auf Schwarten nicht ausdrücklich als entbehrlich bezeichnet wird, ist diese Konsequenz jedoch aus der expliziten Nennung der Schwarten mit ihrer Angabe in der Bezeichnung beim Rindfleisch im eigenen Saft zu ziehen. Anderenfalls wäre der dortige Hinweis obsolet und beide Produkte müssten bei Verwendung von Schwarten einen Hinweis nach LS-Nr. 1.4.2 tragen.

2.1.5 Produkte aus gewolftem oder ähnlich zerkleinertem Fleisch

Für geformt portionierte Erzeugnisse aus gewolftem oder ähnlich zerkleinertem Fleisch wird die Angabe „Steak" nur dann in Wortverbindungen gebraucht, wenn sie – abgesehen vom Beefsteak Tatar – zum Kurzbraten oder Grillen bestimmt sind und sich aus der Bezeichnung des Lebensmittels zweifelsfrei ergibt, dass zerkleinertes Fleisch vorliegt (z. B. Hacksteak). Bei Deutschem Beefsteak (Leitsatznummer 2.1.5.7) und bei Beefsteak Tatar (Leitsatznummer 2.1.5.4) ist die Verwendung von zerkleinertem Fleisch allgemein bekannt.

Bei Erzeugnissen aus gewolftem oder ähnlich zerkleinertem Fleisch ist ein Zusatz von Brät nicht üblich. Der bei der Herstellung gegebenenfalls entstehende Muskelabrieb (aus freigesetztem Muskeleiweiß entstehende brätähnliche Substanz[13]) wird kenntlich gemacht – ausgenommen Geflügelfleisch – wenn er 20 Vol.-% überschreitet.

Kommentar: Grundsätzlich steht der Begriff „Steak-" nach LS-Nr. 2.1.3.2 für Fleisch wie gewachsen. Lediglich dann, wenn durch ergänzende Angaben klar ist, dass es sich ausnahmsweise nicht um gewachsenes, sondern zerkleinertes Fleisch handelt, darf der Begriff *„Steak-"* auch in Wortverbindungen für derartig zerkleinerte Erzeugnisse gebraucht werden. Beispiele hierfür sind die Begriffe *Hacksteak* oder *(Deutsches) Beefsteak* und *Beefsteak Tatar*.

Weiterhin beschreiben die Leitsätze, dass allgemein für Produkte aus gewolftem oder ähnlich zerkleinertem Fleisch ein Zusatz von Brät nicht üblich ist. Für eine Beschreibung des Begriffs „Brät" s. LS-Nr. 1.3.2.2 und die dortigen Erläuterungen. Soweit dort ebenfalls von zerkleinertem Fleisch die Rede ist, geht der Zerkleinerungsgrad eines Brätes über denjenigen von gewolftem Fleisch hinaus. Ein so verstandenes Brät wird üblicherweise bei der Herstellung von Hackfleisch oder ähnlich zerkleinerten Erzeugnissen wie *Hamburger*-Patties oder *Frikadellen* nicht verwendet.

Darüber hinaus beschreiben die Leitsätze, dass der bei der Herstellung gegebenenfalls entstehende Muskelabrieb, verstanden als die aus freigesetztem Muskeleiweiß entstehende brätähnliche Substanz kenntlich gemacht wird, wenn er 20 Vol.-% überschreitet. Diese Ausnahme gilt ausdrücklich nicht für Geflügelfleisch. Das bedeutet, dass bei gewolften oder ähnlich zerkleinerten Produkten aus Geflügelfleisch auch ein Abriebanteil bis 50 Vol.-% zulässig ist. Ein über 50 Vol.-% hinausgehender Anteil wäre demgegenüber zu beanstanden, weil es sich dann nicht mehr um ein Produkt handelt, das aus gewolftem oder ähnlich zerkleinertem Fleisch, sondern überwiegend aus fein zerkleinertem Fleisch besteht. Diese Beschaffenheit entspricht nicht den in LS-Nr. 2.1.5 beschriebenen Erzeugnissen. Für solche Produkte müsste eine andere Bezeichnung verwendet werden.

Eine Erläuterung, was unter Muskelabrieb zu verstehen ist, findet sich in der Fußnote 13. Hiernach handelt es sich um wabig vernetzte Bezirke mit einer Porengröße über 5 µm und mindestens drei vollständigen Vakuolen auf einer Stelle. Nur wenn diese Kriterien kumulativ vorliegen, handelt es sich um Abrieb.

Sofern dieser festgestellte Abrieb bei Erzeugnissen aus Rind- und/oder Schweinefleisch 20 Vol.-% beträgt, muss dieser kenntlich gemacht werden. In der Praxis hat sich hierfür die Formulierung eingebürgert, dass der Fleischanteil „zum Teil fein zerkleinert" ist. Diskussionen entstehen in der Praxis vielfach darüber, wo ein entsprechender Hinweis zu erfolgen hat.

Vor Inkrafttreten der LMIV war einhellige Meinung, dass eine Angabe im Zutatenverzeichnis eines vorverpackten Lebensmittels erfolgen kann. Bei loser Ware musste demgegenüber mangels Vorhandensein eines Zutatenverzeichnisses ein entsprechender Hinweis in der Bezeichnung des Lebensmittels erfolgen. Mit Inkrafttreten der LMIV wird teilweise von Seiten der Lebensmittelüberwachung nunmehr die Auffassung vertreten, dass ein über 20 Vol.-% hinausgehender Abrieb in der Bezeichnung des Produktes angegeben werden muss. Als Begründung wird Anhang VI Teil A Nr. 1 LMIV und die vorliegend in Rede stehende LS-Nr. 2.1.5 angegeben. Beide Argumente überzeugen nicht.

Anhang VI Teil A Nr. 1 LMIV beschäftigt sich an keiner Stelle explizit mit der Kenntlichmachung eines Abriebanteils bei gewolften oder ähnlich zerkleinerten Erzeugnissen. Stattdessen geht es darin um die Kennzeichnung von besonderen Behandlungsverfahren, die ein Lebensmittel im Rahmen der Herstellung erfahren hat. Das Lebensmittel als solches, also z. B. die *Frikadelle*, wurde jedoch nicht zerkleinert. Wenn hier überhaupt ein besonderes Behandlungsverfahren vorliegt, betrifft dies allenfalls die Zutat Fleisch und nicht das Endprodukt. Folgerichtig muss eine Kenntlichmachung des Behandlungsverfahrens im Zusammenhang mit der Angabe der Zutat im Zutatenverzeichnis erfolgen, wie dies auch bis zum Inkrafttreten der LMIV erfolgt ist. Dabei ist auch zu beachten, dass der bei der Herstellung von gewolften oder ähnlich zerkleinerten Erzeugnissen auftretende Abrieb nicht in Folge eines bewusst vom Lebensmittelunternehmer zur Erzeugung von Abrieb eingesetzten Herstellungsverfahrens, sondern als unerwünschte und technologisch bedingt unvermeidbare Folge der beim Mischen und Wolfen auftretenden Scherkräfte entsteht. Insoweit fehlt es also an einem bewussten zweckgerichteten Handeln, das darauf abzielt, den Abrieb absichtlich zu erzeugen. Deshalb liegt kein besonderes Behandlungsverfahren vor.

Hinzu kommt, dass die Leitsätze selbst auch eine Kenntlichmachung im Zutatenverzeichnis mittelbar ausreichen lassen. Denn insoweit ist ausdrücklich die Rede davon, dass ein über 20 Vol.-% hinausgehender Anteil an Abrieb „kenntlich gemacht“ werden muss. Im Gegensatz zu anderen Beschreibungen in den Leitsätzen, bspw. in LS-Nr. 1.4.1.1 oder 1.4.6 wird explizit keine Angabe in der Bezeichnung des Lebensmittels verlangt. Das bedeutet im Umkehrschluss, dass eine Angabe im Zutatenverzeichnis eines vorverpackten Lebensmittels ausreichend ist. Gekennzeichnet werden kann bspw. „Schweinefleisch, z. T. fein zerkleinert”.

2.1.5.1 *Rinderhackfleisch, Rindergehacktes, Rindergewiegtes*[23)]

Ausgangsmaterial:

grob entsehntes Rindfleisch (Leitsatznummer 1.2.1.1.2)

Besondere Merkmale:

auch zum Rohverzehr bestimmt; sofern die Erzeugnisse zum Verzehr im durchgegarten Zustand bestimmt sind, wird dies deutlich kenntlich gemacht (z. B. *Rindergehacktes* zum Braten); *Rinderhackfleisch, Rindergehacktes, Rindergewiegtes* enthalten keine weiteren Zutaten; bei „zubereitetem“ Rinderhackfleisch werden nur Salz, Zwiebeln und Gewürze verwendet.

Analysenwerte:

bindegewebseiweißfreies Fleischeiweiß	nicht unter 14 %
bindegewebseiweißfreies Fleischeiweiß im Fleischeiweiß	

histometrisch	nicht unter 65 Vol.-%
chemisch	nicht unter 75 %

Kommentar: Als Ausgangsmaterial für die Herstellung von *Rinderhackfleisch* darf grob entsehntes Rindfleisch nach LS-Nr. 1.2.1.1.2 verwendet werden. Allerdings gilt es zu berücksichtigen, dass jedenfalls bei vorverpacktem Hackfleisch die LMIV bestimmte Vorgaben im Hinblick auf den maximal zulässigen Fett- und Bindegewebsanteil enthält. Nach Anhang VI Teil B LMIV darf der Fettgehalt von reinem *Rinderhackfleisch* 20 % nicht überschreiten. Das Verhältnis von Kollagen zu Fleischeiweiß darf bei maximal 15 % liegen. Die entsprechenden Angaben müssen bei vorverpacktem Hackfleisch auf der Fertigpackung erscheinen. Zu kennzeichnen sind „Fettgehalt geringer als ...“ und „Verhältnis Kollagen/Fleischeiweiß geringer als ...“.

Ferner beschreiben die Leitsätze, dass *Rinderhackfleisch* ohne weitere Erläuterungen auch zum Rohverzehr bestimmt ist. Sofern die Hersteller ihr Hackfleisch nur zum Verzehr in durchgegartem Zustand bestimmen wollen, muss dies deutlich kenntlich gemacht werden. Zu empfehlen ist hier ein Hinweis bereits in der Bezeichnung des Lebensmittels, wie es auch die Leitsätze vorsehen. Zu kennzeichnen wäre also bspw. ausdrücklich *Rindergehacktes zum Braten*. Diese Bezeichnung im Rechtssinne sollte dann auch konsequent an jeder Stelle der Verpackung verwendet werden, an der der Begriff *Rindergehacktes* wiederholt wird.

Sofern Rinderhackfleisch zubereitet wird, sollen nur Salz, Zwiebeln und Gewürze verwendet werden. Ob diese Einschränkung im Hinblick auf die grundrechtlich geschützte Rezepturfreiheit zulässig ist, erscheint fraglich. Bei ausreichender Kenntlichmachung können einem zubereiteten Rinderhackfleisch auch weitergehende Zutaten zugegeben werden.

2.1.5.2 *Schweinehackfleisch, Schweinemett, Schweinegehacktes, Schweinegewiegtes*[23)]

Ausgangsmaterial:

grob entfettetes Schweinefleisch (Leitsatznummer 1.2.1.2.2)

Besondere Merkmale:

vielfach zum Rohverzehr bestimmt; sofern die Erzeugnisse zum Verzehr im durchgegarten Zustand bestimmt sind, wird dies deutlich kenntlich gemacht (z. B. *Schweinehackfleisch* zum Braten); *Schweinehackfleisch, Schweinemett, Schweinegehacktes, Schweinegewiegtes* enthalten keine weiteren Zutaten; bei „zubereitetem“ Schweinehackfleisch (*Hackepeter, Thüringer Mett*) werden nur Salz, Zwiebeln und Gewürze verwendet.

Analysenwerte:

bindegewebseiweißfreies Fleischeiweiß	nicht unter 11,5%
bindegewebseiweißfreies Fleischeiweiß im Fleischeiweiß	
histometrisch	nicht unter 65 Vol.-%
chemisch	nicht unter 75%

Kommentar: Bei der Herstellung von *Schweinehackfleisch* darf als Ausgangsmaterial grob entfettetes Schweinefleisch nach LS-Nr. 1.2.1.2.2 verwendet werden.

Wie auch für *Rinderhackfleisch* gelten für vorverpackt abgegebenes *Schweinehackfleisch* die Anforderungen aus Anhang VI Teil B LMIV. Der Fettgehalt darf danach maximal 30% betragen, das Verhältnis von Kollagen zu Fleischeiweiß maximal 18%. Auf der Vorverpackung müssen sich deshalb die Angaben „Fettgehalt geringer als …“ und „Verhältnis Kollagen/Fleischeiweiß geringer als …“ befinden.

Auch ein *Schweinehackfleisch* ohne weitergehende Einschränkung in der Bezeichnung ist grundsätzlich zum Rohverzehr bestimmt. Bei einer Bestimmung zum Verzehr in ausschließlich durchgegartem Zustand muss ein deutlicher Hinweis erfolgen. Dieser hat richtigerweise in der Bezeichnung des Produktes zu erfolgen, bspw. durch die Angabe *Schweinehackfleisch zum Braten.* Vergleichbar mit zubereitetem Rinderhackfleisch werden auch für vergleichbar zubereitetes Schweinehackfleisch nur Salz, Zwiebeln und Gewürze als Zutaten beschrieben. Diese Beschränkung unterliegt rechtlichen Bedenken. Bei ausreichender Kenntlichmachung können auch andere Zutaten verwendet werden.

2.1.5.3.1 *Gemischtes Hackfleisch, Hackfleisch Halb und Halb*[23)]

Ausgangsmaterial:

grob entfettetes Schweinefleisch (Leitsatznummer 1.2.1.2.2)

grob entsehntes Rindfleisch (Leitsatznummer 1.2.1.1.2)

Besondere Merkmale:

auch zum Rohverzehr bestimmt; sofern die Erzeugnisse zum Verzehr im durchgegarten Zustand bestimmt sind, wird dies deutlich kenntlich gemacht (z. B. *Gemischtes Hackfleisch* zum Braten); *Gemischtes Hackfleisch, Hackfleisch Halb und Halb* enthalten keine weiteren Zutaten; bei „zubereitetem“ gemischtem Hackfleisch werden nur Salz, Zwiebeln und Gewürze verwendet. Die Anteile von Rind- und Schweinefleisch betragen zwischen 45 und 55%. Bei Gemischtem Hackfleisch werden Abweichungen davon entsprechend kenntlich gemacht.

Analysenwerte:

bindegewebseiweißfreies Fleischeiweiß	nicht unter 12,5 %
bindegewebseiweißfreies Fleischeiweiß im Fleischeiweiß	
histometrisch	nicht unter 65 Vol.-%
chemisch	nicht unter 75 %

Kommentar: LS-Nr. 2.1.5.3.1 fügt dem *gemischten Hackfleisch* in der numerischen Benennung noch eine Endziffer 1 anbei, obwohl es keine weiteren Unterziffern gibt. Die numerische Benennung als LS-Nr. 2.1.5.3 wäre deshalb zutreffender.

Als Ausgangsmaterial für *gemischtes Hackfleisch* dürfen grob entfettetes Schweinefleisch nach LS-Nr. 1.2.1.2.2 und grob entsehntes Rindfleisch nach LS-Nr. 1.2.1.1.2 verwendet werden.

Auch für *gemischtes Hackfleisch*, das in vorverpackter Form an die Endverbraucher abgegeben wird, gelten die Vorgaben von Anhang VI Teil B LMIV. Insoweit gelten dieselben Grenzwerte wie bei Schweinehackfleisch. Der Fettgehalt darf maximal 30 %, das Verhältnis von Kollagen zu Fleischeiweiß maximal 18 % betragen. Die Hinweise „Fettgehalt geringer als …“ und „Verhältnis Kollagen/Fleischeiweiß geringer als …“ sind bei vorverpacktem *gemischtem Hackfleisch* ebenfalls Pflichthinweise.

Ohne besonderen Hinweis ist auch *gemischtes Hackfleisch* zum Rohverzehr vorgesehen. Bei einer Bestimmung durch den Hersteller zum Verzehr in durchgegartem Zustand muss ein deutlicher Hinweis erfolgen. Dieser hat in der Bezeichnung des Lebensmittels zu erfolgen. Zu formulieren ist bspw. *gemischtes Hackfleisch zum Braten.* Vergleichbar mit Rind- und Schweinehackfleisch soll auch zubereitetes gemischtes Hackfleisch nur Salz, Zwiebeln und Gewürze enthalten. Auf die rechtlichen Bedenken im Hinblick auf diese vermeintliche Beschränkung wurde hingewiesen. Nach der diesseits vertretenen Auffassung können weitergehende Zutaten bei entsprechender Kenntlichmachung ebenfalls verwendet werden.

Sodann enthalten die Leitsätze die Beschreibung, dass die Anteile von Rind- und Schweinefleisch zwischen 45 und 55 % betragen. Bei *gemischtem Hackfleisch* sollen Abweichungen davon entsprechend kenntlich gemacht werden. Diese vermeintliche Beschränkung entspricht für *gemischtes Hackfleisch* nicht der Verkehrsauffassung.

Bei einer Bezeichnung als *(Hackfleisch) Halb und Halb* erwarten die Verbraucher berechtigterweise annähernd gleiche Teile von Rind- und Schweinefleisch. Um hier eventuellen Mischungsinhomogenitäten und darauf basierenden Beanstandungen vorzubeugen, ist ein Sicherheitszuschlag von 5 % akzeptabel, woraus sich die angegebene Spanne von 45 bis 55 % des jeweiligen Ausgangsmaterials erklärt. Unrichtig ist jedoch, dass es sich bei der Bezeichnung als *gemischtes Hackfleisch* um ein Synonym zu der Angabe *Halb und Halb* handelt, bei der die Verbraucher ebenfalls annähernd gleiche Teile von Rind- und Schweinefleisch erwarten dürfen. Tatsächlich befinden sich unter der Bezeichnung *gemischtes Hackfleisch* diverse Mischungen mit unterschiedlichen Verhältnissen von Rind- und Schweinefleisch auf dem Markt. Deshalb ist die Beschränkung auf Anteile von 45 bis 55 % für *gemischtes Hackfleisch* fraglich.

Losgelöst davon verlangen die Leitsätze, dass Abweichungen von diesem Mischungsverhältnis „kenntlich gemacht" werden müssen. Eine Kenntlichmachung kann über die QUID-Angabe, also die mengenmäßige Angabe von Zutaten, erfolgen. Eine entsprechende Kenntlichmachung erfolgt bei vorverpackten Lebensmitteln regelmäßig durch entsprechende Prozentangaben. Rechtsgrundlage hierfür sind Art. 22 und Anhang VIII LMIV. Darin ist beschrieben, dass eine QUID-Angabe in der Bezeichnung des Lebensmittels, deren unmittelbarer Nähe oder auch im Zutatenverzeichnis erfolgen kann. Ist das aber der Fall, kann jedenfalls bei vorverpacktem Hackfleisch eine eventuelle Abweichung des behaupteten Mischungsverhältnisses auch im Zutatenverzeichnis erfolgen. In diesem Fall ist für eine eventuelle Beanstandung kein Raum.

2.1.5.4 *Schabefleisch, Beefsteakhack, Tatar*[23)]

Ausgangsmaterial:

sehnen- und fettgewebsarmes Rindfleisch (Leitsatznummer 1.2.1.1.1)

Besondere Merkmale:

zum Rohverzehr bestimmt; *Schabefleisch* enthält keine weiteren Zutaten; bei „zubereitetem" Schabefleisch (*Beefsteak Tatar*, *Tatar*, *Beefsteakhack*) wird außer würzenden Zutaten nur Eigelb verwendet.

Analysenwerte:

bindegewebseiweißfreies Fleischeiweiß	nicht unter 18 %
bindegewebseiweißfreies Fleischeiweiß im Fleischeiweiß	
histometrisch	nicht unter 85 Vol.-%
chemisch	nicht unter 90 %

Kommentar: Zur Herstellung von *Schabefleisch* darf sehnen- und fettgewebsarmes Rindfleisch nach LS-Nr. 1.2.1.1.1 verwendet werden. Derartig bezeichnete Produkte zeichnen sich dadurch aus, dass sie bestimmungsgemäß zum Rohverzehr bestimmt sind. Eine abweichende Verwendungsbedingung muss daher in jedem Fall ausreichend kenntlich gemacht werden.

Bei vorverpackten Lebensmitteln ist dazu eine entsprechende Angabe in der Bezeichnung erforderlich, z. B. als *Schabefleisch zum Erhitzen* oder *Tatar zum Braten.*

Bei zubereitetem Schabefleisch soll außer würzenden Zutaten nur Eigelb verwendet werden. Insoweit bestehen wiederum Bedenken im Hinblick auf diese Beschränkung. Bei ausreichender Kenntlichmachung können auch andere Zutaten eingesetzt werden.

Analytisch muss ein *Schabefleisch* einen Gehalt an BEFFE im FE bei chemischer Bestimmung von nicht unter 90 % aufweisen. Bei einer Auslobung als Spitzenqualität muss dieser Gehalt nicht weiter erhöht werden, vgl. insoweit LS-Nr. 1.4.7 Abs. 2 letzter Satz mit den dortigen Erläuterungen.

2.1.5.5 *Hamburger, Beefburger, Cheeseburger*

Ausgangsmaterial:

grob entsehntes Rindfleisch (Leitsatznummer 1.2.1.1.2)

Besondere Merkmale:

Der Fleischanteil von *Hamburger, Beefburger, Cheeseburger* (Hamburger mit Käse- oder Schmelzkäseauflage) enthält gegebenenfalls Salz und Gewürze, ansonsten keine weiteren Zutaten.

Analysenwerte:

bindegewebseiweißfreies Fleischeiweiß in der zubereiteten Rohmasse	nicht unter 13,5 %
bindegewebseiweißfreies Fleischeiweiß im Fleischeiweiß	
histometrisch	nicht unter 65 Vol.-%
chemisch	nicht unter 75 %

Kommentar: LS-Nr. 2.1.5.5 beschreibt mit den Begriffen „Hamburger", „Beefburger" und „Cheeseburger" ebenfalls Produkte, die ihren Ursprung außerhalb Deutschlands haben. Ob diese Produkte in den Leitsätzen beschrieben werden müssen, erscheint zumindest diskutabel. Fraglich ist darüber hinaus, ob die Beschreibung der vorliegenden Erzeugnisse tatsächlich der Erwartung der Verbraucher entspricht. Denn mit den Begriffen „Hamburger" einerseits und „Cheeseburger" andererseits werden nicht die von den Verbrauchern voraussichtlich mit den Begriffen assoziierten Burger, sondern lediglich die entsprechenden Fleischpatties beschrieben. Dass ein *Cheeseburger* also lediglich ein Rindfleischpatty sein soll, der eine Auflage aus Käse oder Schmelzkäse enthält, dürfte von den Verbrauchern schwerlich verstanden werden.

Der Fleischanteil der Produkte soll gegebenenfalls Salz und Gewürze, aber keine weiteren Zutaten enthalten. Richtigerweise dürfen nach der hier vertretenen Auffassung weitere Zutaten bei ausreichender Kenntlichmachung verwendet werden.

Das Convenience-Produkt „Cheeseburger“, verstanden als Fleischpatty mit Käseauflage und Würzsauce in einem (Sesam-)Brötchen, darf demgegenüber bei korrekter Kennzeichnung auch unter Verwendung einer Frikadelle nach LS-Nr. 2.1.5.8 hergestellt werden. Erforderlich ist lediglich, dass im Rahmen der Bezeichnung des Produktes auf den Austausch der Fleischkomponente klar und unmissverständlich hingewiesen wird. Diese Rechtsfolge ergibt sich jedenfalls für vorverpackte Lebensmittel aus der LMIV. Für die Bezeichnung eines vorverpackten Lebensmittels gilt Art. 17 LMIV. Über Absatz 5 werden die ergänzenden Vorschriften in Anhang VI der LMIV bedeutsam. Anhang VI Teil A Nr. 4 LMIV enthält dabei eine sogenannte Imitat- oder Austauschregelung. Diese Regelung verlangt für Lebensmittel, mit denen die Verbraucher eine gewisse Erwartung verbinden, nach der eine bestimmte Zutat bei der Herstellung verwendet wird, wenn diese Zutat dann aber ganz oder teilweise durch eine andere (Ersatz-)Zutat ausgetauscht wird, dass ein solchermaßen hergestelltes Lebensmittel in der Bezeichnung und damit zusätzlich zum Zutatenverzeichnis einen Hinweis auf den Austausch trägt.

Angewandt auf das Convenience-Produkt „Cheeseburger“ bedeutet das, dass dabei in Abweichung von LS-Nr. 2.1.5.5 sehr wohl eine *(Rindfleisch-) Frikadelle* nach LS-Nr. 2.1.5.8 verwendet werden darf. Voraussetzung ist, dass in der Bezeichnung des Convenience-Produktes schon auf diesen Austausch hingewiesen wird. Sofern das Produkt also bspw. als *Cheeseburger, gebratene Rindfleischfrikadelle mit Schmelzkäse und Sauce im Sesambrötchen* bezeichnet wird, handelt es sich insoweit um eine korrekte Anwendung von Anhang VI Teil A Nr. 4 LMIV. Die Besonderheit der Regelung besteht nämlich darin, dass lediglich die Abweichung in Form der Ersatzzutat zusätzlich in der Bezeichnung angegeben werden muss. Ausdrücklich nicht verlangt die LMIV insoweit, dass die ursprünglich für das Produkt existierende Bezeichnung nicht verwendet werden darf. Demzufolge kann das Convenience-Produkt Cheeseburger bei zutreffender Kennzeichnung auch mit einem Fleischpatty in den Verkehr gebracht werden, das den Anforderungen von LS-Nr. 2.1.5.5 nicht entspricht, vgl. hierzu auch die Ausführungen unter LS-Nr. 1.4.4. Richtigerweise sollte deshalb der *Cheeseburger* aus den Leitsätzen gestrichen werden.

Die vorstehenden Erläuterungen zur Verwendung einer *Frikadelle* anstelle eines *Hamburgers* als Fleischpatty des entsprechenden Convenience-Produkts gelten entsprechend.

2.1.5.6 *Hacksteak*

Ausgangsmaterial:

sehnenarmes Rindfleisch (Leitsatznummer 1.2.1.1.1)

grob entsehntes Rindfleisch (Leitsatznummer 1.2.1.1.2)

grob entfettetes Schweinefleisch (Leitsatznummer 1.2.1.2.2)

Besondere Merkmale:

nicht umgerötet, gewürzt, unter Verwendung von Binde-, Auflockerungsmitteln und gegebenenfalls Zwiebeln; zum Verzehr im gegarten Zustand bestimmt.

Analysenwerte:

roher Fleischanteil

bindegewebseiweißfreies Fleischeiweiß	nicht unter 12%
bindegewebseiweißfreies Fleischeiweiß im Fleischeiweiß	
histometrisch	nicht unter 70 Vol.-%
chemisch	nicht unter 80%

Fertigerzeugnis

Stärke i. T.	nicht über 15%

Kommentar: Als Ausgangsmaterial für *Hacksteak* beschreiben die Leitsätze sehnenarmes Rindfleisch nach LS-Nr. 1.2.1.1.1, grob entsehntes Rindfleisch nach LS-Nr. 1.2.1.1.2 oder grob entfettetes Schweinefleisch nach LS-Nr. 1.2.1.2.2. Besonderes Merkmal des Produktes ist das Fehlen des Einsatzes von Nitritpökelsalz. *Hacksteaks* dürfen nicht umgerötet sein. Sie sind lediglich gewürzt, werden unter Verwendung von Binde- oder Auflockerungsmitteln, also bspw. Ei oder Paniermehl hergestellt und enthalten gegebenenfalls auch Zwiebeln. Im Ergebnis sind *Hacksteaks* zum Verzehr in gegartem Zustand bestimmt. Neben Anforderungen an den BEFFE- und BEFFE im FE-Gehalt wird bei *Hacksteaks* auch der Stärkegehalt mit maximal 15% beschrieben.

2.1.5.7 *Deutsches Beefsteak, Hackbeefsteak*

Ausgangsmaterial:

sehnenarmes Rindfleisch (Leitsatznummer 1.2.1.1.1)

grob entsehntes Rindfleisch (Leitsatznummer 1.2.1.1.2)

Besondere Merkmale:

nicht umgerötet, gewürzt, unter Verwendung von Binde-, Auflockerungsmitteln und gegebenenfalls Zwiebeln; zum Verzehr im gegarten Zustand bestimmt.

Analysenwerte:

roher Fleischanteil

bindegewebseiweißfreies Fleischeiweiß	nicht unter 14%
bindegewebseiweißfreies Fleischeiweiß imFleischeiweiß	
histometrisch	nicht unter 75 Vol.-%
chemisch	nicht unter 85%
Fertigerzeugnis	
Stärke i.T.	nicht über 20%

Kommentar: Als Ausgangsmaterial für *Deutsches Beefsteak* oder *Hackbeefsteak* wird nur sehnenarmes Rindfleisch nach LS-Nr. 1.2.1.1.1 oder grob entsehntes Rindfleisch nach LS-Nr. 1.2.1.1.2 verwendet. Auch diese Artikel zeichnen sich dadurch aus, dass sie nicht umgerötet sind, also ohne Nitritpökelsalz hergestellt werden. Sie sind regelmäßig gewürzt und werden unter Verwendung von Binde- und Auflockerungsmitteln wie Ei und Paniermehl und gegebenenfalls Zwiebeln hergestellt. Auch sind sie zum Verzehr in gegartem Zustand bestimmt. Neben Analysenwerten für den BEFFE- und den BEFFE im FE-Gehalt wird auch der Stärkegehalt beschrieben. Dieser darf 20% nicht überschreiten.

2.1.5.8 *Frikadelle, Boulette, Bratklops, Fleischküchle, Fleischpflanze(r)l, Hackbraten (Falscher Hase), Fleischkloß, Fleischklößchen, Fleischklops, Fleischknödel, Fleischbällchen, Wellklops*

Ausgangsmaterial:

grob entfettetes Schweinefleisch (Leitsatznummer 1.2.1.2.2)

grob entsehntes Rindfleisch (Leitsatznummer 1.2.1.1.2)

Besondere Merkmale:

nicht umgerötet, gewürzt, unter Verwendung von Binde-, Auflockerungsmitteln und gegebenenfalls Zwiebeln; zum Verzehr im gegarten Zustand bestimmt.

Analysenwerte:

roher Fleischanteil

bindegewebseiweißfreies Fleischeiweiß	nicht unter 11,5%

bindegewebseiweißfreies Fleischeiweiß im Fleischeiweiß

histometrisch	nicht unter 65 Vol.-%
chemisch	nicht unter 75 %

Fertigerzeugnis

Stärke i. T.	nicht über 25 %

Kommentar: Als Ausgangsmaterial einer *Frikadelle* dürfen grob entfettetes Schweinefleisch nach LS-Nr. 1.2.1.2.2 oder grob entsehntes Rindfleisch nach LS-Nr. 1.2.1.1.2 verwendet werden. Eine *Frikadelle* zeichnet sich dadurch aus, dass sie nicht umgerötet, also ohne Verwendung von Nitritpökelsalz hergestellt ist. Gewürze sind bei der Herstellung ebenso üblich wie die Verwendung von Binde- oder Auflockerungsmitteln wie Ei oder Paniermehl. Auch Zwiebeln dürfen gegebenenfalls verwendet werden. *Frikadellen* sind zum Verzehr in gegartem Zustand bestimmt. Neben einer Beschreibung der BEFFE- und BEFFE im FE-Werte wird für den rohen Fleischanteil auch der Stärkegehalt beschrieben. Dieser darf bei nicht mehr als 25 % liegen. Aufgrund der Eingruppierung in die Gruppe der gewolften und ähnlich zerkleinerten Erzeugnisse gelten die Vorbemerkungen in LS-Nr. 2.1.5, insbesondere zur Kenntlichmachung eines über 20 Vol.-% hinausgehenden Abriebs, s. die Erläuterungen dort.

2.2 Rohe Pökelfleischerzeugnisse

2.2.1 Rohe Pökelfleischerzeugnisse oder Rohpökelware, *Rohschinken, Rauchfleisch, Dörrfleisch,* süddeutsch auch *Speck, Geräuchertes, Geselchtes* sind durch Pökeln (Salzen mit oder ohne Nitritpökelsalz und/oder Salpeter) haltbar gemachte, rohe, abgetrocknete, geräucherte oder ungeräucherte Fleischstücke von stabiler Farbe, typischem Aroma und von einer Konsistenz, die das Anfertigen dünner Scheiben ermöglicht.

Kommentar: Rohe Pökelfleischerzeugnisse, zu denen auch *Rohschinken* gehört, sind nach der Beschreibung der Leitsätze durch Pökeln haltbar gemachte, immer noch rohe, aber abgetrocknete Erzeugnisse. Das Pökeln erfolgt durch Salzen mit oder ohne Nitritpökelsalz und/oder Salpeter, also die Zugabe von Nitrat. Eine Räucherung ist möglich und üblich, aber nicht immer erforderlich. Im Ergebnis müssen Erzeugnisse entstehen, die eine stabile Farbe und ein typisches Rohpökelaroma aufweisen und eine Konsistenz haben, die das Schneiden von dünnen Scheiben ermöglicht.

2.2.1.1 Die Angaben „naturgesalzen“ oder „naturgereift“ werden nur bei Trockensalzung (einschließlich der Salzung mit Eigenlake) unter ausschließlicher Verwendung von Kochsalz, Zuckerstoffen und Gewürzen verwendet.

Kommentar: Nur bei einer Trockenlake einschließlich einer Salzung in Eigenlake sind die Angaben „naturgesalzen“ oder „naturgereift“ erlaubt. Die Injektion einer Salzlake wäre demgegenüber mit den Begriffen nicht vereinbar.

2.2.1.2 Erzeugnisse, bei denen eine Aromatisierung und Stabilisierung durch Rauch nicht stattgefunden hat, können als luftgereift, luftgetrocknet oder schimmelpilzgereift bezeichnet sein.

Kommentar: Bei Rohpökelerzeugnissen, die nicht geräuchert sind, können die Aussagen „luftgereift“, „luftgetrocknet“ oder „schimmelpilzgereift“ verwendet werden. Bei geräucherten Erzeugnissen sollen die Angaben nicht zulässig sein.

2.2.1.3 Bezeichnungen der Lebensmittel in Verbindung mit Kate-, Tenne-, Diele- (auch Deele-) werden bei Anwendung von Reifeverfahren mit langsamer Abtrocknung und unterbrochener Zufuhr schwachen Rauches verwendet. Die Zusatzbezeichnung „Original“ oder „Echt“ setzt voraus, dass die Reifung in einer Kate oder dem benannten Ort erfolgt ist.

Kommentar: Soweit in der Bezeichnung von Rohpökelerzeugnissen Begriffe wie „Kate“, „Tenne“, „Diele“ oder „Deele“ verwendet werden, beziehen sich diese Angaben auf das angewandte Räucherverfahren. Derartige Produkte zeichnen sich durch eine langsame Abtrocknung bei ununterbrochener Zufuhr schwachen Rauches aus. Die Verwendung der im Betreff genannten Räumlichkeiten, also bspw. einer Kate, ist dabei nicht zwingend. Dies verdeutlicht der zweite Satz von LS-Nr. 2.2.1.3. Vergleichbar der Beschreibung der geographischen Hinweise in LS-Nr. 1.4.10 bedeutet erst die Zusatzbezeichnung „Original“ oder „Echt“, dass die Reifung in einer Kate oder dem jeweils genannten Ort erfolgt ist.

2.2.1.4 Bezeichnungen der Lebensmittel in Verbindung mit *Katenrauch-*, *Landrauch-* o. Ä. werden bei einer speziellen Räucherung (z. B. Art des verwendeten Räuchermaterials) verwendet.

2.2.2 Rohschinken

2.2.2.1 *Rohschinken, Rohschneider* werden aus der Beckengliedmaße des Schweines (Schlegel) oder Teilen davon hergestellt. Vielleicht haftet ihnen noch die Schwarte an. Isoliert hergestelltes Eisbein wird nicht als Schinken bezeichnet. Die Herstellung aus den entsprechenden Teilen anderer Tierarten wird entsprechend gekennzeichnet (z. B. *Rinder-*, *Wildschwein-*, *Renschinken*).

Werden Schinken nach der Herstellung aufgeteilt, so tragen die einzelnen Stücke die Bezeichnung der noch nicht portionierten Schinken. *Blasenschinken* werden stets in Hüllen hergestellt.

Kommentar: *Rohschinken,* alternativ: *Rohschneider*, zeichnen sich dadurch aus, dass sie aus den Beckengliedmaßen des Schweines oder Teilen davon hergestellt werden. Schwarte darf den Teilstücken anhaften. Ohne Hinweis auf eine Tierart stammt der *Rohschinken* vom Schwein. Andere Tierarten, die zur Herstellung von *Rohschinken* eingesetzt werden, tragen einen entsprechenden Hinweis in der Bezeichnung des Produktes. Der Begriff „Roh-" muss jedoch ebenfalls vorkommen, um derartige Erzeugnisse von Kochpökelerzeugnissen nach LS-Nr. 2.3.2 abzugrenzen.

2.2.2.1.1 *Knochenschinken* sind Schinken (Unter-, Oberschale, Nuss, Hüfte), deren Knochen (Röhre) frühestens nach der Salzung entfernt wurden. Beim „Langschnitt" haften den Knochenschinken noch Spitz- und/oder Eisbein an.

2.2.2.1.2 *Spaltschinken* werden vor der Salzung von Knochen befreit und weisen gegenüber den *Knochenschinken* eine flache Form auf. Sie bestehen aus Unterschale, Nuss und Hüfte, vereinzelt auch mit Oberschale oder Teilen davon.

2.2.2.1.3 *Kernschinken, Kronenschinken, Papenschinken* werden aus der Unter- und Oberschale hergestellt; dies gilt auch für *Rollschinken.*

2.2.2.1.4 *Bauernschinken, Landschinken* werden aus einem Teilstück oder aus mehreren Teilstücken des Schinkens geschnitten; dies gilt auch für *Frühstücksschinken.*

2.2.2.1.5 *Nussschinken* besteht aus dem von den Muskeln des Kniestreckers gebildeten Teilstück (Nuss, Maus, Kugel), dem noch die Kniescheibe (Nüssle) anhaften kann.

2.2.2.1.6 *Schinkenspeck, Schinkenecke, Eckschinken* werden aus der Hüfte gefertigt.

2.2.2.2 *Rinderrauchfleisch, Neuenahrer Rauchfleisch, Hamburger Rauchfleisch, Nagelholz* werden aus der Oberschale oder dem Schwanzstück oder der Blume des Rindes hergestellt.

2.2.2.3 Lachsschinken

2.2.2.3.1 *Lachsschinken* wird aus dem „Auge“ (M. longissimus dorsi) von Kotelettsträngen geschnitten. Ihm können noch die dünnen („Silberhaut“), nicht jedoch die groben Teile der Sehnenplatte (Fascia lumbodorsalis) anhaften. Ist Lachsschinken von einer dünnen Speckscheibe umhüllt, wird auch die Bezeichnung *Pariser Lachsschinken* verwendet.

2.2.2.3.2 *Truthahn-Lachsschinken* wird aus Brustmuskulatur (ohne Haut) eines Truthahns hergestellt.

Kommentar: Grundsätzlich handelt es sich beim Lachs vom Schwein um das Auge des Kotelettstrangs, vgl. LS-Nr. 2.2.2.3.1. Ein entsprechendes Teilstück beim Truthahn existiert nicht. Gleichwohl befinden sich auf dem Markt *Lachsschinken*, die als Ausgangsmaterial Truthahn- bzw. Putenfleisch aufweisen. Die Leitsätze beschreiben deshalb in der vorliegenden Leitsatzziffer, woraus das Ausgangsmaterial für solchermaßen bezeichnete Produkte nach allgemeiner Verkehrsauffassung besteht. Als Ausgangsmaterial soll Brustmuskulatur ohne Haut eines Truthahns oder einer Pute verwendet werden. Im Übrigen gelten die Anforderungen von LS-Nr. 2.2.1 mit den jeweiligen Endziffern und die Beschreibungen aus LS-Nr. 2.2.2.1.

2.2.2.3.3 *Lachsfleisch, Karbonadenschinken* besteht aus weitgehend von Fettgewebe befreiten Kotelettsträngen.

2.2.2.3.4 *Räucherling, Räucherlendchen* ist umgerötetes, geräuchertes Schweinefilet.

2.2.2.4 Von Knochen, Schwarte (Leitsatznummer 1.1.1.4) und sichtbarem Fettgewebe (Leitsatznummer 1.1.1.2) befreite Rohschinken (Leitsatznummer 2.2.2) enthalten selbst im weichsten (zentralen) Magerfleischanteil[24)] Wasseranteile von nicht mehr als

- 65 % bei *Knochenschinken* (ausgenommen *Katen-, Tennen-, Dielen-, Deelen-] schinken, Katenrauchschinken*), *Rinderrauchfleisch, Neuenahrer Rauchfleisch, Hamburger Rauchfleisch, Nagelholz,*
- 68 % bei *Rohschinken, Rohschneidern, Katenschinken, Spaltschinken, Kern-, Bauern-/Landschinken und Frühstücksschinken, Kronen-, Papen-, Katen-, Tennen-, Dielen-(Deelen-)schinken, Katenrauchschinken, Landrauchschinken,*
- 70 % bei *Roll-* oder *Nussschinken, Blasenschinken, Karbonadenschinken, Schinkenspeck, Schinkenecken, Eckschinken,*
- 72 % bei *Lachsschinken* sowie *Lachsfleisch.*

Kommentar: LS-Nr. 2.2.2.4 beschreibt ein wesentliches Beurteilungskriterium für *Rohschinken.* Dies ist der Wasseranteil im zentralen Magerfleischanteil. Maßgeblich ist dabei der von Knochen, Schwarte und sichtbarem Fettgewebe befreite *Rohschinken.* Fußnote 24 beschreibt darüber hinaus, dass vor der Wasserbestimmung der äußere Rand des Magerfleisches in einer Stärke von mindestens 1 cm entfernt werden muss. Von dem verbleibenden herauspräparierten Teilstück wird sodann der Wasseranteil bestimmt. Wie die Bestimmung erfolgen muss, beschreiben die Leitsätze nicht. Denkbar ist eine chemische Ermittlung des jeweiligen Wasseranteils.

Sodann beschreiben die Leitsätze für einzelne Rohschinkenarten verschiedene Wasseranteile, die nicht überschritten werden dürfen. Für *Knochenschinken* liegt dieser Gehalt bei nicht mehr als 65 %, für *Rohschinken* bei nicht mehr als 68 % und für *Lachsschinken* bspw. bei nicht mehr als 72 %. Sollen die Erzeugnisse als Spitzenqualität ausgelobt werden, muss der Wasseranteil nochmals im zentralen Magerfleischanteil um 3 % gesenkt werden, vgl. die zugehörigen Ausführungen in LS-Nr. 1.4.7.

2.2.3 Sonstige Rohpökelwaren

2.2.3.1 Bei aus anderen Fleischteilen des Schweines hergestellten rohen Pökelfleischerzeugnissen wird auf das verwendete Teilstück hingewiesen (z. B. *Schulterspeck, Räucher-Nacken, Karbonaden-Rauchfleisch, geräuchertes Eisbein*). Die Verwendung von Fleischteilen anderer Tierarten wird gekennzeichnet (z. B. *geräuchertes Rinderfilet, gepökelte Gänsebrust, gepökelte Truthahnoberkeule*).

2.2.3.1.1 *Breitseite* oder *Ganze Seiten* bestehen aus der von Knochen befreiten Schweinehälfte ohne Kopf, überwiegend ohne Bug und Schlegel.

2.2.3.1.2 *Bauchspeck, Frühstücksspeck, Dörrfleisch* werden aus von Rippen und Brustknochen befreitem, meist noch Knorpel und Schwarte enthaltenden Schweinebauch hergestellt.

Bei *Delikatess-Bauchspeck, Delikatess-Frühstücksspeck* beträgt das sichtbare Fettgewebe nicht mehr als 50 %, und die Knorpel sind bis auf technologisch unvermeidbare Reste entfernt worden.

Kommentar: *Bauchspeck, Frühstücksspeck* und *Dörrfleisch* werden nach der Beschreibung in den Leitsätzen aus Schweinebauch hergestellt. Der Schweinebauch darf noch Knorpel und Schwarte enthalten. Lediglich Rippen und Brustknochen müssen entfernt sein.

Sofern die Erzeugnisse als *Delikatess-Bauchspeck* bzw. *Delikatess-Frühstücksspeck* bezeichnet werden, beschränkt sich das sichtbare Fettgewebe auf nicht mehr als 50 %. Gleichzeitig sind die Knorpel bis auf technologisch unvermeidbare Reste entfernt worden. Insoweit handelt es sich um eine Ausprägung einer besonderen Auswahl des Ausgangsmaterials, wie sie LS-Nr. 1.4.7 bei der Verwendung von hervorhebenden Hinweisen wie „Delikatess-“ grundsätzlich voraussetzt.

Im Vordringen auf dem Markt sind Produkte, die den Begriff *Bacon* in der Bezeichnung tragen. Hierbei handelt es sich auch um rohe, gepökelte Produkte, die aus dem Schweinebauch hergestellt werden. Oftmals wird den Produkten jedoch eine Pökellake injiziert, die im Rahmen der Reifung jedenfalls nicht vollständig aus dem Produkt wieder heraustrocknet, insbesondere wenn die Reifung nur kurz dauert. Da sich *Bauchspeck* und *Frühstücksspeck* nach LS-Nr. 2.2.3.1.2 aber durch eine Rohwürsten immanente Abtrocknung auszeichnen, ist fraglich, ob als *Bacon* bezeichnete Artikel unter die vorliegende Leitsatzziffer gefasst werden können und sollen. Empfehlenswert ist, derartige Artikel mit einer beschreibenden Bezeichnung in den Verkehr zu bringen. Eine solche Bezeichnung könnte bspw. *Roher, gepökelter Schweinebauch* lauten. Sofern die Produkte zum Verzehr im durcherhitzten Zustand vorgesehen sind, sollte auf diese Verwendung in der Bezeichnung ebenfalls hingewiesen werden, bspw. durch die Angabe „zum Braten“.

2.3 Gegarte Pökelfleischerzeugnisse

2.3.1 „Gekochtes Pökelfleisch“ („Kochpökelwaren“, „Gekochte Pökelfleischwaren“) sind umgerötete und gegarte, meist geräucherte Fleischerzeugnisse, denen kein Brät (Leitsatznummer 1.3.2.2, Absatz 2) zugesetzt ist, soweit dieses nicht zur Bindung großer Fleischteile dient (z. B. bei „*Kaiserfleisch*", Leitsatznummer 2.3.3.4).

Kommentar: Kochpökelerzeugnisse zeichnen sich dadurch aus, dass es sich um gepökelte und gegarte Fleischerzeugnisse handelt, die meistens, aber nicht immer geräuchert sind. Eine Zugabe von Brät ist nicht üblich, es sei denn, dieses dient zur Bindung großer Fleischteile (wie bspw. bei *Kaiserfleisch* nach LS-Nr. 2.3.3.4). Beispiele für Kochpökelerzeugnisse sind *Koch-* oder *Hinterschinken* sowie vergleichbare Erzeugnisse aus Geflügelfleisch, die bspw. als *Putenbrust, gepökelt und gegart* oder *Hähnchenbrustfilet, gepökelt und gegart* bezeichnet werden.

2.3.1.1 Bei Bezeichnungen der Lebensmittel ohne Hinweis auf die Tierart (*Schinken, Geräuchertes, gegart, Geselchtes, gegart, Schwarzgeräuchertes, Pökelfleisch, gegart, Gekochtes Surfleisch, Pökelbraten, Gekochtes Rauchfleisch* usw.) handelt es sich – soweit in den Leitsätzen nichts Gegenteiliges angegeben ist – um Teile von Schweinen; im Übrigen wird auf die Tierart hingewiesen (*Gekochter Rinderschinken, Gekochtes Rinderpökelfleisch, Gekochter Kalbsschinken, Gekochte Kalbskarbonade* usw.). *Gekochtes Rauchfleisch vom Rind* wird aus sehnenarmem Rindfleisch hergestellt.

Kommentar: Sofern Kochpökelerzeugnisse keinen Hinweis auf die Tierart tragen, stammen sie von Teilen vom Schwein. Bei der Verwendung des Fleisches anderer Tierarten muss in der Bezeichnung auf die jeweilige tierartliche Herkunft hingewiesen werden.

2.3.1.2 Von Knochen, Schwarte (Leitsatznummer 1.1.1.4) und etwaiger Gallerte sowie aufliegendem Fettgewebe (Leitsatznummer 1.1.1.2) befreite Kochpökelwaren von Schweinen enthalten im fettfreien Anteil mindestens 19,0 % Fleischeiweiß (Leitsatznummer 1.1.3.2), Kochpökelwaren von Rindern und Kälbern im fettfreien Anteil mindestens 18,5 % Fleischeiweiß[25)].

Kommentar: LS-Nr. 2.3.1.2 beschreibt analytische Anforderungen, die für alle Kochpökelerzeugnisse gelten. Diese müssen von Knochen, Schwarte, etwaigen Gallerten und aufliegendem Fettgewebe befreit werden. In den verbleibenden Teilen müssen die Kochpökelwaren bei der Herkunft vom Schwein im fettfreien Anteil mindestens 19,0 % Fleischeiweiß aufweisen, bei Kochpökelwaren vom Rind im fettfreien Anteil mindestens 18,5 %. Insoweit wird bei der Anforderung Fleischeiweiß im fettfreien Anteil auch von FEIFFA gesprochen.

Wichtig in dem Zusammenhang ist Fußnote 25. Darin heißt es, dass zur Beurteilung des Gehalts an Fleischeiweiß im fettfreien Anteil Proben möglichst aus verschiedenen Stellen von insgesamt mindestens 400 g entnommen werden. Das bedeutet aber, dass die in LS-Nr. 2.3.1.2 genannten Gehalte für Fleischeiweiß im fettfreien Anteil nicht in jeder einzelnen Probe, sondern bezogen auf die gesamte Produktionscharge eingehalten werden müssen. Anderenfalls würde die in der Fußnote beschriebene Entnahme von repräsentativen Proben mit einem Mindestgewicht von 400 g keinen Sinn ergeben. Demgegenüber sollen die bei anderen Erzeugnissen aufgestellten Analyseanforderungen für BEFFE und BEFFE in FE für jede einzelne Probe gelten, vgl. die Beschreibung in LS-Nr. 2 zu Beginn der Besonderen Beurteilungsmerkmale und die dortigen Erläuterungen.

Um auszuschließen, dass erhöhte Anteile an bindegewebe- und damit stickstoffreichem Begleitgewebe hohe absolute Fleischeiweißanteile vortäuschen, werden vor chemischen Analysen neben Knochen auch Schwarten und etwaige Gallertanteile sowie aufliegendes Fettgewebe entfernt. Für die Errechnung der Fleischeiweißprozente wird analytisch ermitteltes Fett abgezogen, so dass sich ein Bezug auf die Summe aus organischem Nichtfett, Wasser und Asche ergibt.

Zur Erläuterung enthalten die Leitsätze in Fußnote 25 eine beispielhafte Rechnung. Analytisch werden bspw. 62 % Wasser, 2 % Asche, 1 % Zucker, 17 % Fleischeiweiß und 18 % Fett ermittelt. Zur Ermittlung des fettfreien Anteils müssen die 18 % Fett von 100 % abgezogen werden. Es errechnet sich ein fettfreier Anteil von 82 %. Davon errechnet sich bei 17 % Fleischeiweiß bezogen auf 82 % fettfreien Anteil ein Gehalt in Höhe von 20,7 % Fleischeiweiß im fettfreien Anteil. Das Fleischeiweiß-Wasser-Verhältnis beträgt in dem genannten Beispiel 17 zu 62, mithin 1 zu 3,6.

> 2.3.1.3 Rohes gepökeltes Fleisch, das für ein Einfüllen in Behältnisse vorgesehen oder erkennbar für ein Erhitzen im Haushalt bestimmt ist, also Halbfabrikat einer Kochpökelware ist (z. B. *Rohkasseler zum Selbstkochen* oder *Surfleisch*), enthält nach Präparation gemäß 2.3.1.2 im fettfreien Anteil mindestens 17 % Fleischeiweiß.

Kommentar: Sofern Erzeugnisse als Halbfabrikat einer Kochpökelware in den Verkehr gebracht werden, die also für ein Erhitzen im Haushalt bestimmt sind, beträgt der Gehalt an Fleischeiweiß im fettfreien Anteil nach Präparation gem. LS-Nr. 2.3.1.2 mindestens 17 % Fleischeiweiß. Für die Bestimmung müssen konsequenterweise die Ausführungen zur repräsentativen Probenahme in Fußnote 25 ebenfalls gelten, auch wenn diese der vorliegenden Leitsatznummer nicht beigefügt ist, vgl. hierzu die Erläuterungen bei der vorherigen LS-Nr. 2.3.1.2. Es ist kein Grund ersichtlich, die Bestimmung des Fleischeiweißes bei Halbfabrikaten anders als bei den bereits gegarten Erzeugnissen vorzunehmen.

2.3.1.4 Bei Kochpökelwaren am Stück oder in Scheiben, die in Gallerte in den Verkehr kommen, ist die Bezeichnung der Lebensmittel entsprechend ergänzt (z. B. *Eisbein in Gelee, Schinken in Aspik, Sülzkotelett*).

Die Zugehörigkeit zur Gruppe der Sülzen wird durch Bezeichnungen wie ... *-Sülze* oder mit Hinweisen auf den Zerkleinerungsgrad (z. B. *Schweinskopf gewürfelt in Aspik, Eisbein gewürfelt in Aspik, Schinken gewürfelt in Aspik, Putenfleisch gewürfelt in Aspik*) ausgewiesen.

Kommentar: Bei Kochpökelerzeugnissen, die in Gallerten wie Aspik oder Gelee in den Verkehr gebracht werden, erfolgt ein Hinweis in der Bezeichnung des Lebensmittels. Die Zugehörigkeit zur Gruppe der Sülzen nach LS-Nr. 2.4.3.5.1 und/oder Hinweise auf den Zerkleinerungsgrad müssen ebenfalls in der Bezeichnung des Lebensmittels erfolgen. Beispiel für eine Bezeichnung, die beide Anforderungen erfüllt, ist die Angabe *Schinkenwürfel in Aspik.*

2.3.2 Die Bezeichnung *Schinken* – auch in Wortverbindungen – wird nur für Erzeugnisse von mindestens gehobener Qualität verwendet. Derartige Produkte enthalten in den von Schwarten und etwa vorhandenen Gallertanteilen sowie aufliegendem Fettgewebe befreiten Anteilen mindestens 85 % BEFFE (Leitsatznummer 1.1.3.3) im Fleischeiweiß[25), 26)].

Zur Herstellung von Schinken werden nur unzerkleinerte Fleischteilstücke wie Ober- und Unterschale, Nuss und/oder Hüfte eingesetzt.

Zusätze zur Bezeichnung des Lebensmittels, die auf eine traditionelle handwerkliche Herstellung hinweisen (z. B. „Traditions-“, „Klassik-“), werden nur für Produkte verwendet, bei denen die Schinkenteile, wie sie von einem Tier gewonnen werden können (Ober- und Unterschale, gegebenenfalls Nuss und/oder Hüfte), ohne Knochen im natürlichen gewebsmäßigen Verband verbleiben und Auflagen von Speck und gegebenenfalls Schwarte haben.

Hinweise wie „Metzger-“, „Fleischer-“ oder „Meister-“ werden nur für Produkte verwendet, die aus jeweils einer Ober- und Unterschale, gegebenenfalls zusätzlich einer Nuss und/oder einer Hüfte bestehen, die im Herstellungsprozess als solche erhalten bleiben und manuell in Formen/Behältnisse gelegt werden, mit oder ohne Speck und gegebenenfalls Schwartenauflage.

Wird der Herstellungsprozess maschinell so gestaltet, dass nach dem Füllen in Hüllen oder Behältnisse der gewichtsmäßige Anteil von Fleischstücken mit einem Gewicht von größer als 250 g mindestens 80 %[27)] beträgt, so werden Erzeugnisse mit einem Zusatz zur Bezeichnung des Lebensmittels „Schinken", nämlich „– aus Schinkenteilen zusammengefügt" gekennzeichnet. Der bei dieser Herstellung auftretende Muskelabrieb (aus freigesetztem Muskeleiweiß entstehende brätähnliche Substanz[13)] übersteigt nicht den Wert von 3 Vol.-%.

Derartige Erzeugnisse enthalten mindestens 90 % BEFFE (Leitsatznummer 1.1.3.3) im Fleischeiweiß.

Kommentar: LS-Nr. 2.3.2 enthält fünf Absätze, die sich mit der Bezeichnung *Schinken* beschäftigen. Absatz 1 stellt zunächst klar, dass der Begriff „Schinken" auch in Wortverbindungen nur für Erzeugnisse von mindestens gehobener Qualität verwendet wird. Dies erläutern die Leitsätze sodann damit, dass *Schinken* wiederum in den von Schwarten, etwaigen Gallertanteilen sowie aufliegendem Fettgewebe befreiten Anteilen mindestens 85 % bindegewebseiweißfreies Fleischeiweiß im Fleischeiweiß aufweisen. Dieser Beschreibung beigefügt sind die Fußnoten 25 und 26. Der Inhalt von Fußnote 25 wurde bereits im Zusammenhang von LS-Nr. 2.3.1.2 erläutert. Es muss eine repräsentative Probenahme erfolgen, wobei die Probenmenge mindestens 400 g beträgt. Die einzuhaltenden Werte beziehen sich dabei auf die jeweilige Charge, nicht hingegen auf die Einzelprobe. Fußnote 26 verweist darauf, dass für Fleischerzeugnisse mit der Bezeichnung *Bierschinken* die Anforderungen von LS-Nr. 2.4.2.4.1 gelten.

Absatz 2 enthält sodann eine weitere wichtige Beschreibung. Zur Herstellung von *Schinken*, verstanden als Kochpökelerzeugnisse, werden im Grundsatz nur unzerkleinerte Fleischteilstücke verwendet. Eine Vorzerkleinerung des Ausgangsmaterials bei der Herstellung von *Schinken* ist demnach nicht üblich. An Fleischteilstücken nennen die Leitsätze beispielhaft Ober- und Unterschale, Nuss oder Hüfte.

In den folgenden drei Absätzen beschreiben die Leitsätze unterschiedliche Qualitäten von *Schinken*. Absatz 3 beschreibt *Schinken*, die auf eine traditionelle handwerkliche Herstellung Bezug nehmen. Hierbei handelt es sich bspw. um Begriffe wie „Traditions-" oder „Klassik-". Entscheidend ist für die Verwendung derartiger Begriffe, dass die eingesetzten Schinkenteile von einem Tier gewonnen werden können und im natürlichen gewebsmäßigen Verband verbleiben. Auflagen von Speck und Schwarte dürfen vorhanden sein und sind somit üblich.

Absatz 4 von LS-Nr. 2.3.2 beschreibt daran anschließend *Schinken*, die mit Begrifflichkeiten wie „Metzger-", „Fleisch-" oder „Meister-" bezeichnet werden. Diese Angaben sollen nur zulässig sein für *Schinken*, die aus jeweils einer Ober- und einer Unterschale, gegebenenfalls zusätzlich einer Nuss und/oder einer Hüfte bestehen, die im Herstellungsprozess als solche erhalten bleiben und manuell in Formen oder Behältnisse gelegt werden, wobei gegebenenfalls Speck oder Schwartenauflagen hinzugefügt werden können. Entscheidend für diese Produkte ist also, dass es sich zwar im Gegensatz zum *Traditions-* oder *Klassikschinken* um Teilstücke handelt, die von verschiedenen Tieren stammen können, die jedoch von Hand in Formen oder Behältnisse eingelegt werden. Auf das Zusammenfügen dieser Erzeugnisse muss somit nicht hingewiesen werden. Zur Begründung kann LS-Nr. 1.2.4 Abs. 4 herangezogen werden, vgl. die Erläuterungen dort.

Absatz 5 beschreibt schließlich den Fall, in dem verschiedene Schinkenteilstücke maschinell in Hüllen oder Behältnisse gefüllt werden. Die Vorgabe, dass die Teilstücke grundsätzlich unzerkleinert nach Absatz 2 sein sollen, gilt auch für derartige Erzeugnisse, wird aber näher beschrieben. LS-Nr. 2.3.2 Absatz 5 enthält damit eine Beschreibung, wie insbesondere ein industriell hergestellter *Kochschinken* zu bezeichnen sein soll, wenn das beschriebene Herstellungsverfahren eingehalten wird. Maßgeblich insbesondere für die Frage, ob ein industriell hergestellter *Kochschinken* einen Hinweis auf das Zusammenfügen tragen muss, ist der Zeitpunkt nach dem Füllen in die Hülle. Zur Überprüfung sind die gefüllten Hüllen vor dem Erhitzen zu öffnen und eine Stichprobe zu untersuchen, die bei Schinken von Schweinen mindestens 50 kg betragen soll, vgl. Fußnote 27. Die Hüllen sind zu öffnen und die einzelnen Stücke zu verwiegen. Zu bestimmen sind sodann die Stücke, die mehr als 250 g wiegen. 80 % des Gesamtgewichtes muss auf Stücke entfallen, die mehr als 250 g wiegen. Gleichzeitig darf der bei der Herstellung auftretende Muskelabrieb, also die aus freigesetztem Muskeleiweiß entstehende brätähnliche Substanz, nicht mehr als 3 Vol.-% betragen. Für den Begriff des Abriebs enthält Fußnote 13 eine Beschreibung, die bei LS-Nr. 2.1.5 erläutert wird, vgl. die Ausführungen dort. Die Enderzeugnisse müssen schließlich einen Gehalt von mindestens 90 % BEFFE im Fleischeiweiß aufweisen. Insoweit beschreiben die Leitsätze für derartige Erzeugnisse also einen Herstellungsprozess, den es zu überprüfen gilt. Anhand einer Endproduktanalyse ist eine Überprüfung, ob die Kriterien aus LS-Nr. 2.3.2. Absatz 5 und insbesondere die darin aufgestellten Anforderungen an die Stückgrößen eingehalten wurden, regelmäßig nicht möglich.

Wenn der vorstehend geschilderte Herstellungsprozess eingehalten ist, verlangen die Leitsätze gleichwohl einen ergänzenden Hinweis in der Bezeichnung. Dieser soll „aus Schinkenteilen zusammengefügt" lauten. Diese Beschreibung wurde mit der vormaligen Neufassung der Leitsätze vom 25.11.2015 in die Leitsätze aufgenommen und bei der Neubekanntmachung im Jahr 2022 fortgeschrieben. Obwohl die in Deutschland auf dem Markt überwiegend angebotenen industriell hergestellten Kochschinken nach dem in den Leitsätzen beschriebenen Herstellungsverfahren produziert werden, wird die von den Leitsätzen verlangte Kennzeichnung auf dem Markt überwiegend nicht umgesetzt. Denn insoweit handelte es sich bei Aufnahme in die Leitsätze nicht um eine Beschreibung des Ist-, sondern des Soll-Zustandes. Die Lebensmittelbuch-Kommission versuchte, insoweit eine Prägung der Verkehrsauffassung erst herbeizuführen und hierfür eine Kennzeichnung vorzugeben, vgl. die Ausführungen zu prägenden Leitsätzen in der Einführung.

Tatsächlich hat diese Prägung jedoch nicht stattgefunden. Diese Tatsache wird vom Fachausschuss 1, Fleisch und Fleischerzeugnisse, der Deutschen Lebensmittelbuch-Kommission offen eingeräumt, was sich aus dem Sachstandsbericht vom 29.6.2021 ergibt, der im Internet veröffentlicht ist. Konsequenterweise müsste die Lebensmittelbuch-Kommission den Wortlaut von LS-Nr. 2.3.2 Absatz 5 ändern. Für eine alternative Beschreibung konnte jedoch bisher kein Konsens innerhalb der Lebensmittelbuch-Kommission gefunden werden.

Hinzu kommt, dass die Beschreibung auch im Widerspruch zu der Herstellung von Kochpökelerzeugnissen aus Geflügelfleisch steht. Diese werden in LS-Nr. 2.3.10 beschrieben, vgl. die dortigen Erläuterungen. Auch dort wird eine vergleichbare Herstellungstechnologie beschrieben. Trotzdem sollen Kochpökelerzeugnisse aus Geflügelfleisch bei Einhaltung der Stückgrößen keinen Hinweis auf das Zusammenfügen tragen müssen. Insofern behandeln die Leitsätze also zwei identische Sachverhalte ungleich, indem beim Schwein ein Hinweis auf das Zusammenfügen erforderlich sein soll, beim Geflügel hingegen nicht. Insoweit handelt es sich um einen nicht erklärlichen Wertungswiderspruch.

Wenn aber die Leitsätze insoweit die Verkehrsauffassung zu einem industriell hergestellten *Schinken* in Deutschland nicht zutreffend beschreiben, kann dem Lebensmittelunternehmer, der den Hinweis „aus Schinkenteilen zusammengefügt" nicht verwendet, auch kein Vorwurf der Verwendung einer irreführenden Bezeichnung durch die Unterlassung des Hinweises angelastet werden. Denn insoweit bilden die Leitsätze für industriell hergestellte Kochschinken die geltende Verkehrsauffassung nicht richtig ab. Abzuwarten bleibt, ob und inwieweit die Lebensmittelbuch-Kommission in der Zukunft eine Änderung der Leitsatznummer vornehmen wird.

Die unzutreffende, weil nicht der Verkehrsauffassung entsprechende Beschreibung zur Kennzeichnung eines industriell hergestellten Kochschinkens ist damit ein Beispiel, wie sich die Leitsätze von echten Rechtsnormen wie Gesetzen oder Rechtsverordnungen unterscheiden. Sofern ein Produkt von den gesetzlichen Vorgaben abweicht, muss ein Gericht die entsprechende Norm anwenden und ein Lebensmittel entsprechend beanstanden. Die Kompetenz, ein Gesetz oder eine Rechtsverordnung zu verwerfen, kommt nur dem Bundesverfassungsgericht zu. Die Leitsätze enthalten demgegenüber lediglich eine Beschreibung der Verkehrsauffassung. Kann der Lebensmittelunternehmer nachweisen, dass die Beschreibung unrichtig ist, weil sie nicht die tatsächliche Verkehrsauffassung wiedergibt, darf ein Gericht sich über die Leitsätze hinwegsetzen und diese zur Entscheidung des konkreten Falls unangewendet lassen.

2.3.2.1 Bei Bezeichnungen der Lebensmittel ohne Hinweis auf den Tierkörperteil handelt es sich – soweit in den Leitsätzen nichts Gegenteiliges angegeben ist – um Teile der Hinterextremität (*Hinterschinken, Schlegel, Keule*).

Kommentar: Ohne Hinweis auf einen Tierkörperteil handelt es sich bei der Angabe „Schinken" um Teile der Hinterextremität. Dies gilt auch für die Begriffe „Schlegel" oder „Keule". Teilstücke aus der Vorderextremität werden in der nachfolgenden LS-Nr. 2.3.2.2 beschrieben.

2.3.2.2 Schinken aus der Vorderextremität wird als *Vorderschinken* (*Schulterschinken*) bezeichnet.

Kommentar: Kochpökelerzeugnisse aus der Vorderextremität des Schweines können als *Vorderschinken* bezeichnet werden. Alternativ sehen die Leitsätze eine Bezeichnung als *Schulterschinken* vor.

2.3.2.3 *Schäufele* am Stück ist das Schulterblatt einschließlich der entsprechenden Hälfte der Schulter mit bis zu 1 bis 2 cm dicker Speckauflage ohne Schwarte und einem Knochenanteil unter 40 %. Auf etwaige Schwartenanteile wird in der Bezeichnung des Lebensmittels hingewiesen.

2.3.2.4 Bei Kochpökelwaren, die in der Bezeichnung des Lebensmittels das Wort Schinken enthalten, wird auf das Vorliegen von Knochen hingewiesen (z. B. *Beinschinken, Prager Schinken mit Knochen*). *Nussschinken,* gegart am Stück, schließt die Kniescheibe ein.

Kommentar: In Übereinstimmung mit LS-Nr. 1.4.2 muss bei Kochpökelerzeugnissen, die eingelagerte Knochen enthalten, auf deren Vorhandensein hingewiesen werden, wenn in der Bezeichnung das Wort Schinken vorkommt. Anzugeben ist bspw. *Prager Schinken mit Knochen.* Eine Ausnahme besteht für einen *Nussschinken, gegart am Stück,* der die Kniescheibe einschließt.

2.3.2.5 Sind etwaige Speck- und Schwartenanteile (Leitsatznummer 1.1.1.2.2, 1.1.1.4) nicht sichtbar, z.B. bei Dosenschinken, so betragen diese zusammen weniger als 20% des Gesamtgewichts.

2.3.2.6 Erzeugnisse, die ganz oder teilweise aus kleineren als den in Leitsatznummer 1.2.4 Absatz 4 genannten Muskelstücken oder Formfleisch hergestellt sind (Leitsatznummer 1.24), werden in Verbindung mit der Bezeichnung des Lebensmittels ausreichend kenntlich gemacht (z.B. *Schinken,* aus Fleischstücken zusammengefügt).

Die in Absatz 1 sowie Leitsatznummer 1.2.4 Absatz 4 beschriebenen Erzeugnisse enthalten mindestens 90% BEFFE (Leitsatznummer 1.1.3.3) im Fleischeiweiß.

Für Kochpökelwaren, die weder den Anforderungen gemäß Leitsatznummer 2.3.1.2 noch den Anforderungen gemäß Leitsatznummer 2.3.2 noch den Anforderungen gemäß Leitsatznummer 1.2.4 genügen, wird der Begriff *„Schinken"* oder der Wortteil *„schinken"* nicht verwendet. Sie werden mit Bezeichnungen in den Verkehr gebracht, die den tatsächlichen Charakter der Produkte hinreichend genau beschreiben und eine Verwechslung mit *Schinken, Vorderschinken* und *(Vorder-)Schinken* aus Fleischstücken zusammengefügt ausschließen.

Kommentar: Für die Frage, ob *Schinken* einen Hinweis auf das Zusammenfügen tragen müssen, sind verschiedene Beschreibungen in den Leitsätzen in den Blick zu nehmen. Bei *Traditions-* oder *Klassikschinken* nach LS-Nr. 2.3.2 ist ein Hinweis auf das Zusammenfügen nicht erforderlich, da es sich dabei nur um *Schinken* handelt, die aus Teilstücken bestehen, die im natürlichen gewebsmäßigen Verband verblieben sind.

Bei *Metzger-, Fleischer-* oder *Meisterschinken,* die zwar aus verschiedenen Teilstücken bestehen, die jedoch von Hand in Formen oder Behältnisse gelegt werden, ist ebenfalls kein Hinweis auf das Zusammenfügen erforderlich. Zur Herstellung dieser Erzeugnisse werden ganze Teilstücke eingesetzt, die auch isoliert als *Schinken* verkehrsfähig sind. Insoweit handelt es sich um eine besondere Ausprägung des Gedankens aus LS-Nr. 1.2.4 Absatz 4. Darin heißt es, dass bei Erzeugnissen aus Muskeln oder Muskelgruppen, die zu größeren Einheiten zusammengefügt sind, es sich nicht um Formfleisch handelt und derartige Erzeugnisse folglich auch nicht den für

Formfleisch erforderlichen Hinweis „aus Fleischstücken zusammengefügt" tragen müssen, wenn sie isoliert unter der entsprechenden Bezeichnung des Lebensmittels verkehrsfähig wären.

Für industriell hergestellte Kochschinken nach LS-Nr. 2.3.2 Absatz 5, die maschinell gefüllt sind, stellen die Leitsätze die Anforderungen auf, dass die Stückgrößen bei mindestens 80 % der Stücke mindestens 250 g betragen müssen. Bei dieser Größe sind die eingesetzten Teilstücke als *Schinken* isoliert verkehrsfähig. Trotzdem propagieren die Leitsätze in LS-Nr. 2.3.2 Absatz 5 eine Kennzeichnungspflicht, die „aus Schinkenteilen zusammengefügt" lauten soll. Insoweit wurde bereits dargelegt, dass es sich hierbei um den Versuch einer Prägung durch die Lebensmittelbuch-Kommission handelt, die nicht eingetreten ist, vgl. die entsprechenden Ausführungen zu LS-Nr. 2.3.2 Absatz 5. Richtigerweise müssen solchermaßen hergestellte Kochschinken deshalb keinen Hinweis auf das Zusammenfügen tragen.

Damit bleibt es bei der Frage, wie Erzeugnisse zu kennzeichnen sind, bei denen die Anforderungen an die Stückgrößen nicht eingehalten werden, also 80 % der Stücke nicht mindestens 250 g schwer sind. Die Kennzeichnung derartiger Produkte wird in der vorliegenden LS-Nr. 2.3.2.6 beschrieben. Diese müssen einen Hinweis auf den Charakter als Formfleisch tragen und folglich als *Schinken, aus Fleischstücken zusammengefügt* bezeichnet werden. Diese Erzeugnisse weisen trotzdem mindestens 90 % BEFFE im FE auf.

Abschließend bestimmt LS-Nr. 2.3.2.6 Absatz 3, dass für Kochpökelwaren, die weder den Anforderungen von LS-Nr. 2.3.1.2 noch den Anforderungen gemäß LS-Nr. 2.3.2 und auch nicht den Anforderungen an Formfleisch nach LS-Nr. 1.2.4 genügen, der Begriff „Schinken" und auch der Wortteil „-schinken" nicht verwendet wird. Hierbei handelt es sich um sogenannte Aliuds, also andersartige Produkte, die einerseits mit Bezeichnungen in den Verkehr gebracht werden sollen, die den tatsächlichen Charakter der Produkte hinreichend genau beschreiben und andererseits eine Verwechslung mit *Schinken, Vorderschinken* oder *(Vorder-)Schinken, aus Fleischstücken zusammengefügt* ausschließen. Derartige Erzeugnisse müssen mit einer beschreibenden Bezeichnung versehen werden und können bspw. als *Kochpökelerzeugnis aus Schweinefleisch mit Trinkwasser, zerkleinert, zusammengefügt und geräuchert* bezeichnet werden.

Ob die Tabuisierung und das beschriebene Verbot der Verwendung des Begriffs „Schinken" in der Bezeichnung solcher Produkte allerdings rechtlich Bestand haben kann, ist fraglich. Denn eine zutreffende Beschreibung eines Lebensmittels beinhaltet Angaben zu seiner Art, der Verwendung und zur Unterscheidung von anderen Lebensmitteln, mit denen es verwechselt werden kann. Eine Bezeichnung als „Fleischerzeugnis" ist zu allgemein und unbestimmt, um diese Kriterien zu erfüllen. Bei Fleischerzeugnissen kann deshalb die Nennung der Tierart und des eingesetzten Teilstückes die notwendige Bestimmtheit gerade herbeiführen. Der Begriff „Schinken" bezeichnet über die Beschreibung von Kochpökelwaren in den Leitsätzen hinaus einen Begriff, mit dem die Verbraucher eine Vorstellung verbinden, nämlich ein Teilstück aus der Hinterextremität des Schweines. Die Leitsätze können die Verwendung der Bezeichnung eines Teilstücks jedoch nicht wirksam beschränken.

Für die Verwendung des Begriffs „Schinken" bei Kochpökelerzeugnissen aus Geflügelfleisch s. LS-Nr. 2.3.10 und die dortigen Erläuterungen.

2.3.3 Kochpökelerzeugnisse aus dem Kotelettstrang

2.3.3.1 *Gekochter Pökelkamm* (*Nacken-Kasseler*, *Kasseler-Kamm*) wird aus Schweinenacken mit oder ohne Knochen hergestellt.

2.3.3.2 Die Bezeichnung *Kasseler* (*Kassler*) wird bei Kochpökelwaren des Schweines, soweit nicht der Kotelettstrang ohne Kamm (Karree, Karbonadenstück) zugrunde liegt, nur in Verbindung mit der entsprechenden Teilstückbezeichnung verwendet (z. B. *Nacken- Kasseler*, *Kasseler Kamm*, *Kasseler Bauch*). Entsprechend behandelte Teilstücke anderer Tierarten werden nach *Kasseler Art* bezeichnet.

Kasseler (*Kasseler Rippenspeer*, *Kasseler Rippchen*, *Pökelrippchen*, *Gekochtes Ripperl*, *Gekochte Pökelkarbonade* usw.) wird aus dem Kotelettstrang hergestellt (Leitsatznummer 2.1.1.4.); zu Kasseler Bauch siehe Leitsatznummer 2.3.5.

Filet-Kasseler (*Lummer-Kasseler*) ist *Kasseler* aus dem Lendenteil des Kotelettstranges einschließlich Filet (Leitsatznummer 2.1.1.4).

2.3.3.3 *Gekochter Lachsschinken* wird aus dem entsehnten „Auge" von Kotelettsträngen hergestellt.

2.3.3.4 *Kaiserfleisch* besteht aus einem oder mehreren zusammengefügten knochenfreien, weitgehend von Fettgewebe befreiten Kotelettsträngen.

2.3.4 *Gepökelte Schälrippchen* sind gepökelte Rippen sowie Brust- und Wirbelsäulenknochen mit zwischengelagerter Muskulatur (Leitsatznummer 1.4.2). Das gleiche gilt für *Gepökeltes Kleinfleisch*, das auch

Schweineschwänzchen einschließt. *Gepökelte Fleischrippchen* sind Schälrippchen mit mindestens 1 cm Fleischabdeckung; *Gepökelte Brustspitze* (*Gepökelte dicke Rippen*) hat eine dickere Abdeckung.

2.3.5 *Gekochter Bauchspeck (Gekochter Frühstücksspeck, Kasseler Bauch, Gegarter Pökelbauch, Gekochtes Pökelwammerl* usw.) wird aus von Rippen und Brustknochen befreiter, meist noch Knorpel und Schwarten enthaltender Schweinsbrust einschließlich magerer Bauchanteile hergestellt (Leitsatznummer 1.1.1.2.2).

Pariser Rolle, gegart, ist gerollter Bauchspeck ohne Knochen, Knorpel und Schwarte.

2.3.6 *Eisbein, gepökelt* (*Schweinshaxe, gepökelt, Gekochte Pökelhaxe, Surhaxe, Gekochte Räucherhaxe*) wird aus schwarten- und knochenhaltigem Unterschenkel oder Unterarm des Schweines hergestellt (Leitsatznummer 2.1.1.5), von dem das *Spitzbein* (*Schweinspfote*) einschließlich des Gelenks abgesetzt ist. Bei *Eisbein in Gelee* (oder ... *in Aspik*) in Behältnissen wird auf einen etwaigen Knochenanteil hingewiesen.

2.3.7 *Gekochtes Hamburger Rauchfleisch* wird wie *Gekochter Rinderschinken* aus sehnenarmen Rindfleisch (Leitsatznummer 1.2.1.1.1) hergestellt.

Kommentar: An versteckter Stelle enthalten die Leitsätze noch eine Beschreibung, welches Ausgangsmaterial für *Gekochten Rinderschinken* verwendet wird. Dieses wird ebenso wie *Gekochtes Hamburger Rauchfleisch* aus sehnenarmem Rindfleisch gemäß LS-Nr. 1.2.1.1 hergestellt. Die Analysewerte von LS-Nr. 2.3.1.2 müssen eingehalten werden.

2.3.8 *Pökelbrust* (*Gepökelte Rindsbrust*) wird aus Brustmuskeln von Rindern mit anhaftendem Fettgewebe hergestellt.

Gerollte Kalbsbrust, gepökelt (*Gepökelte Kalbsbrust, gerollt*) wird aus Brust- sowie Bauchmuskeln von Kälbern ohne gelbe Bauchhaut hergestellt.

2.3.9 *Pökelzunge* (*Gepökelte Rinderzunge, Gekochte Pökelzunge, Pariser Zunge*) wird aus Rinderzunge (Leitsatznummer 1.1.1.6) hergestellt. Pökelzungen von anderen Tieren werden nach der Tierart gekennzeichnet.

2.3.10 Gegarte Pökelfleischerzeugnisse aus Geflügelfleisch

Zur Herstellung von gegarten Pökelfleischerzeugnissen aus Geflügelfleisch werden nur unzerkleinerte Teilstücke eingesetzt. In der Bezeichnung wird auf das Teilstück[28)] hingewiesen (z. B. „*Putenbrust gepökelt, gegart*" und „*Hähnchenbrustfilet gepökelt, gegart*").

Putenschinken (*Truthahnschinken*) wird aus dem unzerkleinerten Brustfilet der Pute hergestellt.

Der Herstellungsprozess bei Erzeugnissen aus Puten- bzw. Hähnchenbrust ist zumindest so gestaltet, dass nach dem Füllen in Hüllen oder Behältnisse der gewichtsmäßige Anteil von Fleischstücken mit einem Gewicht von größer als 200 g (Pute) bzw. größer 100 g (Huhn) mindestens 80 %[27)] beträgt.

Kommentar: Mit der vorstehenden Leitsatznummer beschreiben die Leitsätze erstmals umfangreich auch Kochpökelerzeugnisse aus Geflügelfleisch. Inhaltsgleich zu Kochpökelerzeugnissen aus Schweinefleisch (dort LS-Nr. 2.3.2 Absatz 2) wird zunächst darauf hingewiesen, dass auch zur Herstellung von Kochpökelerzeugnissen aus Geflügelfleisch nur unzerkleinerte Teilstücke eingesetzt werden.

Sodann beschreiben die Leitsätze, dass in der Bezeichnung auf das jeweilige Teilstück hingewiesen werden muss, bspw. durch Angaben wie *Putenbrust gepökelt und gegart* oder *Hähnchenbrustfilet gepökelt und gegart*. Die Zusätze „gepökelt" und „gegart" sind dabei zwingende Teile der Bezeichnung des Lebensmittels. Sie finden ihre rechtliche Grundlage in Anhang VI Teil A Nr. 1 LMIV für vorverpackte Lebensmittel. Es handelt sich um besondere Behandlungsverfahren, die während des Herstellungsverfahrens angewandt werden und deren Angabe für ein zutreffendes Verständnis der Verbraucher für die Eigenschaft des jeweiligen Produktes wichtig ist. Würde man die entsprechenden Angaben weglassen, würden die Bezeichnungen nämlich auf frische, also unbehandelte Geflügelteilstücke hindeuten, die üblicherweise den Vermarktungsnormen für Geflügelfleisch unterliegen und mit einer Handelsklasse in den Verkehr gebracht werden.

Die Vermarktungsnormen für Geflügelfleisch nehmen die Leitsätze an dieser Stelle auch in Bezug. Über die Fußnote 28 wird klargestellt, dass der in LS-Nr. 2.3.10 verwendete Begriff des „Teilstücks" nicht identisch ist mit den in den Vermarktungsnormen beschriebenen Teilstücken. Dort wird eine Putenbrust als Brustbein und beidseitige Rippen oder Teile davon einschließlich anhaftendem Muskelfleisch, angeboten als ganze Brust oder als Brusthälfte, definiert. Bei einem Produkt mit der Bezeichnung *Putenbrust gepökelt und gegart* erwarten die Verbraucher jedoch kein knochenhaltiges Ausgangsmaterial. Mit der Fußnote machen die Leitsätze also deutlich, dass die Vermarktungsnormen für Geflügelfleisch insoweit für die Bezeichnung von Kochpökelerzeugnissen aus Geflügelfleisch keine Rolle spielen. Diese Auslegung ist konsequent, da die Vermarktungsnormen ausschließlich für frisches, also unbehandeltes Geflügelfleisch und nicht für Fleischerzeugnisse gelten.

Der zweite Absatz von LS-Nr. 2.3.10 stellt klar, dass die Begriffe *Putenschinken* oder *Truthahnschinken* nur dann verwendet werden können, wenn das (gesamte) unzerkleinerte Brustfilet der Pute verwendet wird. Sofern also ein solches Kochpökelerzeugnis mit der für Geflügelfleisch unüblichen Teilstückbezeichnung „Schinken" bezeichnet werden soll, soll einerseits das Brustfilet als Ausgangsmaterial eingesetzt werden, zum anderen sind nicht die in Absatz 3 genannten Stückgrößen maßgeblich. Das bedarf näherer Erläuterung.

Mit der Beschreibung von Brustfilet als Ausgangsmaterial beantworten die Leitsätze die Frage, wie der Begriff „Schinken" als Bezeichnung für Teile der Hinterextremität des Schweins auf die Tierart Geflügel zu übertragen ist. Diese Übertragung erfolgt nicht, indem das anatomisch vergleichbare Teilstück, also das Keulenfleisch als Ausgangsmaterial für Putenschinken beschrieben wird. Stattdessen richtet sich die Übertragung nach der Wertigkeit. Denn der Schinken beim Schwein wird von den Verbrauchern als hochwertiges Teilstück angesehen, so wie beim Geflügel für die Verbraucher das Brustfilet als höherwertiger als Keulenfleisch gilt. Gleichzeitig ist mit der Beschreibung klargestellt, dass bei der Verwendung des Begriffs *Puten-* oder *Truthahnschinken* nicht lediglich 80 % der eingesetzten Stücke schwerer als 200 g sein müssen, sondern das gesamte unzerkleinerte Brustfilet eingesetzt werden muss. Trotzdem dürfen bei der Herstellung eines *Puten-* oder *Truthahnschinkens* auch mehrere Brustfilets zusammengefügt werden.

Ob die Beschreibung des *Puten-* oder *Truthahnschinkens* aber tatsächlich die Verwendung von Putenkeulenfleisch oder die Herstellung eines *Hähnchenschinkens* rechtlich wirksam ausschließen kann, erscheint jedenfalls bei ausreichender Kenntlichmachung fraglich.

Die in Absatz 3 vorgenommene Beschreibung betrifft Kochpökelerzeugnisse aus Geflügelfleisch, die nicht den Begriff „Schinken", sondern stattdessen Bezeichnungen tragen, wie sie bspw. in Absatz 1 wiedergegeben werden, also *Putenbrust gepökelt und gegart* oder *Hähnchenbrustfilet gepökelt und gegart*. Analog zu einem industriell hergestellten Kochschinken, der in LS-Nr. 2.3.2 Absatz 5 beschrieben wird, beschreiben die Leitsätze nunmehr auch für Kochpökelerzeugnisse aus Geflügelfleisch ein Herstellungsverfahren. Dieses muss so gestaltet werden, dass nach dem Füllen in Hüllen oder Behältnisse der gewichtsmäßige Anteil von Fleischstücken bei der Pute von größer als 200 g und beim Huhn von größer als 100 g von mindestens 80% der gefüllten Stücke erreicht wird. Der Absatz enthält einen Verweis auf die Fußnote 27. Darin werden der maßgebliche Zeitpunkt und die Stichprobengröße beschrieben, die für eine verlässliche Untersuchung der jeweiligen Erzeugnisse zugrunde gelegt werden müssen. Beim Huhn beträgt die Stichprobengröße mindestens 15 kg, bei der Pute 25 kg. Das heißt, dass gefüllte Stangen mit den genannten Gewichten vor dem Erhitzen geöffnet und die in der Stange enthaltenen Stücke verwogen werden müssen. Sofern die in Absatz 3 genannten Gewichte von 80% der gefüllten und gewogenen Stücke erreicht werden, muss kein Hinweis auf das Zusammenfügen in der Bezeichnung der Erzeugnisse erfolgen.

Diese Folge ist nur konsequent, da dann die eingesetzten Stücke isoliert unter der jeweiligen Bezeichnung verkehrsfähig sind. Nach dem Gedanken aus LS-Nr. 1.2.4 Absatz 4 muss in diesem Fall kein Hinweis auf das Zusammenfügen erfolgen. Es handelt sich nicht um Formfleisch.

Diese Beschreibung belegt jedoch ein weiteres Mal, dass die von den Leitsätzen vorgesehene Kennzeichnung für industriell hergestellten Kochschinken in LS-Nr. 2.3.2 Absatz 5 die Verkehrsauffassung nicht zutreffend beschreibt. Denn es ist nicht ersichtlich und auch nicht begründbar, warum bei Anwendung einer identischen Herstellungstechnologie und einer inhaltsgleichen Beschreibung in den Leitsätzen Kochpökelerzeugnisse aus Geflügelfleisch keinen Hinweis auf das Zusammenfügen tragen müssen, ein aus Schweinefleisch hergestelltes Erzeugnis hingegen schon. Die Zusammenschau der Beschreibungen belegt damit ebenfalls, dass die Beschreibung in LS-Nr. 2.3.2 Absatz 5 unzutreffend ist und folglich nicht die bestehende Verkehrsauffassung in Deutschland beschreiben kann.

Bemerkenswert ist, dass im Zusammenhang mit Kochpökelerzeugnissen aus Geflügelfleisch keine Beschreibung des zulässigen Anteils an Muskelabrieb erfolgt. Der Grund dafür könnte darin liegen, dass insoweit keine ausreichenden Erkenntnisse vorliegen, um den bei Geflügel aufgrund des geringeren Muskelzusammenhaltes höheren Anteil an Abrieb zuverlässig zu beschreiben.

2.4 Wurstwaren

2.4.1 Rohwürste

Kommentar: Die Beschreibung, was unter Rohwürsten zu verstehen ist, findet sich im allgemeinen Teil in LS-Nr. 1.3.2.1. Auf die dortigen Ausführungen wird verwiesen.

Sie zeichnen sich dadurch aus, dass sie in der Regel umgerötet, also gepökelt, und ungekühlt lagerfähig sind, in der Regel roh zum Verzehr gelangen und entweder streichfähig oder nach einer mit Austrocknung verbundenen Reifung schnittfest geworden sind. Konsequenterweise erfolgt sodann eine weitere Untergliederung in schnittfeste Rohwürste nach LS-Nr. 2.4.1.1 und streichfähige Rohwürste nach LS-Nr. 2.4.1.2.

2.4.1.1 Schnittfeste Rohwürste

Besondere Merkmale:

gereift; unangeschnitten ohne Kühlung lagerfähig; an die Oberfläche der Fleischteilchen ausgetretenes Muskeleiweiß hat im Verlauf der Reifung Fleisch- und Fettgewebeteilchen miteinander verbunden; bei grober Körnung Fettgewebe zu erkennen; bei luftgetrockneten und schwach geräucherten Erzeugnissen auf dem Darm zuweilen weißliche Beläge von Mikroorganismen. Bei schnittfesten Rohwürsten mit Belägen von Mikroorganismen, in weißer Tauchmasse oder in Hüllen mit weißen Pigmentanteilen, liegen die absoluten Gehalte für das bindegewebseiweißfreie Fleischeiweiß um ein Zehntel, bei solchen mit Hinweisen auf einen besonders hohen Reifegrad (z. B. „Dauer-" „ausgereift" oder „hart gereift") um zwei Zehntel höher als bei den einzelnen Sorten angegeben. Die Verwendung von weißer Tauchmasse oder weißpigmentierter Hülle wird kenntlich gemacht.

Kommentar: Schnittfeste Rohwürste zeichnen sich neben den in LS-Nr. 1.3.2.1 und LS-Nr. 2.4.1 beschriebenen allgemeinen Merkmalen für Rohwürste weiterhin dadurch aus, dass sie gereift sind und am Stück, also unangeschnitten ohne Kühlung lagerfähig sind. Weißliche Beläge von Mikroorganismen, die bei luftgetrockneten und schwach geräucherten Erzeugnissen auf dem Darm erkennbar sind, stellen keinen Fehler dar und sind somit verkehrsüblich.

Schnittfeste Rohwürste, die in einer besonderen Aufmachung in den Verkehr gebracht werden, unterliegen weitergehenden Anforderungen. Sofern sich Beläge von Mikroorganismen auf der Hülle finden oder ein Inverkehrbringen in weißer Tauchmasse oder in Hüllen mit weißen Pigmentanteilen erfolgt, müssen die entsprechenden Analysewerte, die bei den einzelnen Erzeugnissen beschrieben werden, im Hinblick auf das bindegewebseiweißfreie Fleischeiweiß um ein Zehntel höher sein. Sofern bei diesen Erzeugnissen zusätzlich auf einen hohen Reifegrad, bspw. mit den Angaben „dauergereift", „ausgereift" oder „hartgereift" geworben wird, muss der Anteil an bindegewebseiweißfreiem Fleischeiweiß sogar um zwei Zehntel höher als bei den einzelnen Sorten angegeben sein.

Zusätzlich gilt, dass die Verwendung von weißer Tauchmasse oder weiß pigmentierter Hülle kenntlich gemacht wird. Hierzu kann bspw. darauf hingewiesen werden, dass der Darm „(weiß) gefärbt“ ist.

2.4.1.1.1 *Schinkenplockwurst, Rohe Schinkenwurst*

Ausgangsmaterial:

fettgewebs- und sehnenarmes Schweinefleisch (Leitsatznummer 1.2.1.2.1)

sehnen- und fettgewebsarmes Rindfleisch (Leitsatznummer 1.2.1.1.1)

Speck (Leitsatznummer 1.1.1.2.2)

Besondere Merkmale:

grobkörnig

Analysenwerte:

bindegewebseiweißfreies Fleischeiweiß	nicht unter 13,5 %
bindegewebseiweißfreies Fleischeiweiß im Fleischeiweiß	
histometrisch	nicht unter 75 Vol.-%
chemisch	nicht unter 85 %

2.4.1.1.2 *Salami, Katenrauchwurst, Mettwurst, Salametti, Katenkeule, Pfefferkeule, Rinderwurst, Rindswurst, Rindersalami*

Ausgangsmaterial:

sehnen- und fettgewebsarmes Rindfleisch (Leitsatznummer 1.2.1.1.1)

grob entsehntes Rindfleisch (Leitsatznummer 1.2.1.1.2)

grob entfettetes Schweinefleisch (Leitsatznummer 1.2.1.2.2)

Speck (Leitsatznummer 1.1.1.2.2)

Besondere Merkmale:

mittelkörnig, Rinderwurst, Rindswurst und Rindersalami nur aus grob entsehntem Rindfleisch (Leitsatznummer 1.2.1.1.2) und Speck (Leitsatznummer 1.1.1.2.2)

Analysenwerte:

bindegewebseiweißfreies Fleischeiweiß	nicht unter 13 %
(bei Kaliber über 70 mm)	nicht unter 12,5 %
bindegewebseiweißfreies Fleischeiweiß im Fleischeiweiß	

histometrisch	nicht unter 70 Vol.-%
chemisch	nicht unter 80 %

2.4.1.1.3 *Schlackwurst*

Ausgangsmaterial:

sehnen- und fettgewebsarmes Rindfleisch (Leitsatznummer 1.2.1.1.1)

fettgewebs- und sehnenarmes Schweinefleisch (Leitsatznummer 1.2.1.2.1)

Speck (Leitsatznummer 1.1.1.2.2)

Besondere Merkmale:

besonders feinkörnig; vorzugsweise in Fettenden

Analysenwerte:

bindegewebseiweißfreies Fleischeiweiß	nicht unter 12,5 %
(bei Kaliber über 70 mm)	nicht unter 12 %
bindegewebseiweißfreies Fleischeiweiß im Fleischeiweiß	
histometrisch	nicht unter 75 Vol.-%
chemisch	nicht unter 85 %

2.4.1.1.4 *Cervelatwurst*

Ausgangsmaterial:

sehnen- und fettgewebsarmes Rindfleisch (Leitsatznummer 1.2.1.1.1)

grob entsehntes Rindfleisch (Leitsatznummer 1.2.1.1.2)

grob entfettetes Schweinefleisch (Leitsatznummer 1.2.1.2.2)

Speck (Leitsatznummer 1.1.1.2.2)

Besondere Merkmale:

feinkörnig

Analysenwerte:

bindegewebseiweißfreies Fleischeiweiß	nicht unter 11,5 %
(bei Kaliber über 70 mm)	nicht unter 11 %
bindegewebseiweißfreies Fleischeiweiß im Fleischeiweiß	
histometrisch	nicht unter 70 Vol.- %
chemisch	nicht unter 80 %

2.4.1.1.5 *Schinkenmettwurst, Feldkieker (Feldgicker)*

Ausgangsmaterial:

fettgewebs- und sehnenarmes Schweinefleisch (Leitsatznummer 1.2.1.2.1)

Speck (Leitsatznummer 1.1.1.2.2)

Besondere Merkmale:

grobkörnig

Analysenwerte:

bindegewebseiweißfreies Fleischeiweiß	nicht unter 12,5%
bindegewebseiweißfreies Fleischeiweiß im Fleischeiweiß	
histometrisch	nicht unter 70 Vol.-%
chemisch	nicht unter 80%

2.4.1.1.6 *Westfälische grobe Mettwurst*

Ausgangsmaterial:

grob entfettetes Schweinefleisch (Leitsatznummer 1.2.1.2.2)

fettgewebereiches Schweinefleisch (Leitsatznummer 1.2.1.2.3)

grob entsehntes Rindfleisch (Leitsatznummer 1.2.1.1.2)

Speck (Leitsatznummer 1.1.1.2.2)

Besondere Merkmale:

grobkörnig

Analysenwerte:

bindegewebseiweißfreies Fleischeiweiß	nicht unter 12%
bindegewebseiweißfreies Fleischeiweiß im Fleischeiweiß	
histometrisch	nicht unter 65 Vol.- %
chemisch	nicht unter 75%

2.4.1.1.7 *Luftgetrocknete Mettwurst*

Ausgangsmaterial:

grob entfettetes Schweinefleisch (Leitsatznummer 1.2.1.2.2)

fettgewebereiches Schweinefleisch (Leitsatznummer 1.2.1.2.3)

grob entsehntes Rindfleisch (Leitsatznummer 1.2.1.1.2)

Speck (Leitsatznummer 1.1.1.2.2)

Besondere Merkmale:
grob- bis mittelkörnig; in der Regel in Schweinedünndarm
Analysenwerte:

bindegewebseiweißfreies Fleischeiweiß	nicht unter 12 %
bindegewebseiweißfreies Fleischeiweiß im Fleischeiweiß	
histometrisch	nicht unter 65 Vol.-%
chemisch	nicht unter 75 %

2.4.1.1.8 *Aalrauchmettwurst*
Ausgangsmaterial:
fettgewebereiches Schweinefleisch (Leitsatznummer 1.2.1.2.3)
Besondere Merkmale:
mittelkörnig; besonders fettreich
Analysenwerte:

bindegewebseiweißfreies Fleischeiweiß	nicht unter 10 %
bindegewebseiweißfreies Fleischeiweiß im Fleischeiweiß	
histometrisch	nicht unter 60 Vol.- %
chemisch	nicht unter 75 %

2.4.1.1.9 *Plockwurst*
Ausgangsmaterial:
grob entsehntes Rindfleisch (Leitsatznummer 1.2.1.1.2)
fettgewebereiches Schweinefleisch (Leitsatznummer 1.2.1.2.3)
Fettgewebe (Leitsatznummer 1.1.1.2)
Besondere Merkmale:
grob- bis mittelkörnig
Analysenwerte:

bindegewebseiweißfreies Fleischeiweiß	nicht unter 11 %
bindegewebseiweißfreies Fleischeiweiß im Fleischeiweiß	
histometrisch	nicht unter 65 Vol.-%
chemisch	nicht unter 75 %

2.4.1.1.10 *Plockwurst einfach*

Ausgangsmaterial:

grob entsehntes Rindfleisch (Leitsatznummer 1.2.1.1.2)

sehnenreiches Rindfleisch (Leitsatznummer 1.2.1.1.3)

fettgewebereiches Schweinefleisch (Leitsatznummer 1.2.1.2.3)

Fettgewebe (Leitsatznummer 1.1.1.2)

evtl. bis 10 % Bindegewebe (Leitsatznummer 1.1.1.3)

Besondere Merkmale:

mittelkörnig

Analysenwerte:

bindegewebseiweißfreies Fleischeiweiß	nicht unter 10 %
bindegewebseiweißfreies Fleischeiweiß im Fleischeiweiß	
histometrisch	nicht unter 50 Vol.- %
chemisch	nicht unter 65 %

2.4.1.1.11 *Rohe Knoblauchwurst, Rohe Krakauer, Touristenwurst, Mettwurst in Enden (Mettenden), Räucherenden, Colbassa, Kabanossi, Kiolbasse*

Ausgangsmaterial:

grob entsehntes Rindfleisch (Leitsatznummer 1.2.1.1.2)

sehnenreiches Rindfleisch (Leitsatznummer 1.2.1.1.3)

fettgewebereiches Schweinefleisch (Leitsatznummer 1.2.1.2.3)

Fettgewebe (Leitsatznummer 1.1.1.2)

Besondere Merkmale:

mittel- bis feinkörnig; in der Regel in Kranzdärmen

Analysenwerte:

bindegewebseiweißfreies Fleischeiweiß	nicht unter 10 %
bindegewebseiweißfreies Fleischeiweiß im Fleischeiweiß	
histometrisch	nicht unter 60 Vol.-%
chemisch	nicht unter 75 %

2.4.1.1.12 *Knoblauchwurst einfach, Touristenwurst einfach, Räucherenden einfach, Mettwurst in Enden einfach (Mettenden einfach)*

Ausgangsmaterial:

grob entsehntes Rindfleisch (Leitsatznummer 1.2.1.1.2)

sehnenreiches Rindfleisch (Leitsatznummer 1.2.1.1.3)

fettgewebereiches Schweinefleisch (Leitsatznummer 1.2.1.2.3)

Fettgewebe (Leitsatznummer 1.1.1.2)

evtl. bis 10 % Bindegewebe (Leitsatznummer 1.1.1.3)

Besondere Merkmale:

mittel- bis feinkörnig; in der Regel in Kranzdärmen

Analysenwerte:

bindegewebseiweißfreies Fleischeiweiß	nicht unter 9 %
bindegewebseiweißfreies Fleischeiweiß im Fleischeiweiß	
histometrisch	nicht unter 50 Vol.-%
chemisch	nicht unter 65 %

2.4.1.1.13 *Polnische, Berliner Knacker, Bauernbratwurst, Bauernseufzer, Geräucherte Bratwurst, Debreziner, roh, Ahle Wurst, Rote Wurst, Dürre Runde, Thüringer Knackwurst, Peitschenstecken, Pfefferbeißer*

Ausgangsmaterial:

fettgewebereiches Schweinefleisch (Leitsatznummer 1.2.1.2.3)

grob entsehntes Rindfleisch (Leitsatznummer 1.2.1.1.2)

Fettgewebe (Leitsatznummer 1.1.1.2)

Besondere Merkmale:

mittelkörnig; in der Regel in Schweinedünndärmen oder Schafsaitlingen

Analysenwerte:

bindegewebseiweißfreies Fleischeiweiß	nicht unter 12 %
bindegewebseiweißfreies Fleischeiweiß im Fleischeiweiß	
histometrisch	nicht unter 65 Vol.- %
chemisch	nicht unter 75 %

2.4.1.1.14 *Landjäger, Peperoni, Kaminwurzen, Bauernschübling, Rauchpeitschen*

Ausgangsmaterial:

sehnenreiches Rindfleisch (Leitsatznummer 1.2.1.1.3)

fettgewebereiches Schweinefleisch (Leitsatznummer 1.2.1.2.3)

Fettgewebe (Leitsatznummer 1.1.1.2)

Besondere Merkmale:

mittel- bis feinkörnig; Landjäger in der Regel in Schweinedünndärmen, flach gepresst; Peperoni in der Regel in engkalibrigen Schäldärmen, Abgabe an Verbraucher jedoch ohne Hülle

Analysenwerte:

bindegewebseiweißfreies Fleischeiweiß	nicht unter 10 %
bindegewebseiweißfreies Fleischeiweiß im Fleischeiweiß	
histometrisch	nicht unter 55 Vol.- %
chemisch	nicht unter 65 %

2.4.1.2 Streichfähige Rohwürste

Besondere Merkmale:

Sortenabhängig gereift, umgerötet, jedoch nur gering abgetrocknet, nicht zur längeren Lagerung bestimmt. Aus zerkleinertem Fettgewebe freigesetztes Fett umhüllt Fleischteilchen und bewirkt Streichfähigkeit, die bei fein zerkleinerter Ware am ausgeprägtesten ist.

Kommentar: Auch für streichfähige Rohwürste gelten zunächst die allgemeinen Anforderungen, die in LS-Nr. 1.3.2.1 und LS-Nr. 2.4.1 beschrieben sind. Ergänzend dazu zeichnen sich streichfähige Rohwürste dadurch aus, dass sie sortenabhängig gereift, umgerötet, also gepökelt und nur gering abgetrocknet sind, was eine längere Lagerung ausschließt. Technologisch wird die Streichfähigkeit dadurch bewirkt, dass Fleischteilchen von Fett umhüllt werden, das wiederum aus zerkleinertem Fettgewebe freigesetzt wird. Daher ist die Streichfähigkeit bei feinzerkleinerter Ware am größten.

2.4.1.2.1 *Teewurst, Teewurst Rügenwalder Art, Grobe Teewurst, Rindswurst*

Ausgangsmaterial:

fettgewebs- und sehnenarmes Schweinefleisch (Leitsatznummer 1.2.1.2.1)

grob entfettetes Schweinefleisch (Leitsatznummer 1.2.1.2.2)

sehnen- und fettgewebsarmes Rindfleisch (Leitsatznummer 1.2.1.1.1)

Fettgewebe (Leitsatznummer 1.1.1.2)

Besondere Merkmale:

fein zerkleinert oder grobkörnig, bei Rindswurst nur sehnen- und fettgewebsarmes Rindfleisch (Leitsatznummer 1.2.1.1.1) und Fettgewebe (Leitsatznummer 1.1.1.2)

Analysenwerte:

bindegewebseiweißfreies Fleischeiweiß

fein zerkleinert	nicht unter 10 %
grob	nicht unter 11 %

bindegewebseiweißfreies Fleischeiweiß im Fleischeiweiß

histometrisch	nicht unter 75 Vol.-%
chemisch	nicht unter 85 %

Kommentar: Bei dem Begriff „Rügenwalder Teewurst" handelt es sich um eine geographische Herkunftsbezeichnung, die schon in den 20er-Jahren als solches geschützt wurde. Das vormalige Rügenwalde liegt heute in Polen, so dass nach dem zweiten Weltkrieg aus Rügenwalde vertriebene Wurstfabrikanten im damaligen Westdeutschland neue Betriebe gründeten. Nach der Rechtsprechung des Bundesgerichtshofes dürfen heute nur Unternehmen, die ehemals in Rügenwalde angesiedelt waren, die Bezeichnung *Rügenwalder Teewurst* verwenden. Andere Unternehmen, die die vorherige Produktion im ehemaligen Rügenwalde nicht nachweisen können, dürfen deshalb lediglich die Bezeichnung *Teewurst Rügenwalder Art* benutzen.

2.4.1.2.2 *Mettwurst, Streichmettwurst, Braunschweiger Mettwurst, Braunschweiger, Pfeffersäckchen*

Ausgangsmaterial:

grob entfettetes Schweinefleisch (Leitsatznummer 1.2.1.2.2)

fettgewebereiches Schweinefleisch (Leitsatznummer 1.2.1.2.3)

grob entsehntes Rindfleisch (Leitsatznummer 1.2.1.1.2)

Fettgewebe (Leitsatznummer 1.1.1.2)

Besondere Merkmale: fein zerkleinert

Analysenwerte:

bindegewebseiweißfreies Fleischeiweiß	nicht unter 8,5 %

bindegewebseiweißfreies Fleischeiweiß im Fleischeiweiß

histometrisch	nicht unter 60 Vol.-%
chemisch	nicht unter 75 %

2.4.1.2.3 *Grobe Mettwurst, Zwiebelmettwurst, Zwiebelwurst, Frische Mettwurst, Vesperwurst, Pfeffersäckchen grob, Frühstückswurst*

Ausgangsmaterial:

grob entfettetes Schweinefleisch (Leitsatznummer 1.2.1.2.2)
fettgewebereiches Schweinefleisch (Leitsatznummer 1.2.1.2.3)
grob entsehntes Rindfleisch (Leitsatznummer 1.2.1.1.2)
Fettgewebe (Leitsatznummer 1.1.1.2)

Besondere Merkmale:

grobkörnig; Zwiebelwurst, Frische Mettwurst und Vesperwurst ungeräuchert, zum alsbaldigen Verzehr bestimmt

Analysenwerte:

bindegewebseiweißfreies Fleischeiweiß	nicht unter 8,5 %
bindegewebseiweißfreies Fleischeiweiß im Fleischeiweiß	
histometrisch	nicht unter 65 Vol.-%
chemisch	nicht unter 75 %

Kommentar: Wie bei den anderen Rohwürsten auch beschreibt LS-Nr. 2.4.1.2.3 unter anderem für die *Zwiebelmettwurst* das üblicherweise verwendete Ausgangsmaterial und die einzuhaltenden Analysewerte an BEFFE und BEFFE im FE. Als besonderes Merkmal wird beschrieben, dass die in der genannten Leitsatznummer zusammengefassten Artikel grobkörnig sind. *Zwiebelwurst, frische Mettwurst* und *Vesperwurst* sind ungeräuchert und zum alsbaldigen Verzehr bestimmt. Weitergehende Beschreibungen erfolgen nicht.

Der Arbeitskreis der auf dem Gebiet der Lebensmittelhygiene und der Lebensmittel tierischer Herkunft tätigen Sachverständigen (ALTS) ist der Auffassung, dass eine *Zwiebelmettwurst* weitere analytische Merkmale aufweisen muss. Bei dem ALTS handelt es sich um einen Arbeitskreis, in dem sich die Vertreter der staatlichen Untersuchungsämter aus den verschiedenen Bundesländern auf eine einheitliche Auslegung des Lebensmittelrechts verständigen, da die Rechtsanwendung grundsätzlich Ländersache ist. ALTS-Beschlüsse sind rechtlich nicht verbindlich und können durch Gerichte voll überprüft werden. Darüber hinaus bilden sie die Meinung der amtlichen Lebensmittelüberwachung ab, nicht jedoch die Auffassung aller am Verkehr mit Lebensmitteln beteiligten Kreise, die in der Lebensmittelbuch-Kommission vertreten sind. Der ALTS hat sich mehrfach (zuletzt mit Beschluss 2022/89/29) mit der Beurteilung von *Zwiebelmettwurst* beschäftigt. Hierzu ist der ALTS der Auffassung, dass über die genannte Beschreibung in den Leitsätzen hinaus eine *Zwiebelmettwurst* (und auch eine *frische Mettwurst*) folgende Kriterien einhalten muss: Geruch und Geschmack sowie die Abbindung müssen rohwurstartig sein, es muss eine stabile Umrötung vorliegen (die sensorisch, in Zweifelsfällen chemisch ≥ 50 % nach Möhler-Methode zu bestimmen ist). Ferner müsse eine Säuerung eingetreten sein, bei der ein pH-Wert von ≤ 5,6 erreicht sei; der Gehalt an D(-)Milchsäure müsse bei ≥ 0,2 g pro 100 g Lebensmittel liegen. Schließlich müsse in der mikrobiologischen Beschaffenheit eine dominierende Fermentationsflora > 1,0 x 10^6 KbE/g und eine niedrige Keimzahl an Gramnegativen von < 1,0 x 10^4 KbE/g vorliegen.

Wie bereits erwähnt obliegt es dem ALTS nicht, die Verkehrsauffassung für Fleischerzeugnisse zu beschreiben. Diese Aufgabe obliegt kraft gesetzlichem Auftrag in § 15 LFGB ausschließlich der Deutschen Lebensmittelbuch-Kommission. Auch bei der im Jahr 2022 erfolgten Neufassung der Leitsätze für Fleisch und Fleischerzeugnisse haben die vorgenannten Kriterien keinen Eingang in die Leitsätze gefunden, weswegen sie nicht verlangt werden können. Im Übrigen existiert hierzu auch Rechtsprechung, die die vom ALTS propagierten Werte als nicht der Verkehrsauffassung entsprechend bezeichnet.

2.4.1.2.4 *Schmierwurst, fette Mettwurst*

Ausgangsmaterial:

fettgewebereiches Schweinefleisch (Leitsatznummer 1.2.1.2.3)

grob entsehntes Rindfleisch (Leitsatznummer 1.2.1.1.2)

sehnenreiches Rindfleisch (Leitsatznummer 1.2.1.1.3)

Fettgewebe (Leitsatznummer 1.1.1.2)

Besondere Merkmale:

fein zerkleinert

Analysenwerte:

bindegewebseiweißfreies Fleischeiweiß	nicht unter 6,5 %
bindegewebseiweißfreies Fleischeiweiß im Fleischeiweiß	
histometrisch	nicht unter 55 Vol.-%
chemisch	nicht unter 70 %

2.4.1.2.5 *Mettwurst einfach, Streichmettwurst einfach*

Ausgangsmaterial:

fettgewebereiches Schweinefleisch (Leitsatznummer 1.2.1.2.3)

sehnenreiches Rindfleisch (Leitsatznummer 1.2.1.1.3)

Fettgewebe (Leitsatznummer 1.1.1.2)

evtl. bis 10 % Bindegewebe (Leitsatznummer 1.1.1.3)

Besondere Merkmale:

fein zerkleinert

Analysenwerte:

bindegewebseiweißfreies Fleischeiweiß	nicht unter 7 %
bindegewebseiweißfreies Fleischeiweiß im Fleischeiweiß	
histometrisch	nicht unter 50 Vol.-%
chemisch	nicht unter 70 %

2.4.2 Brühwürste

Kommentar: Für Brühwürste gilt zunächst die Beschreibung in LS-Nr. 1.3.2.2, vgl. die dortigen Ausführungen. Innerhalb der Kategorie der Brühwürste unterscheiden die Leitsätze zwischen Brühwürstchen nach LS-Nr. 2.4.2.1, fein zerkleinerten Brühwürsten nach LS-Nr. 2.4.2.2, groben Brühwürsten nach LS-Nr. 2.4.2.3 und Brühwürsten mit Einlagen nach LS-Nr. 2.4.2.4.

2.4.2.1 Brühwürstchen

Besondere Merkmale:

meist für den Warmverzehr bestimmt; lose kühlbedürftig und zum alsbaldigen Verzehr bestimmt; der Ausdruck „in Eigenhaut" weist darauf hin, dass die Ware vor der Abgabe von der Hülle befreit wurde. Die angegebenen absoluten Gehalte für das bindegewebseiweißfreie Fleischeiweiß liegen bei Würstchen, die in Behältnissen mit Lake haltbar gemacht wurden und sich noch in diesen Behältnissen befinden oder die lose z. B. als Dosenware deklariert sind, angesichts der in solchen Behältnissen möglichen Austauschvorgänge um jeweils 0,5 niedriger (z. B. 7,5 statt 8 %).

Kommentar: Brühwürstchen zeichnen sich wie eingangs von LS-Nr. 2.4.2.1 beschrieben dadurch aus, dass sie meist, aber nicht immer für den Warmverzehr bestimmt sind. Bei Abgabe in loser Form sind sie regelmäßig kühlbedürftig und trotzdem zum alsbaldigen Verzehr bestimmt. Bei Würstchen, die mit der Angabe „in Eigenhaut" in den Verkehr gebracht werden, deutet diese Angabe darauf hin, dass die Würstchen vor der Abgabe von Hüllen befreit wurden.

Sodann enthalten die Vorbemerkungen für bestimmte Erzeugnisse weitergehende Anforderungen. Bei Würstchen, die in Behältnissen mit Lake haltbar gemacht wurden und sich beim Inverkehrbringen noch in diesen Behältnissen befinden oder die lose angeboten werden, dabei aber als Dosenware deklariert sind, dürfen die beschriebenen Analysewerte für das bindegewebseiweißfreie Fleischeiweiß um 0,5 niedriger als bei den einzelnen Sorten beschrieben liegen. Bsp.: Ein *Wiener* nach LS-Nr. 2.4.2.1.2 muss grundsätzlich einen Gehalt an BEFFE von nicht unter 8 % aufweisen. Bei einer Haltbarmachung mit Lake in einer Dose und Abgabe in dieser Form an die Verbraucher muss der Gehalt an BEFFE nur bei 7,5 % liegen. Diese Ermäßigung ist der Tatsache geschuldet, dass bei einer längeren Lagerung in Lake Austauschvorgänge stattfinden.

Brühwürstchen sind nicht von den Ausnahmen zur Verarbeitung von Rework in Spitzenqualität nach LS-Nr. 1.2.6 erfasst, vgl. die dortigen Ausführungen. Demzufolge dürfen Brühwürstchen, die als Spitzenerzeugnisse ausgelobt und entsprechend in den Verkehr gebracht werden, nicht unter Verwendung von bereits erhitztem Ausgangsmaterial hergestellt werden. Insoweit handelt es sich um eine Ungleichbehandlung gegenüber feinen und groben Brühwürsten sowie Brühwürsten mit Einlagen, die die Lebensmittelbuch-Kommission überprüfen sollte. Ein entsprechender Antrag zur Anpassung der Leitsätze wird derzeit diskutiert.

2.4.2.1.1 *Würstchen nach Frankfurter Art, Schinkenwürstchen*

Ausgangsmaterial:

grob entfettetes Schweinefleisch (Leitsatznummer 1.2.1.2.2)

fettgewebereiches Schweinefleisch (Leitsatznummer 1.2.1.2.3)

Besondere Merkmale:

kein Rindfleisch; der roh als haltbares Halbfabrikat zum Selbstbrühen in den Verkehr gelangenden Variante ist Wasser entzogen; fein zerkleinert; Schinkenwürstchen auch grob; engkalibrig; umgerötet

Analysenwerte:

bindegewebseiweißfreies Fleischeiweiß

im rohen haltbaren Halbfabrikat nicht unter 9 %

gebrüht	nicht unter 8 %
bindegewebseiweißfreies Fleischeiweiß im Fleischeiweiß	
histometrisch	
roh	nicht unter 75 Vol.-%
erhitzt	nicht unter 70 Vol.-%
chemisch	nicht unter 75 %

Kommentar: In der vorliegenden Leitsatznummer werden neben *Schinkenwürstchen* auch *Würstchen nach Frankfurter Art* beschrieben. Eine Bezeichnung als *Frankfurter Würstchen* ist demgegenüber Erzeugnissen vorbehalten, die im Wirtschaftsraum Frankfurt hergestellt werden. Insoweit handelt es sich um eine althergebrachte und geschützte Bezeichnung. Außerhalb Frankfurts hergestellte Würstchen heißen deshalb *Würstchen nach Frankfurter Art*. Der Schutz bezieht sich jedoch nur auf die Herstellung und das Inverkehrbringen in Deutschland. Außerhalb Deutschlands gilt der Begriff *Frankfurter* hingegen als Gattungsbezeichnung und ist nicht geschützt.

2.4.2.1.2 *Wiener, Wiener Würstchen, Bockwurst, Würstchen, Saftwürstchen, Cocktailwürstchen, Dünne, Münchner Dampfwurst, Saitenwürstchen, Bouillonwürstchen, Fleischwürstchen, Jauersche, Knobländer*

Ausgangsmaterial:

grob entsehntes Rindfleisch (Leitsatznummer 1.2.1.1.2)

fettgewebereiches Schweinefleisch (Leitsatznummer 1.2.1.2.3)

Speck (Leitsatznummer 1.1.1.2.2)

Besondere Merkmale:

fein zerkleinert; Bouillonwürstchen und Jauersche teilweise etwas gröber; umgerötet; engkalibrig

Analysenwerte:

bindegewebseiweißfreies Fleischeiweiß	nicht unter 8 %
bindegewebseiweißfreies Fleischeiweiß im Fleischeiweiß	
histometrisch	nicht unter 70 Vol.-%
chemisch	nicht unter 75 %

2.4.2.1.3 *Pfälzer, Augsburger, Regensburger, Debreziner, Jagdwürstchen, Brühpolnische, Bauernwürstchen, Bauernwurst, Bauernseufzer, Krainer, Schützenwurst, Peitschenstecken*

Ausgangsmaterial:

grob entsehntes Rindfleisch (Leitsatznummer 1.2.1.1.2)

grob entfettetes Schweinefleisch (Leitsatznummer 1.2.1.2.2)

fettgewebereiches Schweinefleisch (Leitsatznummer 1.2.1.2.3)

Speck (Leitsatznummer 1.1.1.2.2)

Besondere Merkmale:

fein zerkleinerte Grundmasse, im Übrigen bis erbsengroße Körnung; umgerötet; in der Regel in Schweinedünndärmen, Regensburger in der Regel in Kranzdärmen, Jagdwürstchen, Bauernwürstchen und Debreziner in der Regel in Schafsaitlingen; Augsburger in der Regel zum Braten bestimmt; Debreziner z. T. als geräuchertes, ungekühlt lagerfähiges Halbfabrikat roh im Verkehr

Analysenwerte:

bindegewebseiweißfreies Fleischeiweiß	nicht unter 8 %
bindegewebseiweißfreies Fleischeiweiß im Fleischeiweiß	
histometrisch	nicht unter 65 Vol.-%
chemisch	nicht unter 75 %

2.4.2.1.4 *Dicke, Knackwurst, Rote, Servela, Klöpfer, Knacker, Rindswurst, Schüblinge*

Ausgangsmaterial:

sehnenreiches Rindfleisch (Leitsatznummer 1.2.1.1.3)

fettgewebereiches Schweinefleisch (Leitsatznummer 1.2.1.2.3)

Fettgewebe (Leitsatznummer 1.1.1.2)

Besondere Merkmale:

in der Regel fein zerkleinert; in der Regel in Schweinedünndärmen oder Kranzdärmen; Rindswurst enthält nur Rindfleisch (Leitsatznummer 1.2.1.1.2, 1.2.1.1.3) und Rinderfleischfett (Leitsatznummer 1.1.1.2.3)

Analysenwerte:

bindegewebseiweißfreies Fleischeiweiß	nicht unter 7,5 %
bindegewebseiweißfreies Fleischeiweiß im Fleischeiweiß	

histometrisch	nicht unter 65 Vol.-%
chemisch	nicht unter 75 %

2.4.2.1.5 *Knacker einfach, Schüblinge einfach, Servela einfach, Klöpfer einfach, Rote einfach*

Ausgangsmaterial:

sehnenreiches Rindfleisch (Leitsatznummer 1.2.1.1.3)

fettgewebereiches Schweinefleisch (Leitsatznummer 1.2.1.2.3)

Fettgewebe (Leitsatznummer 1.1.1.2)

5 % bis 10 % zusätzliches Bindegewebe (Leitsatznummer 1.1.1.3)

Besondere Merkmale:

in der Regel fein zerkleinert; in der Regel in Schweinedünndärmen oder Kranzdärmen; nicht in Schafsaitlingen und nicht in Därmen mit einem Kaliber unter 32 mm

Analysenwerte:

bindegewebseiweißfreies Fleischeiweiß	nicht unter 6,5 %
bindegewebseiweißfreies Fleischeiweiß im Fleischeiweiß	
histometrisch	nicht unter 50 Vol.-%
chemisch	nicht unter 60 %

2.4.2.1.6 *Kalbsbratwurst, Weißwurst*[29)]

Ausgangsmaterial:

sehnen- und fettgewebsarmes Jungrindfleisch (Leitsatznummer 1.2.1.1.1)

grob entsehntes Kalb- und Jungrindfleisch (Leitsatznummer 1.2.1.1.2)

fettgewebereiches Schweinefleisch (Leitsatznummer 1.2.1.2.3)

Speck (Leitsatznummer 1.1.1.2.2)

Besondere Merkmale:

fein zerkleinert; nicht umgerötet; Kalbsbratwurst in der Regel in Schafsaitlingen oder Schweinedünndärmen, Weißwurst in Schweinedünndärmen; Kalbsbratwurst wird teilweise gebraten; geringe Haltbarkeit; vereinzelt roh im Verkehr, dann zum umgehenden Verzehr im gebrühten Zustand bestimmt

Analysenwerte:

bindegewebseiweißfreies Fleischeiweiß	nicht unter 7,5 %

bindegewebseiweißfreies Fleischeiweiß im Fleischeiweiß

histometrisch	nicht unter 65 Vol.-%
chemisch	nicht unter 80 %

2.4.2.1.7 *Wollwurst, Geschwollene*

Ausgangsmaterial:

grob entsehntes Kalb- oder Jungrindfleisch (Leitsatznummer 1.2.1.1.2)

fettgewebereiches Schweinefleisch (Leitsatznummer 1.2.1.2.3)

Speck (Leitsatznummer 1.1.1.2.2)

Besondere Merkmale:

fein zerkleinert; nicht umgerötet; ohne Hülle; in der Regel zum Braten bestimmt; geringe Haltbarkeit

Analysenwerte:

bindegewebseiweißfreies Fleischeiweiß nicht unter 6,5 %

bindegewebseiweißfreies Fleischeiweiß im Fleischeiweiß

histometrisch	nicht unter 70 Vol.-%
chemisch	nicht unter 80 %

2.4.2.1.8 *Münchner Weißwurst*

Ausgangsmaterial:

sehnen- und fettgewebsarmes Jungrindfleisch (Leitsatznummer 1.2.1.1.1)

grob entsehntes Kalb- und Jungrindfleisch (Leitsatznummer 1.2.1.1.2)

fettgewebereiches Schweinefleisch (Leitsatznummer 1.2.1.2.3)

Speck (Leitsatznummer 1.1.1.2.2)

5 % bis 15 % zusätzliches Bindegewebe (Leitsatznummer 1.1.1.3)

vor allem in Form von besonders gekochten Schwarten oder Kalbskopfhäuten

Besondere Merkmale:

fein zerkleinerte Grundmasse; Bindegewebsanteile bis reiskorngroß; nicht umgerötet; in der Regel in Schweinesaitlingen; geringe Haltbarkeit; vereinzelt roh im Verkehr, dann zum umgehenden Verzehr im gebrühten Zustand bestimmt.

Analysenwerte:

bindegewebseiweißfreies Fleischeiweiß nicht unter 6,5 %

bindegewebseiweißfreies Fleischeiweiß im Fleischeiweiß

histometrisch	nicht unter 60 Vol.-%
chemisch	nicht unter 70 %

2.4.2.1.9 *Stockwurst, Weißwurst einfach, Lungenwurst, Berliner Dampfwurst, Kümmelwurst*

Ausgangsmaterial:

grob entsehntes Rindfleisch (Leitsatznummer 1.2.1.1.2)

sehnenreiches Rindfleisch (Leitsatznummer 1.2.1.1.3)

fettgewebereiches Schweinefleisch (Leitsatznummer 1.2.1.2.3)

Fettgewebe (Leitsatznummer 1.1.1.2)

10 % bis 15 % Bindegewebe (Leitsatznummer 1.1.1.3)

bei Lungenwurst kann Bindegewebe bis zu 10 % durch Lunge (Leitsatznummer 1.1.1.6), bei Berliner Dampfwurst und Kümmelwurst kann Bindegewebe bis zu 10 % durch Leber, Herz, Zunge (Leitsatznummer 1.1.1.6) ersetzt sein

Besondere Merkmale:

fein zerkleinert; vereinzelt bindegewebige Anteile bis reiskorngroß; mit Ausnahme der Berliner Dampfwurst und der Kümmelwurst nicht umgerötet; in der Regel in Schweinedünndärmen oder Kranzdärmen; nicht in Schafsaitlingen und in Därmen mit einem Kaliber unter 32 mm; geringe Haltbarkeit

Analysenwerte:

bindegewebseiweißfreies Fleischeiweiß	nicht unter 6 %

bindegewebseiweißfreies Fleischeiweiß im Fleischeiweiß

histometrisch	nicht unter 50 Vol.- %
chemisch	nicht unter 65 %

2.4.2.1.10 *Grobe Bratwurst, Schweinsbratwürstchen, Schweinswürstchen, Fränkische Bratwurst, Pfälzer Bratwurst, Hessische Bratwurst, Rostbratwurst, Treuchtlinger, Rheinische Bratwurst, grob*[29)]

Ausgangsmaterial:

grob entfettetes Schweinefleisch (Leitsatznummer 1.2.1.2.2)

fettgewebereiches Schweinefleisch (Leitsatznummer 1.2.1.2.3)

wenn Grundbrät verwendet wird, evtl. auch grob entsehntes Kalb- oder Rindfleisch (Leitsatznummer 1.2.1.1.2)

Besondere Merkmale:

bis erbsengroße Körnung; nicht umgerötet; in der Regel in Schafsaitlingen oder Schweinedünndärmen; vielfach roh im Verkehr, dann zum umgehenden Verzehr im gebratenen oder gebrühten Zustand bestimmt

Analysenwerte:

bindegewebseiweißfreies Fleischeiweiß	nicht unter 8,5 %
bindegewebseiweißfreies Fleischeiweiß im Fleischeiweiß	
histometrisch	nicht unter 65 Vol.-%
chemisch	nicht unter 75 %

Kommentar: LS-Nr. 2.4.2.1.10 beschreibt die *grobe Bratwurst.* In der folgenden Leitsatznummer wird die *fein zerkleinerte Bratwurst* beschrieben. Für beide Erzeugnisse weist Fußnote 29 darauf hin, dass anstelle des Begriffs „Bratwurst" auch Bezeichnungen wie *Grillwurst* oder *Griller* verwendet werden können, die Synonyme zur Bezeichnung *Bratwurst* sind.

Auch wenn es sich bei *Bratwürsten* nach LS-Nr. 1.3.2.4 nicht zwingend um Brühwurst handelt, sondern abhängig von den regionalen Besonderheiten ebenso eine Fleischzubereitung, eine Rohwurst oder eine Kochwurst vorliegen kann, handelt es sich bei einer *Bratwurst* nach LS-Nr. 2.4.2.1.10 und der folgenden Leitsatznummer damit üblicherweise um Brühwürstchen. Daher ist der Hinweis darauf, dass die *Bratwürste* gebrüht sind, entbehrlich. Zwar handelt es sich insoweit um ein besonderes Behandlungsverfahren nach Anhang VI Teil A Nr. 1 LMIV, das bei vorverpackten Lebensmitteln ggf. gekennzeichnet werden muss; insoweit steht die Kennzeichnungspflicht jedoch unter der Voraussetzung, dass ohne die Angabe eine Irreführung der Verbraucher eintritt. Da nach der Beschreibung der Verkehrsauffassung in den Leitsätzen aber davon auszugehen ist, dass eine *Bratwurst* in der Regel gebrüht ist, muss auf diese Tatsache aufgrund der Üblichkeit nicht gesondert hingewiesen werden.

Bratwürste zeichnen sich dadurch aus, dass sie nicht umgerötet, also nicht gepökelt sind.

2.4.2.1.11 *Bratwurst, Rheinische Bratwurst, Schlesische Bratwurst, Rostbratwurst, fein zerkleinert*[29)]

Ausgangsmaterial:

grob entsehntes Kalb- oder Rindfleisch (Leitsatznummer 1.2.1.1.2)

grob entfettetes Schweinefleisch (Leitsatznummer 1.2.1.2.2)

fettgewebereiches Schweinefleisch (Leitsatznummer 1.2.1.2.3)

Speck (Leitsatznummer 1.1.1.2.2)

Besondere Merkmale:

fein zerkleinert; nicht umgerötet; in der Regel in Schweinedünndärmen; geringe Haltbarkeit; teilweise roh im Verkehr, dann zum umgehenden Verzehr im gebratenen oder gebrühten Zustand bestimmt

Analysenwerte:

bindegewebseiweißfreies Fleischeiweiß	nicht unter 8 %
bindegewebseiweißfreies Fleischeiweiß im Fleischeiweiß	
histometrisch	nicht unter 65 Vol.-%
chemisch	nicht unter 75 %

Kommentar: Auch *Bratwürste* nach LS-Nr. 2.4.2.1.11 zeichnen sich dadurch aus, dass sie nicht umgerötet, also nicht gepökelt sind. Sie weisen eine fein zerkleinerte Körnung auf und werden in der Regel in Schweinedünndärmen in den Verkehr gebracht. Auch hierbei sind die Begriffe *Griller* oder *Grillwurst* Synonyme zur *Bratwurst*, vgl. Fußnote 29. Weiterhin gelten die unter der vorherigen Leitsatznummer gemachten Ausführungen. Die Angabe „gebrüht“ ist beim Inverkehrbringen nicht erforderlich.

2.4.2.2 Brühwürste, fein zerkleinert

Kommentar: Bei der Herstellung von fein zerkleinerten Brühwürsten darf Rework auch in Erzeugnissen der Spitzenqualität verwendet werden, wenn die entsprechenden Anforderungen von LS-Nr. 1.2.6 eingehalten sind. Zu den näheren Einzelheiten siehe diese Leitsatznummer und die dortigen Erläuterungen.

2.4.2.2.1 *Lyoner, Schinkenwurst, (Norddeutsche) Mortadella, Pariser Fleischwurst, Rheinische Fleischwurst, Frankfurter Fleischwurst, Kalbfleischwurst, Kalbfleischkäse, Breslauer, Sardellenwurst*

Ausgangsmaterial:

grob entsehntes Rindfleisch (Leitsatznummer 1.2.1.1.2)

grob entsehntes Kalb-/Jungrindfleisch (Leitsatznummer 1.2.1.1.2)

grob entfettetes Schweinefleisch (Leitsatznummer 1.2.1.2.2)

fettgewebereiches Schweinefleisch (Leitsatznummer 1.2.1.2.3)

Speck (Leitsatznummer 1.1.1.2.2)

Besondere Merkmale:

umgerötet; in Hüllen mit größerem oder mittelgroßem Kaliber

Analysenwerte:

bindegewebseiweißfreies Fleischeiweiß	nicht unter 8 %
bindegewebseiweißfreies Fleischeiweiß im Fleischeiweiß	
histometrisch	nicht unter 65 Vol.-%
chemisch	nicht unter 75 %

2.4.2.2.2 *Fleischwurst, Stadtwurst, Bremer Gekochte, Fleischkäse, Leberkäs(e), Schnittfeste Leberwurst, Leberrolle, Bayerischer Leberkäs(e), Knoblauchwurst, Kasseler Kochwurst*

Ausgangsmaterial:

grob entsehntes Rindfleisch (Leitsatznummer 1.2.1.1.2)

sehnenreiches Rindfleisch (Leitsatznummer 1.2.1.1.3)

fettgewebereiches Schweinefleisch (Leitsatznummer 1.2.1.2.3)

Fettgewebe (Leitsatznummer 1.1.1.2)

Leber (Leitsatznummer 1.1.1.6) bei Leberkäse, schnittfester Leberwurst und Leberrolle

Besondere Merkmale:

umgerötet; Fleisch- und Stadtwurst in Kranzdärmen oder in anderen Hüllen mit mittelgroßem Kaliber; Leberkäse enthält in Bayern in der Regel keine Leber, außerhalb Bayerns kann derart hergestellter Leberkäse als *Bayerischer Leberkäs(e)* bezeichnet werden; Leberkäse und Fleischkäse gebacken oder in Formen gebrüht

Analysenwerte:

bindegewebseiweißfreies Fleischeiweiß	nicht unter 7,5 %
bindegewebseiweißfreies Fleischeiweiß im Fleischeiweiß	
histometrisch	nicht unter 65 Vol.-%
chemisch	nicht unter 75 %

Kommentar: In der Beschreibung der Besonderen Merkmale für Erzeugnisse, die in der LS-Nr. 2.4.2.2.2 zusammengefasst werden, findet sich die Erläuterung, dass *Leberkäse* in Bayern in der Regel keine Leber enthält.

Außerhalb Bayerns kann derart hergestellter Leberkäse als *Bayerischer Leberkäs(e)* bezeichnet werden. Hierbei handelt es sich um einen Fall, der in LS-Nr. 1.4.10 unter der Überschrift „geographische Angaben“ beschrieben ist. Ein *Bayerischer Leberkäse* zeichnet sich also nicht dadurch aus, dass er in Bayern hergestellt wird. Charakteristisch für dieses Produkt ist vielmehr, dass keine Leber als Zutat verwendet wird. Insoweit handelt es sich also bei der verkehrsüblichen Bezeichnung *Bayerischer Leberkäse* um die Beschreibung einer bestimmten Herstellungsart und keine Herkunftsangabe. In der Folge muss ein derartiges Produkt bei Abgabe in vorverpackter Form auch keine Angabe zur Herkunft der primären Zutaten nach Art. 26 Abs. 3 und der Durchführungsverordnung (EU) 2018/775 tragen.

2.4.2.2.3 *Fleischwurst einfach, Stadtwurst einfach, Fleischkäse einfach*

Ausgangsmaterial:

sehnenreiches Rindfleisch (Leitsatznummer 1.2.1.1.3)

fettgewebereiches Schweinefleisch (Leitsatznummer 1.2.1.2.3)

Fettgewebe (Leitsatznummer 1.1.1.2)

evtl. bis 10 % Bindegewebe (Leitsatznummer 1.1.1.3)

Besondere Merkmale:

umgerötet; Fleischwurst einfach und Stadtwurst einfach in Kranzdärmen oder anderen Hüllen mit mittelgroßem Kaliber; Fleischkäse einfach gebacken oder in Formen gebrüht

Analysenwerte:

bindegewebseiweißfreies Fleischeiweiß	nicht unter 6,5 %
bindegewebseiweißfreies Fleischeiweiß im Fleischeiweiß	
histometrisch	nicht unter 50 Vol.- %
chemisch	nicht unter 65 %

2.4.2.2.4 *Mosaikpastete, Schachbrettpastete*, schnittfeste Leberpastete und andere Brühwurstpasteten und -rouladen ohne grobe Fleischeinlagen sowie fein zerkleinerte Grundmasse für Brühwurstpasteten und -rouladen mit groben Fleischeinlagen[30)] (z. B. *Zungenpastete, Filetpastete*)

Ausgangsmaterial:

sehnen- und fettgewebsarmes Rindfleisch (Leitsatznummer 1.2.1.1.1)

grob entsehntes Rindfleisch (Leitsatznummer 1.2.1.1.2)

grob entfettetes Schweinefleisch (Leitsatznummer 1.2.1.2.2)

Speck (Leitsatznummer 1.1.1.2.2)
für dunkles Kontrastbrät Blut (Leitsatznummer 1.1.1.7)
Leber (Leitsatznummer 1.1.1.6)
Besondere Merkmale:
in der Regel umgerötet
Analysenwerte:

bindegewebseiweißfreies Fleischeiweiß	nicht unter 8,5 %
bindegewebseiweißfreies Fleischeiweiß im Fleischeiweiß	
histometrisch	nicht unter 75 Vol.-%
chemisch	nicht unter 82 %

2.4.2.2.5 *Fleischsalatgrundlage, Fleischbrät*
Ausgangsmaterial:
sehnenreiches Rindfleisch (Leitsatznummer 1.2.1.1.3)
fettgewebereiches Schweinefleisch (Leitsatznummer 1.2.1.2.3)
Fettgewebe (Leitsatznummer 1.1.1.2)
2 % bis 5 % Bindegewebe (Leitsatznummer 1.1.1.3)
2 % Stärke oder 2 % Milcheiweißerzeugnisse (Leitsatznummer 1.1.2.1)
Besondere Merkmale:
Auch umgerötet; meist in Formen oder Hüllen mit weitem Kaliber gebrüht; wird als Zutat in Feinkostsalaten verwendet
Analysenwerte:

bindegewebseiweißfreies Fleischeiweiß	nicht unter 7 %
bindegewebseiweißfreies Fleischeiweiß im Fleischeiweiß	
histometrisch	nicht unter 60 Vol.- %
chemisch	nicht unter 70 %

Kommentar: Neben dem Begriff des „Fleischbrätes“ beschreibt die vorgenannte Leitsatznummer auch eine Fleischsalatgrundlage. Im Rahmen der Besonderen Beurteilungsmerkmale wird darauf hingewiesen, dass die hier beschriebenen Produkte als Zutat in Feinkostsalaten verwendet werden. Insoweit gelten für diese Erzeugnisse die von der Lebensmittelbuch-Kommission herausgegebenen Leitsätze für Feinkostsalate.

Darin wird *Fleischsalat* in der dortigen LS-Nr. 2.1.1 beschrieben. Übliche Zutaten zur Herstellung von *Fleischsalat* sind Fleischbrät/Fleischsalatgrundlage nach der vorliegenden Leitsatznummer, andere Brühwurst (üblicherweise *Lyoner* oder *Fleischwurst*) sowie ggf. auch andere gegarte Fleischerzeugnisse, deren Anteil mindestens 28 % beträgt. Ferner werden zur Herstellung eines Fleischsalates Mayonnaise, Salatmayonnaise oder Salatcreme sowie Gurken als einziges Gemüse und Zutaten mit würzendem Charakter in einer Menge von höchstens 25 % verwendet.

Darüber hinaus beschreiben die Leitsätze für Feinkostsalate in der dortigen LS-Nr. 2.1.2 einen *Delikatess-Fleischsalat* und einen *Feinen Fleischsalat* sowie Erzeugnisse mit gleichsinnig hervorhebenden Bezeichnungen. Auch zur Herstellung dieser Artikel sind Fleischbrät bzw. Fleischsalatgrundlage nach der vorstehenden Leitsatzziffer, andere Brühwürste (üblicherweise *Lyoner* oder *Fleischwurst*) und ggf. auch andere gegarte Fleischerzeugnisse üblich, deren Anteil mindestens 34 % betragen muss. Mayonnaise, Salatmayonnaise oder Salatcreme können ebenfalls wie Gurken als einziges Gemüse sowie weitere Zutaten mit würzendem Charakter verwendet werden, wobei letztere einen maximalen Anteil von 16 % aufweisen dürfen.

2.4.2.2.6 *Gelbwurst, Kalbskäse, Weißer Fleischkäse*

Ausgangsmaterial:

sehnen- und fettgewebsarmes Jungrindfleisch (Leitsatznummer 1.2.1.1.1)

grob entsehntes Kalb- oder Jungrindfleisch (Leitsatznummer 1.2.1.1.2)

grob entfettetes Schweinefleisch (Leitsatznummer 1.2.1.2.2)

Speck (Leitsatznummer 1.1.1.2.2)

Besondere Merkmale:

nicht umgerötet; Gelbwurst in gefärbten Hüllen oder gelbpigmentierten Kunstdärmen mit mittelgroßem Kaliber; Kalbskäse und Weißer Fleischkäse gebacken oder in Formen gebrüht

Analysenwerte:

bindegewebseiweißfreies Fleischeiweiß	nicht unter 7,5 %
bindegewebseiweißfreies Fleischeiweiß im Fleischeiweiß	
histometrisch	nicht unter 65 Vol.-%
chemisch	nicht unter 80 %

2.4.2.2.7 *Weiße im Ring, Weiße Lyoner*

Ausgangsmaterial:

grob entsehntes Rindfleisch (Leitsatznummer 1.2.1.1.2)

sehnenreiches Rindfleisch (Leitsatznummer 1.2.1.1.3)
fettgewebereiches Schweinefleisch (Leitsatznummer 1.2.1.2.3)
Fettgewebe (Leitsatznummer 1.1.1.2)
Besondere Merkmale:
nicht umgerötet; in der Regel in Kranzdärmen
Analysenwerte:

bindegewebseiweißfreies Fleischeiweiß	nicht unter 7 %
bindegewebseiweißfreies Fleischeiweiß im Fleischeiweiß	
histometrisch	nicht unter 70 Vol.- %
chemisch	nicht unter 80 %

2.4.2.3 Grobe Brühwürste

Besondere Merkmale:

bei groben Brühwürsten im Darm mit Hinweisen auf eine besondere Austrocknung oder eine damit zusammenhängende Lagerfähigkeit in ungekühltem Zustand (z. B. „Dauer“- oder „lagerfähig“) liegen die absoluten Gehalte für das bindegewebseiweißfreie Fleischeiweiß um ein Zehntel des Wertes höher als bei den einzelnen Sorten angegeben.

Kommentar: Auch für grobe Brühwürste enthalten die Leitsätze vorab eine allgemeine Beschreibung. Sofern diese im Darm mit einem Hinweis auf eine besondere Austrocknung oder eine damit zusammenhängende Lagerfähigkeit in ungekühltem Zustand, bspw. durch die Angabe „Dauer-“ oder „lagerfähig“ in den Verkehr gebracht werden, müssen die im folgenden Abschnitt für die einzelnen Sorten angegebenen Analysewerte für BEFFE um ein Zehntel höher als bei den einzelnen Sorten angegeben liegen.

Auch bei groben Brühwürsten, die als Spitzenqualität in den Verkehr gebracht werden, darf bei Einhaltung der Anforderungen von LS-Nr. 1.2.6 Rework in beschränktem Umfang eingesetzt werden, vgl. die Ausführungen in der genannten Leitsatznummer und die Erläuterungen hierzu.

2.4.2.3.1 *Bayerische Bierwurst, Göttinger, Blasenwurst, Kochsalami, Tiroler, Krakauer, Jagdwurst süddeutsche Art, Celler Gekochte*

Ausgangsmaterial:
grob entsehntes Rindfleisch (Leitsatznummer 1.2.1.1.2)
grob entfettetes Schweinefleisch (Leitsatznummer 1.2.1.2.2)

Speck (Leitsatznummer 1.1.1.2.2)

Besondere Merkmale:

bis erbsengroße Körnung, bei Krakauer und Jagdwurst süddeutsche Art teilweise kirschgroße Fleischstücke; umgerötet; insbesondere nachgeräuchert sind sie auch als Dauerware im Verkehr; Bierwurst, Göttinger und Blasenwurst in der Regel in Blasen, die übrigen in Hüllen mit mittelgroßem Kaliber; Tiroler in schwarz pigmentierten Kunstdärmen, mit Blut behandelten Naturdärmen oder schwarz geräuchert

Analysenwerte:

bindegewebseiweißfreies Fleischeiweiß nicht unter 9,5%

bindegewebseiweißfreies Fleischeiweiß im Fleischeiweiß

histometrisch nicht unter 70 Vol.-%

chemisch nicht unter 80%

2.4.2.3.2 *Jagdwurst (norddeutsche Art), Grobe Schinkenwurst, Gefüllte Schweinsbrust, Gefüllter Schweinsfuß, Gefüllter Schweinskopf, Grobe Lyoner, Stuttgarter, Bierwurst, Hildesheimer, Grobe Stadtwurst, Nürnberger Stadtwurst, Frühstücksfleisch, Stuttgarter Leberkäs(e), Römerbraten, Wienerbraten, Bierkugel, Senatorenwurst*

Ausgangsmaterial:

grob entsehntes Rindfleisch (Leitsatznummer 1.2.1.1.2)

grob entfettetes Schweinefleisch (Leitsatznummer 1.2.1.2.2)

Speck (Leitsatznummer 1.1.1.2.2)

in Stuttgarter Leberkäse nicht unter 5% Leber (Leitsatznummer 1.1.1.6)

Besondere Merkmale:

fein zerkleinerte Grundmasse, bis erbsengroße Körnung, Jagdwurst und Grobe Schinkenwurst teilweise kirschgroße Fleischteile; umgerötet; Nürnberger Stadtwurst meist in Schweinedünndärmen, Stuttgarter, gefüllte Schweinsbrust in Brustmuskulatur (ohne Knochen, meist mit Knorpel), Schweinsfuß und Schweinskopf meist in genähter Schwarte, die übrigen Hüllen mit mittelgroßem oder größerem Kaliber

Analysenwerte:

bindegewebseiweißfreies Fleischeiweiß nicht unter 8%

bindegewebseiweißfreies Fleischeiweiß im Fleischeiweiß

histometrisch	nicht unter 70 Vol.-%
chemisch	nicht unter 80 %

2.4.2.3.3 *Grober Leberkäs(e), Grober Fleischkäse, Roter Fleischkäse, Grobe Fleischwurst, Schweinskäse*

Ausgangsmaterial:

grob entsehntes Rindfleisch (Leitsatznummer 1.2.1.1.2)

sehnenreiches Rindfleisch (Leitsatznummer 1.2.1.1.3)

fettgewebereiches Schweinefleisch (Leitsatznummer 1.2.1.2.3)

Fettgewebe (Leitsatznummer 1.1.1.2)

bei Leberkäse 5 % Leber (Leitsatznummer 1.1.1.6)

Besondere Merkmale:

fein zerkleinerte Grundmasse, meist reiskorngroße Körnung; meist umgerötet; Grobe Fleischwurst in der Regel in Kranzdärmen; Grober Leberkäs(e) enthält in Bayern in der Regel keine Leber; Leberkäse, Fleischkäse und Schweinskäse in der Regel gebacken oder in Formen gebrüht

Analysenwerte:

bindegewebseiweißfreies Fleischeiweiß	nicht unter 8 %
bindegewebseiweißfreies Fleischeiweiß im Fleischeiweiß	
histometrisch	nicht unter 65 Vol.- %
chemisch	nicht unter 75 %

2.4.2.3.4 *Gebrühte Knoblauchwurst, Gebrühte Krakauer, Cabanossi, Gebrühte Touristenwurst*

Ausgangsmaterial:

sehnenreiches Rindfleisch (Leitsatznummer 1.2.1.1.3)

fettgewebereiches Schweinefleisch (Leitsatznummer 1.2.1.2.3)

Fettgewebe (Leitsatznummer 1.1.1.2)

Besondere Merkmale:

fein zerkleinerte Grundmasse, bis erbsengroße Körnung; umgerötet; in der Regel in Kranzdärmen

Analysenwerte:

bindegewebseiweißfreies Fleischeiweiß	nicht unter 8 %

bindegewebseiweißfreies Fleischeiweiß im Fleischeiweiß

histometrisch	nicht unter 60 Vol.-%
chemisch	nicht unter 70 %

2.4.2.3.5 *Gebrühte Touristenwurst einfach, Gebrühte Krakauer einfach*

Ausgangsmaterial:

sehnenreiches Rindfleisch (Leitsatznummer 1.2.1.1.3)

fettgewebereiches Schweinefleisch (Leitsatznummer 1.2.1.2.3)

Fettgewebe (Leitsatznummer 1.1.1.2)

evtl. bis 10 % Bindegewebe (Leitsatznummer 1.1.1.3)

Besondere Merkmale:

fein zerkleinerte Grundmasse, bis erbsengroße Körnung; umgerötet, in der Regel in Kranzdärmen

Analysenwerte:

bindegewebseiweißfreies Fleischeiweiß nicht unter 6,5 %

bindegewebseiweißfreies Fleischeiweiß im Fleischeiweiß

histometrisch	nicht unter 50 Vol.- %
chemisch	nicht unter 65 %

2.4.2.3.6 *Schweinskopfwurst*

Ausgangsmaterial:

grob entsehntes Rindfleisch (Leitsatznummer 1.2.1.1.2)

sehnenreiches Rindfleisch (Leitsatznummer 1.2.1.1.3)

Fettgewebe (Leitsatznummer 1.1.1.2)

Schweinemasken (Leitsatznummer 1.1.1.4)

Besondere Merkmale:

bis erbsengroße Körnung; umgerötet; insbesondere nachgeräuchert auch als Dauerware im Verkehr; in Hüllen mit mittelgroßem Kaliber

Analysenwerte:

bindegewebseiweißfreies Fleischeiweiß nicht unter 8 %

bindegewebseiweißfreies Fleischeiweiß im Fleischeiweiß

histometrisch	nicht unter 55 Vol.-%
chemisch	nicht unter 65 %

2.4.2.3.7 *Weißer Schweinskäse, Weiße grobe Lyoner*

Ausgangsmaterial:

sehnen- und fettgewebsarmes Jungrindfleisch (Leitsatznummer 1.2.1.1.1)

grob entsehntes Kalb- und Jungrindfleisch (Leitsatznummer 1.2.1.1.2)

grob entfettetes Schweinefleisch (Leitsatznummer 1.2.1.2.2)

Speck (Leitsatznummer 1.1.1.2.2)

Besondere Merkmale:

fein zerkleinerte Grundmasse, reiskorngroße Körnung; nicht umgerötet; Weiße grobe Lyoner in der Regel in Kranzdärmen, Weißer Schweinskäse gebacken oder in Formen gebrüht

Analysenwerte:

bindegewebseiweißfreies Fleischeiweiß	nicht unter 8 %
bindegewebseiweißfreies Fleischeiweiß im Fleischeiweiß	
histometrisch	nicht unter 70 Vol.-%
chemisch	nicht unter 80 %

2.4.2.4 Brühwürste mit Einlagen

Besondere Merkmale:

Angegebene Analysenwerte beziehen sich auf Grundbrät mit Einlagen, bei grobstückigen Einlagen stammen diese von der Tierart/Teilstück, nach der/dem das Produkt benannt ist.

Kommentar: Die im folgenden Abschnitt angegebenen Analysewerte beziehen sich auf das Grundbrät mit Einlagen. Bei grobstückigen Einlagen erfolgt weiterhin die Beschreibung, dass die Einlagen von der Tierart bzw. dem Teilstück stammen, nach der oder dem das Produkt benannt ist. Wird keine Tierart in der Bezeichnung angegeben, gilt LS-Nr. 1.4.1.1 mit den dortigen Ausführungen, weshalb Rind- und Schweinefleisch grundsätzlich gegeneinander austauschbar sind.

Zur Herstellung von Brühwürsten mit Einlagen, die als Spitzenqualität in den Verkehr gebracht werden, darf Rework in beschränktem Umfang und unter Einhaltung der Maßgaben von LS-Nr. 1.2.6 eingesetzt werden, vgl. die entsprechende Leitsatznummer und die Erläuterungen hierzu.

2.4.2.4.1 *Bierschinken, Rinder-Bierschinken, Geflügel-Bierschinken, Schinkenpastete*

Ausgangsmaterial:

sehnen- und fettgewebsarmes Rindfleisch (Leitsatznummer 1.2.1.1.1)

grob entsehntes Rindfleisch (Leitsatznummer 1.2.1.1.2)

fettgewebs- und sehnenarmes Schweinefleisch (Leitsatznummer 1.2.1.2.1)

Speck (Leitsatznummer 1.1.1.2.2)

bei Geflügelbierschinken: sehnen- und fettgewebsarmes Geflügelfleisch (Leitsatznummer 1.2.1.3.1)

grob entsehntes Geflügelfleisch (Leitsatznummer 1.2.1.3.2)

Besondere Merkmale[31)]:

fein zerkleinerte Grundmasse mit groben, sehnen- und fettgewebsarmen Fleischeinlagen; sofern als Einlage kein Schweinefleisch verwendet wird, wird auf die Tierart hingewiesen; überwiegend kirsch- bis walnussgroße Einlagen, bei Rinderbierschinken auch geschnetzelt; umgerötet; meist in Hüllen mit großem Kaliber

Analysenwerte:

bindegewebseiweißfreies Fleischeiweiß	nicht unter 13 %
bindegewebseiweißfreies Fleischeiweiß im Fleischeiweiß	
histometrisch	nicht unter 80 Vol.-%
chemisch	nicht unter 88 %
bei einer Gesamtprobemenge über 600 g grobe Fleischeinlage	nicht unter 50 %

Kommentar: Analytisch muss ein *Bierschinken* einen Gehalt an BEFFE im FE bei chemischer Bestimmung von nicht unter 88 % aufweisen. Bei einer Auslobung als Spitzenqualität muss dieser Gehalt nicht weiter erhöht werden, vgl. insoweit LS-Nr. 1.4.7 Abs. 2 letzter Satz mit den dortigen Erläuterungen.

Darüber hinaus beschreiben die Leitsätze, dass bei einer Gesamtprobenmenge über 600 g der Anteil an grober Fleischeinlage bei nicht unter 50 % liegen darf. Richtigerweise muss eine Probeentnahme für ein repräsentatives Ergebnis aus dem Mittelstück einer Stange erfolgen. Denn im Rahmen des Herstellungsverfahrens werden die Einlagen in das noch zähflüssige Brät der Grundmasse gegeben. Bei einer Abfüllung in Kunstdärme werden diese nach dem Füllen an den Enden abgebunden. Dies führt dazu, dass die

Einlagen von den Endstücken hin in die Mitte der Stange gedrückt werden. Dieser Gesichtspunkt ist bei der Probeentnahme zu berücksichtigen. Die Herstellung einer Probenmenge von 600 g durch Untersuchung von zwei Endstücken wird den erforderlichen Anforderungen nicht gerecht.

2.4.2.4.2 *Filetpastete*, *Imitierte Wildschweinpastete* und andere Brühwurstpasteten und -rouladen mit bindegewebsarmen Fleischeinlagen

Ausgangsmaterial:

sehnen- und fettgewebsarmes Rindfleisch (Leitsatznummer 1.2.1.1.1)

grob entfettetes Schweinefleisch (Leitsatznummer 1.2.1.2.2)

bei imitierter Wildschweinpastete grobe Stücke in Blut (Leitsatznummer 1.1.1.7)

vorgekocht Speck (Leitsatznummer 1.1.1.2.2)

Besondere Merkmale:

fein zerkleinerte Grundmasse, meist bis walnussgroße Fleischeinlagen, bei imitierter Wildschweinpastete zeigen Fleischstücke im Anschnitt dunkelroten Rand; umgerötet; in der Regel in Formen mit Speckumhüllung gebrüht

Analysenwerte:

bindegewebseiweißfreies Fleischeiweiß	nicht unter 9 %
bindegewebseiweißfreies Fleischeiweiß im Fleischeiweiß	
histometrisch	nicht unter 75 Vol.-%
chemisch	nicht unter 82 %

2.4.2.4.3 *Presskopf*, *Ansbacher*, *Eisbeinpastete* und andere Brühwurstpasteten und -rouladen mit deklarierten bindegewebsreichen Fleischeinlagen, *Saure Rolle*

Ausgangsmaterial:

grob entsehntes Rindfleisch (Leitsatznummer 1.2.1.1.2)

fettgewebereiches Schweinefleisch (Leitsatznummer 1.2.1.2.3)

Speck (Leitsatznummer 1.1.1.2.2)

Eisbein mit Schwarten (Leitsatznummer 2.1.1.5)

bei Presskopf auch Schweinemasken (Leitsatznummer 1.1.1.4)

Besondere Merkmale:

fein zerkleinerte Grundmasse, schwartenhaltige Schweinefleischeinlagen; umgerötet; in Hüllen mit großem Kaliber; saure Rolle in genähtem Pansen, nach dem Brühen in Essig eingelegt.

Analysenwerte:

bindegewebseiweißfreies Fleischeiweiß	nicht unter 7,5 %
bindegewebseiweißfreies Fleischeiweiß im Fleischeiweiß	
histometrisch	nicht unter 55 Vol.-%
chemisch	nicht unter 65 %

2.4.2.4.4 *Süddeutsche Mortadella, Zungenwurst, Zungenpastete, Zungenroulade, Herzwurst*

Ausgangsmaterial:

grob entsehntes Rindfleisch (Leitsatznummer 1.2.1.1.2)

grob entfettetes Schweinefleisch (Leitsatznummer 1.2.1.2.2)

Speck (Leitsatznummer 1.1.1.2.2)

bei Zungenwurst, Zungenpastete und Zungenroulade vorgekochte Zungen (Leitsatznummer 1.1.1.6)

bei Herzwurst vorgekochte Herzmuskulatur (Leitsatznummer 1.1.1.6)

bei Süddeutscher Mortadella Herzmuskulatur und/oder Zungen (Leitsatznummer 1.1.1.6) oder bluthaltiges erhitztes Brät (Leitsatznummer 2.4.2.2.4)

Besondere Merkmale:

fein zerkleinerte Grundmasse, würfelförmige Einlagerungen von Herz, Zunge oder vorerhitztem Brät sowie teilweise auch Speck; umgerötet; in Hüllen mit großem Kaliber

Analysenwerte:

bindegewebseiweißfreies Fleischeiweiß	nicht unter 8 %
bindegewebseiweißfreies Fleischeiweiß im Fleischeiweiß	
histometrisch	nicht unter 70 Vol.-%
chemisch	nicht unter 80 %

2.4.2.4.5 *Paprikaspeckwurst*

Ausgangsmaterial:

grob entsehntes Rindfleisch (Leitsatznummer 1.2.1.1.2)

sehnenreiches Rindfleisch (Leitsatznummer 1.2.1.1.3)

Backenspeck (Leitsatznummer 1.1.1.2.2)

Besondere Merkmale:

fein zerkleinerte Grundmasse mit würfelförmigen Paprikaspeckeinlagerungen; umgerötet; in Hüllen mit mittelgroßem Kaliber; ungekühlt lagerfähig

Analysenwerte:

bindegewebseiweißfreies Fleischeiweiß	nicht unter 12%
bindegewebseiweißfreies Fleischeiweiß im Fleischeiweiß	
histometrisch	nicht unter 65 Vol.-%
chemisch	nicht unter 75%

2.4.2.4.6 *Milzwurst*

Ausgangsmaterial:

sehnen- und fettgewebsarmes Jungrindfleisch (Leitsatznummer 1.2.1.1.1)

grob entsehntes Kalb- und Jungrindfleisch (Leitsatznummer 1.2.1.1.2)

Kopffleisch von Kälbern (Leitsatznummer 1.2.1.1.3)

Speck (Leitsatznummer 1.1.1.2.2)

Schweinemilz (Leitsatznummer 1.1.1.6)

Besondere Merkmale:

fein zerkleinerte Grundmasse, bis kirschgroße Einlagerungen von Schweinemilz und Kalbskopffleisch; nicht umgerötet; in Hüllen mit großem Kaliber

Analysenwerte:

bindegewebseiweißfreies Fleischeiweiß	nicht unter 8%
bindegewebseiweißfreies Fleischeiweiß im Fleischeiweiß	
histometrisch	nicht unter 70 Vol.-%
chemisch	nicht unter 80%

2.4.3 Kochwürste

Kommentar: Kochwürste werden in LS-Nr. 1.3.2.3 beschrieben, vgl. die Ausführungen in der entsprechenden Leitsatznummer und die zugehörigen Erläuterungen. Innerhalb der Kochwürste unterscheiden die Leitsätze Pasteten (2.4.3.1), Leberwürste (2.4.3.2), Kochmettwürste (2.4.3.3), Blutwürste (2.4.3.4) und Sülzwürste (2.4.3.5).

2.4.3.1 Pasteten

Besondere Merkmale:

Besondere Auswahl des Ausgangsmaterials, Verwendung hochwertiger Zutaten, spezielle Herrichtung und typische äußere Aufmachung (z.B. Form, Teigrand, gold- oder silberfarbene Folie, Terrine oder ähnliches Behältnis, siehe auch Leitsatznummer 1.4.7). Der Anteil zum Mitverzehr bestimmter Umhüllungen übersteigt nicht das technologisch erforderliche Maß.

Kommentar: Pasteten zeichnen sich generell durch eine besondere Auswahl des Ausgangsmaterials, die Verwendung hochwertiger Zutaten und eine spezielle Herrichtung sowie ggf. eine typische äußere Aufmachung aus.

2.4.3.1.1 *Leberpastete, Leberparfait*

Ausgangsmaterial:

Schweine- und/oder Kalbsleber (Leitsatznummer 1.1.1.6)

fettgewebs- und sehnenarmes Schweinefleisch (Leitsatznummer 1.2.1.2.1) und/oder sehnenarmes Kalb-/Jungrindfleisch (Leitsatznummer 1.2.1.1.1)

Flomen (Leitsatznummer 1.1.1.2.1)

Speck (Leitsatznummer 1.1.1.2.2)

Besondere Merkmale:

fein zerkleinerte Grundmasse, auch mit groben Einlagen

Analysenwerte, bezogen auf das Erzeugnis ohne die zum Mitverzehr bestimmte Umhüllung:

bindegewebseiweißfreies Fleischeiweiß	nicht unter 11 %
bindegewebseiweißfreies Fleischeiweiß im Fleischeiweiß chemisch	nicht unter 82 %

2.4.3.1.2 *Gänseleberpastete*

Ausgangsmaterial:

Gänseleber (Leitsatznummer 1.1.1.6)

fettgewebs- und sehnenarmes Schweinefleisch (Leitsatznummer 1.2.1.2.1)

Schweine- und/oder Gänsefett (Leitsatznummer 1.1.1.2.4)

auch grob entsehntes Gänsefleisch (Leitsatznummer 1.2.1.3.2)

Besondere Merkmale:

teilweise auch ohne Fleisch (Leitsatznummer 1.2.1.2.1); fein zerkleinerte Grundmasse, auch mit groben Einlagen;

Analysenwerte, bezogen auf das Erzeugnis ohne die zum Mitverzehr bestimmte Umhüllung:

bindegewebseiweißfreies Fleischeiweiß	nicht unter 12 %
bindegewebseiweißfreies Fleischeiweiß im Fleischeiweiß chemisch	nicht unter 82 %

2.4.3.1.3 *Geflügelleberpastete*

Ausgangsmaterial:

Geflügelleber (Leitsatznummer 1.1.1.6)

fettgewebs- und sehnenarmes Schweinefleisch (Leitsatznummer 1.2.1.2.1)

grobentsehntes Geflügelfleisch (Leitsatznummer 1.2.1.3.2)

Flomen (Leitsatznummer 1.1.1.2.1)

Speck (Leitsatznummer 1.1.1.2.2)

Schweineleber (Leitsatznummer 1.1.1.6)

Besondere Merkmale[31)]:

fein zerkleinerte Grundmasse, auch mit groben Einlagen

Analysenwerte, bezogen auf das Erzeugnis ohne die zum Mitverzehr bestimmte Umhüllung:

bindegewebseiweißfreies Fleischeiweiß	nicht unter 11 %
bindegewebseiweißfreies Fleischeiweiß im Fleischeiweiß chemisch	nicht unter 82 %

2.4.3.1.4 *Geflügelpastete*, *Wildpastete*

Ausgangsmaterial:

grob entsehntes Geflügelfleisch (Leitsatznummer 1.2.1.3.2)

oder grob entsehntes Wildfleisch

fettgewebs- und sehnenarmes Schweinefleisch (Leitsatznummer 1.2.1.2.1)

auch sehnenarmes Kalb- oder Jungrindfleisch (Leitsatznummer 1.2.1.1.1)

Speck (Leitsatznummer 1.1.1.2.2)

Besondere Merkmale[31)]:

bei grobstückigen Einlagen stammen diese von der Tierart, nach der die Pastete benannt ist; zur Geschmacksabrundung sind auch geringe Leberanteile üblich

Analysenwerte, bezogen auf das Erzeugnis ohne die zum Mitverzehr bestimmte Umhüllung:

bindegewebseiweißfreies Fleischeiweiß	nicht unter 10 %
bindegewebseiweißfreies Fleischeiweiß im Fleischeiweiß chemisch	nicht unter 80 %

2.4.3.1.5 *Filetpastete, Zungenpastete* und andere Kochstreichwurstpasteten Ausgangsmaterial:

sehnen- und fettgewebsarmes Rindfleisch (Leitsatznummer 1.2.1.1.1)

und/oder fettgewebs- und sehnenarmes Schweinefleisch (Leitsatznummer 1.2.1.2.1)

grob entsehntes Rindfleisch (Leitsatznummer 1.2.1.1.2)

und/oder grob entfettetes Schweinefleisch (Leitsatznummer 1.2.1.2.2)

Flomen (Leitsatznummer 1.1.1.2.1)

Speck (Leitsatznummer 1.1.1.2.2)

Besondere Merkmale:

bei grobstückigen Einlagen stammen diese von der Tierart/Teilstück, nach der die Pastete benannt ist; zur Geschmacksabrundung sind auch geringe Leberanteile üblich

Analysenwerte, bezogen auf das Erzeugnis ohne die zum Mitverzehr bestimmte Umhüllung:

bindegewebseiweißfreies Fleischeiweiß	nicht unter 10 %
bindegewebseiweißfreies Fleischeiweiß im Fleischeiweiß chemisch	nicht unter 80 %

2.4.3.2 Leberwürste

Kommentar: Für die Kenntlichmachung der bei der Herstellung von Leberwürsten eingesetzten Tierarten und der Tierartenangabe im Zusammenhang mit dem Leberanteil vgl. LS-Nr. 1.4.1.1, insbesondere Absatz 1, 2 und 6 sowie LS-Nr. 1.4.1.4 für Leberwürste mit Geflügelanteil mit den dortigen Erläuterungen.

Ferner findet sich bei den meisten Leberwürsten der Hinweis auf Fußnote 32. Darin heißt es, dass die Verwendung von manuell gewonnenem Knochenputz nicht üblich ist. Manuell gewonnener Knochenputz wird in LS-Nr. 1.2.3.2 beschrieben, vgl. die Leitsatznummer und die dort gemachten Erläuterungen.

2.4.3.2.1 *Kalbsleberwurst*[32)], *Kalbfleisch-Leberwurst*[32)], *Trüffelleberwurst*[32)], *Champignonleberwurst*[32)], *Hildesheimer Leberwurst*[32)]

Ausgangsmaterial:

grob entfettetes Schweinefleisch (Leitsatznummer 1.2.1.2.2)

fettgewebereiches Schweinefleisch (Leitsatznummer 1.2.1.2.3)

grob entsehntes Kalb- und gegebenenfalls Jungrindfleisch (Leitsatznummer 1.2.1.1.2) bei Kalbsleberwurst oder Kalbfleisch-Leberwurst

Flomen (Leitsatznummer 1.1.1.2.1)

Speck (Leitsatznummer 1.1.1.2.2)

Leber (Leitsatznummer 1.1.1.6)

auch grob entsehntes Rindfleisch (Leitsatznummer 1.2.1.1.2), wenn zur Sicherung einer gewissen Schnittfähigkeit Brät zugesetzt wird

Besondere Merkmale:

fein zerkleinert bis grobe Körnung

Analysenwerte:

bindegewebseiweißfreies Fleischeiweiß	nicht unter 10 %
bindegewebseiweißfreies Fleischeiweiß im Fleischeiweiß chemisch	nicht unter 82 %

2.4.3.2.2 *Aachener Leberwurst*[32)], *Berliner Leberwurst*[32)], *Kölner Leberwurst*[32)]

Ausgangsmaterial:

fettgewebereiches Schweinefleisch (Leitsatznummer 1.2.1.2.3)

Flomen (Leitsatznummer 1.1.1.2.1)

Speck (Leitsatznummer 1.1.1.2.2)

Schweinemasken (Leitsatznummer 1.1.1.4)

Leber (Leitsatznummer 1.1.1.6)

auch grob entsehntes Rindfleisch (Leitsatznummer 1.2.1.1.2), wenn zur Sicherung einer gewissen Schnittfähigkeit Brät zugesetzt wird

Besondere Merkmale:

fein zerkleinert bis grobe Körnung; Berliner Leberwurst ohne Flomen und ohne Schweinemasken

Analysenwerte:

bindegewebseiweißfreies Fleischeiweiß	nicht unter 10 %
bindegewebseiweißfreies Fleischeiweiß im Fleischeiweiß chemisch	nicht unter 75 %

2.4.3.2.3 *Fleisch-Leberwurst*[32], *Schinken-Leberwurst*[32], *Kassler Leberwurst*[32]

Ausgangsmaterial:

grob entfettetes Schweinefleisch (Leitsatznummer 1.2.1.2.2)

fettgewebereiches Schweinefleisch (Leitsatznummer 1.2.1.2.3)

Speck (Leitsatznummer 1.1.1.2.2)

Leber (Leitsatznummer 1.1.1.6)

auch grob entsehntes Rindfleisch (Leitsatznummer 1.2.1.1.2), wenn zur Sicherung einer gewissen Schnittfähigkeit Brät zugesetzt wird

Besondere Merkmale:

Einlagen von Fleisch und/oder Leber

Analysenwerte:

bindegewebseiweißfreies Fleischeiweiß	nicht unter 10 %
bindegewebseiweißfreies Fleischeiweiß im Fleischeiweiß chemisch	nicht unter 80 %

2.4.3.2.4 *Gänseleberwurst*[32], *Pommersche Gänseleberwurst*[32]

Ausgangsmaterial:

grob entfettetes Schweinefleisch (Leitsatznummer 1.2.1.2.2)

fettgewebereiches Schweinefleisch (Leitsatznummer 1.2.1.2.3)

Fettgewebe (Leitsatznummer 1.1.1.2)

Gänseleber (Leitsatznummer 1.1.1.6)

Schweineleber (Leitsatznummer 1.1.1.6)

auch Gänsefleisch (Leitsatznummer 1.2.1.3)

Besondere Merkmale:

bis walnussgroße Gänselebereinlagen

Analysenwerte:

bindegewebseiweißfreies Fleischeiweiß	nicht unter 10 %
bindegewebseiweißfreies Fleischeiweiß im Fleischeiweiß chemisch	nicht unter 82 %

2.4.3.2.5 *Leberwurst, Gutsleberwurst*[32]*, grobe Leberwurst, Streichleberwurst, Braunschweiger Leberwurst, Frankfurter Leberwurst, Fränkische Leberwurst, Hallesche Leberwurst, Hamburger Leberwurst, Hamburger Hausmacherleberwurst*[32]*, Hamburger Landleberwurst*[32]*, Hannoversche Leberwurst, Hessische Leberwurst, Holsteiner Leberwurst, Kasseler Leberwurst, Pommersche Leberwurst, Pfälzer (Hausmacher) Leberwurst*[32]*, Rheinische Leberwurst, Sächsische Leberwurst, Schlesische Leberwurst, Schwäbische Leberwurst, Schwarzwälder Leberwurst, Westfälische Leberwurst, Kräuterleberwurst, Sahneleberwurst, Sardellenleberwurst, Schlottenleberwurst, Tomatenleberwurst*

Ausgangsmaterial:

fettgewebereiches Schweinefleisch (Leitsatznummer 1.2.1.2.3)

Fettgewebe (Leitsatznummer 1.1.1.2)

Bindegewebe (Leitsatznummer 1.1.1.3)

Schweinemasken (Leitsatznummer 1.1.1.4)

Leber (Leitsatznummer 1.1.1.6)

Herz, Zunge (Leitsatznummer 1.1.1.6)

auch grob entsehntes Rindfleisch (Leitsatznummer 1.2.1.1.2)

Besondere Merkmale:

grobe Körnung, aber auch fein zerkleinert; Gutsleberwurst und Pfälzer (Hausmacher) Leberwurst ohne andere Innereien, Pfälzer (Hausmacher) Leberwurst in der Regel nicht umgerötet

Analysenwerte:

bindegewebseiweißfreies Fleischeiweiß	nicht unter 9 %

bindegewebseiweißfreies Fleischeiweiß im Fleischeiweiß
chemisch nicht unter 75 %

2.4.3.2.6 *Hausmacherleberwurst, Bauernleberwurst, Landleberwurst, Griebenleberwurst, Zwiebelleberwurst*

Ausgangsmaterial:
fettgewebereiches Schweinefleisch (Leitsatznummer 1.2.1.2.3)
Fettgewebe (Leitsatznummer 1.1.1.2)
Bindegewebe (Leitsatznummer 1.1.1.3)
Schweinemasken (Leitsatznummer 1.1.1.4)
Leber (Leitsatznummer 1.1.1.6)
Herz, Zunge (Leitsatznummer 1.1.1.6)
Besondere Merkmale:
grobe Körnung, Zwiebelleberwurst auch fein zerkleinert
Analysenwerte:
bindegewebseiweißfreies Fleischeiweiß nicht unter 7,5 %
bindegewebseiweißfreies Fleischeiweiß im Fleischeiweiß
chemisch nicht unter 70 %

2.4.3.2.7 *Geflügelleberwurst, Putenleberwurst*

Ausgangsmaterial:
fettgewebereiches Schweinefleisch (Leitsatznummer 1.2.1.2.3)
grob entsehntes Geflügelfleisch (Leitsatznummer 1.2.1.3.2)
sehnenreiches Geflügelfleisch (Leitsatznummer 1.2.1.3.3)
Fettgewebe (Leitsatznummer 1.1.1.2)
Geflügelleber (Leitsatznummer 1.1.1.6)
Schweineleber (Leitsatznummer 1.1.1.6)
Geflügelherz (Leitsatznummer 1.1.1.6)
Geflügelmuskelmagen[3)] (Leitsatznummer 1.1.1.6)
Besondere Merkmale[31)]:
grobe Körnung, aber auch fein zerkleinert
Analysenwerte:
bindegewebseiweißfreies Fleischeiweiß nicht unter 8,5 %

bindegewebseiweißfreies Fleischeiweiß im Fleischeiweiß
chemisch nicht unter 70 %

2.4.3.2.8 *Lebercreme*
Ausgangsmaterial:
fettgewebereiches Schweinefleisch (Leitsatznummer 1.2.1.2.3)
Flomen (Leitsatznummer 1.1.1.2.1)
Speck (Leitsatznummer 1.1.1.2.2)
Leber (Leitsatznummer 1.1.1.6)
Besondere Merkmale:
fein zerkleinert, cremig
Analysenwerte:
bindegewebseiweißfreies Fleischeiweiß nicht unter 8 %
bindegewebseiweißfreies Fleischeiweiß im Fleischeiweiß
chemisch nicht unter 75 %

2.4.3.2.9 *Leberwurst einfach, Lippische Leberwurst*
Ausgangsmaterial:
sehnenreiches Rindfleisch (Leitsatznummer 1.2.1.1.3)
fettgewebereiches Schweinefleisch (Leitsatznummer 1.2.1.2.3)
Fettgewebe (Leitsatznummer 1.1.1.2)
Bindegewebe (Leitsatznummer 1.1.1.3)
Schweinemasken (Leitsatznummer 1.1.1.4)
Leber (Leitsatznummer 1.1.1.6)
Herz, Zunge (Leitsatznummer 1.1.1.6)
Besondere Merkmale:
Lippische Leberwurst weniger als 10 % Leber
Analysenwerte:
bindegewebseiweißfreies Fleischeiweiß nicht unter 6,5 %
bindegewebseiweißfreies Fleischeiweiß im Fleischeiweiß
chemisch nicht unter 65 %

2.4.3.2.10 *Leberwürstchen, frische Leberwürstchen, Schlachtschüssel-Leberwurst, Siedleberwurst*

Ausgangsmaterial:

fettgewebereiches Schweinefleisch (Leitsatznummer 1.2.1.2.3)

Fettgewebe (Leitsatznummer 1.1.1.2)

Bindegewebe (Leitsatznummer 1.1.1.3)

Schweinemasken (Leitsatznummer 1.1.1.4)

Leber (Leitsatznummer 1.1.1.6)

Herz, Zunge (Leitsatznummer 1.1.1.6)

Besondere Merkmale:

zum Warmverzehr bestimmt; Verkauf auch ohne Hülle, z. T. auch mit weniger als 10 % Leber

Analysenwerte:

bindegewebseiweißfreies Fleischeiweiß	nicht unter 6,5 %
bindegewebseiweißfreies Fleischeiweiß im Fleischeiweiß	
chemisch	nicht unter 65 %

2.4.3.2.11 *Berliner Frische Leberwurst, Schüsselwurst, Wellwurst, weiße Schlesische Wellwurst, Semmelleberwurst, Semmelwurst, Grützleberwurst, Grützwurst, Krautleberwurst, Mehlleberwurst (Mehlpiepen)*

Ausgangsmaterial:

fettgewebereiches Schweinefleisch (Leitsatznummer 1.2.1.2.3)

Fettgewebe (Leitsatznummer 1.1.1.2)

Bindegewebe (Leitsatznummer 1.1.1.3)

Schweinemasken (Leitsatznummer 1.1.1.4)

Leber (Leitsatznummer 1.1.1.6)

Herz, Zunge (Leitsatznummer 1.1.1.6)

Besondere Merkmale:

zum Warmverzehr bestimmt; Verkauf auch ohne Hülle; einige Sorten werden auch ohne Fleisch (Leitsatznummer 1.2.1.2.3) und Leber (Leitsatznummer 1.1.1.6) hergestellt; Berliner Frische Leberwurst, Schüsselwurst, Wellwurst, weiße Schlesische Wellwurst, Semmellebewurst, Semmelwurst, Grützleberwurst mit Grütze, Graupen oder Semmel;

Krautleberwurst mit gekochtem Weißkraut mit oder ohne Semmel; Mehlleberwurst (Mehlpiepen) mit Mehl

Analysenwerte:

bindegewebseiweißfreies Fleischeiweiß nicht unter 5 %

bindegewebseiweißfreies Fleischeiweiß im Fleischeiweiß

chemisch nicht unter 65 %

2.4.3.3 Kochmettwürste

Kommentar: Kochmettwürste sind regelmäßig streichfähig. Innerhalb der Gruppe der Kochmettwürste gibt es eine breite Vielzahl an Varianten. Die geringe Schnittfestigkeit ist jedoch die überwiegend gemeinsame Eigenschaft dieser Produktgruppe. Neben einer typischen Herstellung aus Rind- und Schweinefleisch sind oftmals hohe Anteile an Binde- und Fettgewebe sowie Sehnen üblich. Auch andere Lebensmittel wie Grütze, Gries oder Kartoffeln werden zur Herstellung von Kochmettwürsten verwendet. Bei einzelnen Erzeugnissen ist auch die Zugabe von Innereien üblich.

2.4.3.3.1 *Schinkencreme*[32)]

Ausgangsmaterial:

grob entfettetes Schweinefleisch (Leitsatznummer 1.2.1.2.2)

fettgewebereiches Schweinefleisch (Leitsatznummer 1.2.1.2.3)

Flomen (Leitsatznummer 1.1.1.2.1)

Speck (Leitsatznummer 1.1.1.2.2)

Besondere Merkmale:

fein zerkleinert, cremig; gewöhnlich in Behältnissen abgegeben; zur Geschmacksabrundung sind auch geringe Leberanteile üblich

Analysenwerte:

bindegewebseiweißfreies Fleischeiweiß nicht unter 10 %

bindegewebseiweißfreies Fleischeiweiß im Fleischeiweiß

histometrisch nicht unter 75 Vol.-%

chemisch nicht unter 80 %

2.4.3.3.2 *Gekochte Mettwurst, Westfälische gekochte Mettwurst, Kochmettwurst, Hamburger Gekochte, Hessische Kartoffelwurst*

Ausgangsmaterial:

grob entfettetes Schweinefleisch (Leitsatznummer 1.2.1.2.2)

fettgewebereiches Schweinefleisch (Leitsatznummer 1.2.1.2.3)

Flomen (Leitsatznummer 1.1.1.2.1)

Speck (Leitsatznummer 1.1.1.2.2)

auch grob entsehntes Rindfleisch (Leitsatznummer 1.2.1.1.2), wenn zur Sicherung einer gewissen Schnittfähigkeit Brät zugesetzt wird

Besondere Merkmale:

grobe Körnung; Hessische Kartoffelwurst mit Kartoffeln, auch als Halbfabrikat zum Warmverzehr bestimmt, Verkauf auch ohne Hülle

Analysenwerte:

bindegewebseiweißfreies Fleischeiweiß	nicht unter 8 %
bindegewebseiweißfreies Fleischeiweiß im Fleischeiweiß	
histometrisch	nicht unter 70 Vol.-%
chemisch	nicht unter 75 %

2.4.3.3.3 *Gekochte Mettwurst mit Schnauze*

Ausgangsmaterial:

grob entfettetes Schweinefleisch (Leitsatznummer 1.2.1.2.2)

fettgewebereiches Schweinefleisch (Leitsatznummer 1.2.1.2.3)

Schweinemasken (Leitsatznummer 1.1.1.4)

Besondere Merkmale:

grobstückige Einlagen von Schweinemaske

Analysenwerte:

bindegewebseiweißfreies Fleischeiweiß	nicht unter 8,5 %
bindegewebseiweißfreies Fleischeiweiß im Fleischeiweiß	
histometrisch	nicht unter 65 Vol.-%
chemisch	nicht unter 70 %

2.4.3.3.4 *Gekochte Zwiebelmettwurst, Zwiebelmettwurst, Kohlwurst, Schmorwurst*

Ausgangsmaterial:

grob entfettetes Schweinefleisch (Leitsatznummer 1.2.1.2.2)

fettgewebereiches Schweinefleisch (Leitsatznummer 1.2.1.2.3)

Fettgewebe (Leitsatznummer 1.1.1.2)

auch grob entsehntes Rindfleisch (Leitsatznummer 1.2.1.1.2), wenn zur Sicherung einer gewissen Schnittfähigkeit Brät zugesetzt wird

Besondere Merkmale:

grobe Körnung; Kohl- und Schmorwurst als Halbfabrikat zum Warmverzehr bestimmt

Analysenwerte:

bindegewebseiweißfreies Fleischeiweiß — nicht unter 7,5 %

bindegewebseiweißfreies Fleischeiweiß im Fleischeiweiß

histometrisch — nicht unter 70 Vol.-%

chemisch — nicht unter 75 %

2.4.3.3.5 *Pfälzer Saumagen*

Ausgangsmaterial:

grob entfettetes Schweinefleisch (Leitsatznummer 1.2.1.2.2)

Speck (Leitsatznummer 1.1.1.2.2)

auch grob entsehntes Rindfleisch (Leitsatznummer 1.2.1.1.2), wenn zur Sicherung einer gewissen Schnittfähigkeit Brät zugesetzt wird

Besondere Merkmale:

zum Warmverzehr bestimmt; Einlagen von Kartoffelstücken (Kartoffelanteil nicht über 40 %); zur Geschmacksabrundung sind auch geringe Leberanteile üblich; bei nicht schnittfähigen Erzeugnissen auch Semmel, Lauch, Karotten

Analysenwerte des Fleischanteiles:

bindegewebseiweißfreies Fleischeiweiß — nicht unter 7 %

bindegewebseiweißfreies Fleischeiweiß im Fleischeiweiß

histometrisch — nicht unter 75 Vol.-%

chemisch — nicht unter 80 %

2.4.3.3.6 *Gekochte Zwiebelwurst, Zwiebelwurst*

Ausgangsmaterial:

fettgewebereiches Schweinefleisch (Leitsatznummer 1.2.1.2.3)

Fettgewebe (Leitsatznummer 1.1.1.2)

Bindegewebe (Leitsatznummer 1.1.1.3)

Besondere Merkmale:

grobe Körnung; zur Geschmacksabrundung sind auch geringe Leberanteile üblich

Analysenwerte:

bindegewebseiweißfreies Fleischeiweiß	nicht unter 6,5 %
bindegewebseiweißfreies Fleischeiweiß im Fleischeiweiß	
histometrisch	nicht unter 60 Vol.-%
chemisch	nicht unter 65 %

2.4.3.3.7 *Rinderwurst*

Ausgangsmaterial:

sehnenreiches Rindfleisch (Leitsatznummer 1.2.1.1.3)

Fettgewebe (Leitsatznummer 1.1.1.2)

Fett (Leitsatznummer 1.1.1.2.4)

Schweinemasken (Leitsatznummer 1.1.1.4)

Leber, Herz, Zunge (Leitsatznummer 1.1.1.6)

Besondere Merkmale:

auch unter Verwendung von Graupen, Grütze oder anderen Cerealien (Getreideerzeugnissen), Butter hergestellt; Westfälische Rinderwurst wird ausschließlich aus sehnenreichem Rindfleisch, Rinderfleischfett (Leitsatznummer 1.1.1.2.3), Gemüse, Cerealien und Butter hergestellt

Analysenwerte:

bindegewebseiweißfreies Fleischeiweiß	nicht unter 7,5 %
bindegewebseiweißfreies Fleischeiweiß im Fleischeiweiß	
histometrisch	nicht unter 60 Vol.-%
chemisch	nicht unter 65 %

2.4.3.3.8 *Schmalzfleisch*

Ausgangsmaterial:

fettgewebereiches Schweinefleisch (Leitsatznummer 1.2.1.2.3)

Flomen (Leitsatznummer 1.1.1.2.1)

Speck (Leitsatznummer 1.1.1.2.2)

Bindegewebe (Leitsatznummer 1.1.1.3)

Besondere Merkmale:

meist in Behältnissen

Analysenwerte:

bindegewebseiweißfreies Fleischeiweiß	nicht unter 5 %
bindegewebseiweißfreies Fleischeiweiß im Fleischeiweiß	
histometrisch	nicht unter 60 Vol.-%
chemisch	nicht unter 65 %

2.4.3.3.9 *Norddeutsche Fleischwurst*

Ausgangsmaterial:

fettgewebereiches Schweinefleisch (Leitsatznummer 1.2.1.2.3)

Flomen (Leitsatznummer 1.1.1.2.1)

Speck (Leitsatznummer 1.1.1.2.2)

Bindegewebe (Leitsatznummer 1.1.1.3)

Leber, Herz, Zunge (Leitsatznummer 1.1.1.6)

Besondere Merkmale:

nicht umgerötet

Analysenwerte:

bindegewebseiweißfreies Fleischeiweiß	nicht unter 5 %
bindegewebseiweißfreies Fleischeiweiß im Fleischeiweiß	
histometrisch	nicht unter 60 Vol.-%
chemisch	nicht unter 65 %

2.4.3.3.10 *Knappwurst, Knackwurst*

Ausgangsmaterial:

fettgewebereiches Schweinefleisch (Leitsatznummer 1.2.1.2.3)

Fettgewebe (Leitsatznummer 1.1.1.2)

Bindegewebe (Leitsatznummer 1.1.1.3)

Leber, Herz, Zunge (Leitsatznummer 1.1.1.6)

Besondere Merkmale:

nicht umgerötet; auch unter Verwendung von Grütze, Haferflocken hergestellt

Analysenwerte:

bindegewebseiweißfreies Fleischeiweiß	nicht unter 4,5 %

bindegewebseiweißfreies Fleischeiweiß im Fleischeiweiß

histometrisch	nicht unter 60 Vol.-%
chemisch	nicht unter 65 %

2.4.3.3.11 *Weiße Graupenwurst, Westfälische Grützwurst, Kartoffelwurst, Knipp, Pfannenschlag, Semmelwürstchen, Semmelwurst, Weckewerk, Wurstebrei*

Ausgangsmaterial:

sehnenreiches Rindfleisch (Leitsatznummer 1.2.1.1.3)

fettgewebereiches Schweinefleisch (Leitsatznummer 1.2.1.2.3)

Fettgewebe (Leitsatznummer 1.1.1.2)

Fett (Leitsatznummer 1.1.1.2.4)

Bindegewebe (Leitsatznummer 1.1.1.3)

Schweinemasken (Leitsatznummer 1.1.1.4)

Leber, Herz, Zunge (Leitsatznummer 1.1.1.6)

Besondere Merkmale:

zum Warmverzehr bestimmt: Verkauf auch ohne Hülle; Kartoffel-Semmelwürstchen, Semmelwurst, Weckewerk nicht umgerötet; der Bezeichnung des Lebensmittels entsprechende Verwendung von Graupen, Grütze (auch Knipp, Pfannenschlag, Wurstebrei), Kartoffeln, Semmel (auch Weckewerk)

Analysenwerte:

bindegewebseiweißfreies Fleischeiweiß	nicht unter 3 %

bindegewebseiweißfreies Fleischeiweiß im Fleischeiweiß

histometrisch	nicht unter 55 Vol.-%
chemisch	nicht unter 60 %

2.4.3.3.12 *Hannoversche Weißwurst, Hannoversche Weiße, Hannoversche Weißgekochte, Harzer Weiße*

Ausgangsmaterial:

fettgewebereiches Schweinefleisch (Leitsatznummer 1.2.1.2.3)

Flomen (Leitsatznummer 1.1.1.2.1)

Besondere Merkmale:

nicht umgerötet

Analysenwerte:

bindegewebseiweißfreies Fleischeiweiß	nicht unter 2,5 %
bindegewebseiweißfreies Fleischeiweiß im Fleischeiweiß	
histometrisch	nicht unter 55 Vol.-%
chemisch	nicht unter 60 %

2.4.3.3.13 *Pinkel*

Ausgangsmaterial:

Fettgewebe (Leitsatznummer 1.1.1.2)

Fettgewebereiches Schweinefleisch (Leitsatznummer 1.2.1.2.3) bei *Fleischpinkel, Oldenburger Pinkel*

Besondere Merkmale:

Unter Verwendung von Hafergrütze, in der Regel nicht umgerötet, Oldenburger Pinkel auch als Halbfabrikat, zum Warmverzehr bestimmt

Analysenwerte:

bindegewebseiweißfreies Fleischeiweiß	nicht unter 2 %
bindegewebseiweißfreies Fleischeiweiß im Fleischeiweiß	
histometrisch	nicht unter 55 Vol.-%
chemisch	nicht unter 60 %

2.4.3.4 Blutwürste

Kommentar: Blutwürste sind Kochwürste, deren Schnittfähigkeit in erkaltetem Zustand auf mit Blut versetzter, erstarrter Gallertmasse („Schwartenbrei") oder auf zusammenhängende Koagulation von Bluteiweiß beruht, vgl. die entsprechende Beschreibung in LS-Nr. 1.3.2.3 und die dortigen Erläuterungen.

Blutwürste, die mit hervorhebenden Hinweisen in den Verkehr gebracht werden, weisen von groben Fett- und Bindegewebsanteilen befreite Muskelfleisch- bzw. Zungeneinlagen von mindestens 35 % auf, vgl. LS-Nr. 1.4.7 und die dortigen Erläuterungen.

2.4.3.4.1 *Filet-Rotwurst, Böhmische Rotwurst, Schlegelwurst, Blutwurst mit Einlagen*

Ausgangsmaterial:

fettgewebs- und sehnenarmes Schweinefleisch (Leitsatznummer 1.2.1.2.1)

Speck (Leitsatznummer 1.1.1.2.2)

Schwarten (Leitsatznummer 1.1.1.4)

Blut (Leitsatznummer 1.1.1.7)

Besondere Merkmale:

in z. T. auch mit fein zerkleinerter Leber (Leitsatznummer 1.1.1.6) versetzter Blut-Schwarten-Grundmasse stückige Einlagen von Fleisch sowie Speck; bei Blutwurst mit Einlage zusätzlich auch Zunge (Leitsatznummer 1.1.1.6). Die Verwendung von Formfleischeinlagen (Leitsatznummer 1.2.4) ist nicht üblich.

Analysenwerte bei einer Gesamtprobenmenge über 600 g:

Muskelfleischeinlagen, von groben Fett- und Bindegewebsanteilen befreit nicht unter 35 %

Kommentar: Bei den vorliegenden Produkten ist die Verwendung von Einlagen aus Formfleisch nach LS-Nr. 1.2.4 kraft ausdrücklicher Beschreibung nicht üblich. Eine Verwendung müsste deshalb in jedem Fall in der Bezeichnung des Lebensmittels kenntlich gemacht werden.

Der Gehalt an Einlagen muss anhand einer Gesamtprobenmenge über 600 g ermittelt werden. Insoweit gelten die Ausführungen zur sachgerechten Ermittlung des Anteils an Einlagen beim *Bierschinken* in LS-Nr. 2.4.2.4.1 entsprechend, vgl. die dortigen Ausführungen.

2.4.3.4.2 *Zungenrotwurst, Zungenblutwurst, Zungenwurst, Berliner Zungenwurst, Zungenpastete*

Ausgangsmaterial:

Speck (Leitsatznummer 1.1.1.2.2)

Schwarten (Leitsatznummer 1.1.1.4)

Blut (Leitsatznummer 1.1.1.7)

Zunge (Leitsatznummer 1.1.1.6)

Besondere Merkmale:

in z. T. auch mit fein zerkleinerter Leber (Leitsatznummer 1.1.1.6) versetzter Blut-Schwarten-Grundmasse stückige Einlagen von Zungen sowie Speck; Zungenpastete zeichnet sich durch ein besonders anspruchsvolles Erscheinungsbild aus

Analysenwerte bei einer Gesamtprobenmenge über 600 g:

Zungeneinlagen	nicht unter 35 %

Kommentar: Insoweit gelten die Ausführungen zur sachgerechten Ermittlung des Anteils an Einlagen beim *Bierschinken* in LS-Nr. 2.4.2.4.1 entsprechend, vgl. die dortigen Ausführungen.

2.4.3.4.3 *Leberrotwurst, Schinkenrotwurst*

Ausgangsmaterial:

grob entfettetes Schweinefleisch (Leitsatznummer 1.2.1.2.2)

fettgewebereiches Schweinefleisch (Leitsatznummer 1.2.1.2.3)

Speck (Leitsatznummer 1.1.1.2.2)

Schwarten (Leitsatznummer 1.1.1.4)

Blut (Leitsatznummer 1.1.1.7)

Leber (Leitsatznummer 1.1.1.6) bei Leberrotwurst

Besondere Merkmale:

in z. T. auch mit fein zerkleinerter Leber (Leitsatznummer 1.1.1.6) versetzter Blut-Schwarten-Grundmasse würfelförmige Einlagen von Fleisch und Speck, teilweise zusätzlich auch mit Zunge, Leber und Herz (Leitsatznummer 1.1.1.6); bei der Leberrotwurst können Fleisch-Einlagen durch Leber ersetzt werden

Analysenwerte bei einer Gesamtprobenmenge über 600 g:

Muskelfleischeinlagen, von groben Fett- und Bindegewebsanteilen befreit	nicht unter 35 %

Kommentar: Insoweit gelten die Ausführungen zur sachgerechten Ermittlung des Anteils an Einlagen beim *Bierschinken* in LS-Nr. 2.4.2.4.1 entsprechend, vgl. die dortigen Ausführungen.

2.4.3.4.4 *Gutsrotwurst, Gutsfleischwurst, Fleischrotwurst, Berliner Fleischwurst, Pariser Blutwurst, Fleischmagen, Fleischblutmagen*

Ausgangsmaterial:

grob entfettetes Schweinefleisch (Leitsatznummer 1.2.1.2.2)

fettgewebereiches Schweinefleisch (Leitsatznummer 1.2.1.2.3)

Speck (Leitsatznummer 1.1.1.2.2)

Schwarten (Leitsatznummer 1.1.1.4)

Blut (Leitsatznummer 1.1.1.7)

Besondere Merkmale:

in z. T. auch mit fein zerkleinerter Leber (Leitsatznummer 1.1.1.6) versetzter Blut-Schwarten-Grundmasse, würfelförmige Einlagen von Fleisch und Speck, teilweise zusätzlich auch mit Zunge, Leber und Herz (Leitsatznummer 1.1.1.6)

Analysenwerte bei einer Gesamtprobenmenge über 600 g:

Muskelfleischeinlagen, von groben Fett- und Bindegewebsanteilen befreit — nicht unter 30%

Kommentar: Insoweit gelten die Ausführungen zur sachgerechten Ermittlung des Anteils an Einlagen beim *Bierschinken* in LS-Nr. 2.4.2.4.1 entsprechend, vgl. die dortigen Ausführungen.

2.4.3.4.5 *Fränkischer Rotgelegter, Würzburger Rotgelegter*

Ausgangsmaterial:

grob entfettetes Schweinefleisch (Leitsatznummer 1.2.1.2.2)

fettgewebereiches Schweinefleisch (Leitsatznummer 1.2.1.2.3)

Schweinemasken (Leitsatznummer 1.1.1.4)

Speck (Leitsatznummer 1.1.1.2.2)

Schwarten (Leitsatznummer 1.1.1.4)

Blut (Leitsatznummer 1.1.1.7)

Besondere Merkmale:

in z. T. auch mit fein zerkleinerter Leber (Leitsatznummer 1.1.1.6) versetzter Blut-Schwarten-Grundmasse, streifen- oder würfelförmige Einlagen von Fleisch, Schweinemasken und Speck

Analysenwerte bei einer Gesamtprobenmenge über 600 g:

Muskelfleischeinlagen, von groben Fett- und Bindegewebsanteilen befreit — nicht unter 30%

Kommentar: Insoweit gelten die Ausführungen zur sachgerechten Ermittlung des Anteils an Einlagen beim *Bierschinken* in LS-Nr. 2.4.2.4.1 entsprechend, vgl. die dortigen Ausführungen.

2.4.3.4.6 *Thüringer Blutwurst, Dresdner Blutwurst, Schlesische Blutwurst*

Ausgangsmaterial:

grob entfettetes Schweinefleisch (Leitsatznummer 1.2.1.2.2)

fettgewebereiches Schweinefleisch (Leitsatznummer 1.2.1.2.3)

Speck (Leitsatznummer 1.1.1.2.2)

Schwarten (Leitsatznummer 1.1.1.4)

Blut (Leitsatznummer 1.1.1.7)

Besondere Merkmale:

in z. T. auch mit fein zerkleinerter Leber (Leitsatznummer 1.1.1.6) versetzter Blut-Schwarten-Grundmasse, würfelförmige Einlagen von Fleisch und Speck, teilweise zusätzlich auch mit Leber und Herz (Leitsatznummer 1.1.1.6)

Analysenwerte bei einer Gesamtprobenmenge über 600 g:

Muskelfleischeinlagen, von groben Fett- und Bindegewebsanteilen befreit	nicht unter 25 %

Kommentar: Insoweit gelten die Ausführungen zur sachgerechten Ermittlung des Anteils an Einlagen beim *Bierschinken* in LS-Nr. 2.4.2.4.1 entsprechend, vgl. die dortigen Ausführungen.

2.4.3.4.7 *Rotwurst, Calenberger Rotwurst, Bauernrotwurst, Hausmacher Rotwurst, Landrotwurst*

Ausgangsmaterial:

fettgewebereiches Schweinefleisch (Leitsatznummer 1.2.1.2.3)

Speck (Leitsatznummer 1.1.1.2.2)

Schwarten (Leitsatznummer 1.1.1.4)

Blut (Leitsatznummer 1.1.1.7)

Besondere Merkmale:

in z. T. auch mit fein zerkleinerter Leber und Innereien (nur Leber, Herz, Zunge) (Leitsatznummer 1.1.1.6) versetzter Blut-Schwarten-Grundmasse, würfelförmige Einlagen von Fleisch und Speck mit teilweise anhaftender Schwarte, teilweise zusätzlich auch mit Schweinemasken (Leitsatznummer 1.1.1.4), Herz, Leber oder Zunge (Leitsatznummer 1.1.1.6); Calenberger Rotwurst mit Getreideerzeugnissen

Analysenwerte bei einer Gesamtprobenmenge über 600 g:

Muskelfleischeinlagen, von groben Fett- und
Bindegewebsanteilen befreit nicht unter 15 %

Kommentar: Insoweit gelten die Ausführungen zur sachgerechten Ermittlung des Anteils an Einlagen beim *Bierschinken* in LS-Nr. 2.4.2.4.1 entsprechend, vgl. die dortigen Ausführungen.

2.4.3.4.8 *Roter Schwartemagen, Blutpresssack, Roter Presssack, Schwarzer Presssack, Blutpresskopf, Roter Presskopf, Presswurst, Berliner Presswurst*

Ausgangsmaterial:

fettgewebereiches Schweinefleisch (Leitsatznummer 1.2.1.2.3)

Speck (Leitsatznummer 1.1.1.2.2)

Schwarten (Leitsatznummer 1.1.1.4)

Schweinemasken (Leitsatznummer 1.1.1.4)

Blut (Leitsatznummer 1.1.1.7)

Herz (Leitsatznummer 1.1.1.6)

Besondere Merkmale:

in z. T. auch mit zerkleinerten Innereien (nur Leber, Herz, Zunge) (Leitsatznummer 1.1.1.6) versetzter Blut-Schwarten-Grundmasse, würfel- oder streifenförmige Einlagen von Fleisch, Schweinemasken, Speck mit teilweise anhaftender Schwarte und Herz; Presssack und Schwartenmagen auch ohne Einlagen von Fleisch

Analysenwerte bei einer Gesamtprobenmenge über 600 g:

Muskelfleischeinlagen, von groben Fett- und
Bindegewebsanteilen befreit nicht unter 10 %

Kommentar: Insoweit gelten die Ausführungen zur sachgerechten Ermittlung des Anteils an Einlagen beim *Bierschinken* in LS-Nr. 2.4.2.4.1 entsprechend, vgl. die dortigen Ausführungen.

2.4.3.4.9 *Blutwurst, Rheinische Blutwurst, Sächsische Blutwurst, Bauernblutwurst, Landblutwurst, Speckwurst, Speckblutwurst frisch, Touristenwurst, Griebenwurst, Pfefferwurst, Blunzen, Plunzen, Flönz, Schwarzwurst*

Ausgangsmaterial:

Speck (Leitsatznummer 1.1.1.2.2)

Schwarten (Leitsatznummer 1.1.1.4)

Schweinemasken (Leitsatznummer 1.1.1.4)

Blut (Leitsatznummer 1.1.1.7)

Besondere Merkmale:

in z. T. auch mit zerkleinerten Innereien (nur Leber, Herz, Zunge) (Leitsatznummer 1.1.1.6) versetzter Blut-Schwarten-Grundmasse, würfelförmige Einlagen von Schweinemasken und/oder Speck mit anhaftender Schwarte, einige Sorten auch mit Fleisch (Leitsatznummer 1.2.1.2.3); Blutwurst, Blunzen, Plunzen, Flönz regional auch nur aus Blut

Analysenwerte bei einer Gesamtprobenmenge über 600 g:

Einlagen, sofern vorhanden nicht unter 20 %

Kommentar: Insoweit gelten die Ausführungen zur sachgerechten Ermittlung des Anteils an Einlagen beim *Bierschinken* in LS-Nr. 2.4.2.4.1 entsprechend, vgl. die dortigen Ausführungen.

2.4.3.4.10 *Hausmacher Blutwurst*

Ausgangsmaterial:

Speck (Leitsatznummer 1.1.1.2.2)

Schwarten (Leitsatznummer 1.1.1.4)

Schweinemasken (Leitsatznummer 1.1.1.4)

Blut (Leitsatznummer 1.1.1.7)

Besondere Merkmale:

in z. T. auch mit zerkleinerten Innereien (nur Leber, Herz, Zunge) (Leitsatznummer 1.1.1.6) versetzter Blut-Schwarten-Grundmasse, gewolfte Schweinemasken und Speck mit anhaftender Schwarte, teilweise auch Fleisch (Leitsatznummer 1.2.1.2.3), Speck teilweise auch gewürfelt

Analysenwerte:

bindegewebseiweißfreies Fleischeiweiß nicht unter 7 %

Einlagen, sofern vorhanden nicht unter 20 %

2.4.3.4.11 *Frische Blutwürstchen, frische Blutwurst*

Ausgangsmaterial:

Speck (Leitsatznummer 1.1.1.2.2)

Schwarten (Leitsatznummer 1.1.1.4)

Schweinemasken (Leitsatznummer 1.1.1.4)

Blut (Leitsatznummer 1.1.1.7)

Besondere Merkmale:

Blut-Schwarten-Grundmasse, in der Blut überwiegt und die z. T. auch zerkleinertes Schweinefleisch (Leitsatznummer 1.2.1.2.3) und/oder Leber, Herz, Zunge (Leitsatznummer 1.1.1.6) enthalten kann, mit Speck, Schwarten und/oder Fleischwürfeln (Leitsatznummer 1.2.1.2.3); auch zum Warmverzehr bestimmt; Verkauf teilweise ohne Hülle

Analysenwerte:

bindegewebseiweißfreies Fleischeiweiß	nicht unter 5 %

2.4.3.4.12 *Berliner frische Blutwurst, frische Blutwurst mit Semmeln, Beutelwurst, Boudin, Schwarze Graupenwürstchen, Grützblutwurst, rote Grützwurst, Möpkenbrot, Panhas, Tiegelblutwurst, Tollatschen, Rote Wellwurst, Wurstebrot*

Ausgangsmaterial:

Speck (Leitsatznummer 1.1.1.2.2)

Schwarten (Leitsatznummer 1.1.1.4)

Schweinemasken (Leitsatznummer 1.1.1.4)

Blut (Leitsatznummer 1.1.1.7)

Besondere Merkmale:

Blut-Schwarten-Grundmasse, in der Blut überwiegt und die z. T. auch zerkleinertes Schweinefleisch (Leitsatznummer 1.2.1.2.3) und/oder Leber, Herz, Zunge (Leitsatznummer 1.1.1.6) enthalten kann, mit Speck-, Schwarten- und/oder Fleischwürfeln (Leitsatznummer 1.2.1.2.3); der Bezeichnung des Lebensmittels entsprechende Verwendung von Graupen oder Grütze; Berliner frische Blutwurst und Wellwurst mit Semmel, Boudin mit Semmel und Weißkraut; Beutelwurst und Möpkenbrot mit Roggenschrot, Panhas mit Buchweizenmehl, Tiegelblutwurst, Tollatschen und Wurstebrot mit Grütze und Mehl; auch zum Warmverzehr bestimmt; Verkauf teilweise ohne Hülle

2.4.3.4.13 *Mengwurst, Mischwurst*

Ausgangsmaterial:

fettgewebereiches Schweinefleisch (Leitsatznummer 1.2.1.2.3)

Fettgewebe (Leitsatznummer 1.1.1.2)

Bindegewebe (Leitsatznummer 1.1.1.3)

Blut (Leitsatznummer 1.1.1.7)

Leber (Leitsatznummer 1.1.1.6)

Besondere Merkmale:

In Blut-Schwarten-Grundmasse zerkleinertes Fleisch, Fettgewebe und Leber, z. T. auch andere Innereien (Leitsatznummer 1.1.1.6); bei *Fleisch-Mengwurst* auch Einlagen von Schweinefleisch (Leitsatznummer 1.2.1.2.2), Zunge, Herz und Niere (Leitsatznummer 1.1.1.6)

Analysenwerte:

bindegewebseiweißfreies Fleischeiweiß nicht unter 7 %

2.4.3.5 Sülzwürste

Kommentar: Sülzwürste sind Kochwürste, deren Schnittfähigkeit im erkalteten Zustand durch erstarrte Gallertmasse (Aspik oder Schwartenbrei) zustande kommt, vgl. LS-Nr. 1.3.2.3 und die dortigen Erläuterungen.

Sülzen mit hervorhebenden Hinweisen weisen von groben Fett- und Bindegewebsanteilen befreite Muskelfleisch- bzw. Zungeneinlagen von mindestens 50 % auf, vgl. LS-Nr. 1.4.7 und die dortigen Ausführungen.

Bei der Herstellung von Sülzen und Sülzwürsten ist die Verwendung von Speisegelatine nach LS-Nr. 1.1.1.5 üblich. Eine gesonderte Angabe in der Bezeichnung ist grundsätzlich nicht erforderlich.

2.4.3.5.1 Sülzen

Besondere Merkmale:

Würfel-, streifen- oder scheibenförmiges Fleisch, bei Wurstsülzen Wurst, in einer Gallertmasse aus Schwartenabkochung (geklärt oder ungeklärt) und/oder Speisegelatine, die die Hälfte des Gesamtgewichtes im Fertigerzeugnis nicht überschreitet; bei Angabe einer Tierart werden nur Einlagen dieser Tierart verwendet; in Formen oder Hüllen. Bei Tellersülzen (Sülzen in Tellern oder vergleichbaren Schalen) verringert sich der prozentuale Einlageanteil durch Auffüllen der Gallertmasse bis zum Gefäßrand; die Muskelfleischeinlagen betragen jedoch mindestens 80 % der jeweiligen Analysenwerte (z. B. 40 % bei *Teller-Bratensülze*). Die Mitverwendung von Gemüse (auch eingelegt), Pilzen, hartgekochten Eiern und vergleichbaren Lebensmitteln ist verkehrsüblich.

Kommentar: Eine gesonderte Beschreibung enthält die Leitsatznummer für Teller-Sülzen. Sofern eine Sülze in Tellern oder vergleichbaren Schalen in den Verkehr gebracht wird, darf der prozentuale Anteil der verwendeten Einlagen geringer sein. Dies ist dem Auffüllen der Gallertmasse bis zum Gefäßrand geschuldet. Gleichwohl verlangen die Leitsätze, dass auch bei als Teller-Sülzen bezeichneten Erzeugnissen die Muskelfleischeinlagen, die für Sülzen wertbestimmend sind, mindestens 80 % der jeweiligen Analysewerte für die einzelnen Sorten betragen. Bsp.: Eine *Bratensülze* nach LS-Nr. 2.4.3.5.1.2 muss grundsätzlich Muskelfleischeinlagen von nicht unter 50 % aufweisen. Handelt es sich um eine *Teller-Bratensülze*, müssen von den 50 % Muskelfleischeinlagen zumindest 80 % nachweisbar sein, so dass sich der Anteil der Einlagen am Gesamterzeugnis auf nicht unter 40 % reduziert.

2.4.3.5.1.1 *Schinkensülze, gewürfelter Schinken in Aspik (Gelee)*

Ausgangsmaterial:

fettgewebs- und sehnenarmes Schweinefleisch (Leitsatznummer 1.2.1.2.1)

Besondere Merkmale:

würfelförmige Einlagen

Analysenwerte bei einer Gesamtprobenmenge über 600 g:

Muskelfleischeinlagen, von groben Fett- und Bindegewebsanteilen befreit — nicht unter 50 %

2.4.3.5.1.2 *Berliner Schinkensülze, Schinkentorte, Bratensülze (Spießbratensülze), Karbonadensülze, Sülztörtchen, Schinkensülzwurst*

Ausgangsmaterial:

fettgewebs- und sehnenarmes Schweinefleisch (Leitsatznummer 1.2.1.2.1)

grob entfettetes Schweinefleisch (Leitsatznummer 1.2.1.2.2)

Besondere Merkmale:

bei Berliner Schinkensülze und Schinkentorte scheibenförmige Einlagen

Analysenwerte bei einer Gesamtprobenmenge über 600 g:

Muskelfleischeinlagen, von groben Fett- und Bindegewebsanteilen befreit — nicht unter 50 %

2.4.3.5.1.3 *Kalbfleischsülze, Schwedische Kalbfleischsülze, Kalbfleisch-Sülzpastete, Kalbfleisch, gewürfelt in Aspik, gewürfeltes Rindfleisch in Aspik*

Ausgangsmaterial:

grob entsehntes Kalb-/Jungrindfleisch (Leitsatznummer 1.2.1.1.2)

grob entsehntes Rindfleisch (Leitsatznummer 1.2.1.1.2) bei gewürfeltem Rindfleisch in Aspik

Besondere Merkmale:

Pasteten und Schwedische Kalbfleischsülze mit Speck- oder Schwartenumrandung

Analysenwerte bei einer Gesamtprobenmenge über 600 g:

Muskelfleischeinlagen, von groben Fett- und Bindegewebsanteilen befreit	nicht unter 50 %

2.4.3.5.1.4 *Geflügelsülze, Geflügelsülzwurst*

Ausgangsmaterial:

grob entsehntes Geflügelfleisch (Leitsatznummer 1.2.1.3.2)

Besondere Merkmale:

grob zerkleinertes Geflügelfleisch mit anhaftender Haut, gewürfelt oder gerissen

Analysenwerte bei einer Gesamtprobenmenge über 600 g:

Muskelfleischeinlagen, von groben Fett- und Bindegewebsanteilen befreit	nicht unter 50 %

2.4.3.5.1.5 *Gewürfeltes Geflügelfleisch in Aspik (Gelee)*

Ausgangsmaterial:

sehnen- und fettgewebsarmes Geflügelfleisch (Leitsatznummer 1.2.1.3.1)

Besondere Merkmale:

würfelförmige oder anders grob zerkleinerte Einlagen

Analysenwerte bei einer Gesamtprobenmenge über 600 g:

Muskelfleischeinlagen, von groben Fett- und Bindegewebsanteilen befreit	nicht unter 50 %

2.4.3.5.1.6 *Zungensülze, Zunge gewürfelt in Aspik, Zunge in Scheiben in Aspik*

Ausgangsmaterial:

Zunge (Leitsatznummer 1.1.1.6)

Besondere Merkmale:

würfel- oder scheibenförmige Einlagen

Analysenwerte bei einer Gesamtprobenmenge über 600 g:

Zungeneinlagen nicht unter 50 %

2.4.3.5.1.7 *Fleischsülze, Fleisch-Sülzwurst, Eisbeinsülze, Sülz-Fleischwurst*

Ausgangsmaterial:

grob entfettetes Schweinefleisch (Leitsatznummer 1.2.1.2.2)

fettgewebereiches Schweinefleisch (Leitsatznummer 1.2.1.2.3)

Eisbeine (Leitsatznummer 2.1.1.5)

Besondere Merkmale:

würfelförmige Einlagen auch mit anhaftender Schwarte

Analysenwerte bei einer Gesamtprobenmenge über 600 g:

Muskelfleischeinlagen, von groben Fett- und Bindegewebsanteilen befreit nicht unter 30 %

2.4.3.5.1.8 *Gelegter Schweinskopf, Schweinskopf in Aspik*

Ausgangsmaterial:

grob entfettetes Schweinefleisch (Leitsatznummer 1.2.1.2.2)

fettgewebereiches Schweinefleisch (Leitsatznummer 1.2.1.2.3)

Schweinemasken (Leitsatznummer 1.1.1.4)

Besondere Merkmale:

gelegte Schweineköpfe

Analysenwerte bei einer Gesamtprobenmenge über 600 g:

Muskelfleischeinlagen, von groben Fett- und Bindegewebsanteilen befreit nicht unter 30 %

2.4.3.5.1.9 *Hannoversche Sülzwurst, Weinsülze*

Ausgangsmaterial:

fettgewebereiches Schweinefleisch (Leitsatznummer 1.2.1.2.3)

Schwarten (Leitsatznummer 1.1.1.4)

Eisbeine (Leitsatznummer 2.1.1.5)

Schweinemasken (Leitsatznummer 1.1.1.4)

Besondere Merkmale:

würfelförmige Einlagen mit anhaftender Schwarte

Analysenwerte bei einer Gesamtprobenmenge über 600 g:

Muskelfleischeinlagen, von groben Fett- und Bindegewebsanteilen befreit — nicht unter 20 %

2.4.3.5.1.10 *Sülze, Bauernsülze, Hausmachersülze, Schweinskopfsülze, Sülzwurst, Bauernsülzwurst, Hausmacher Sülzwurst, Fränkische Fleisch-Sülzwurst, Schweinskopfsülzwurst, gewürfelter Schweinskopf, Sülzpresssack, weißer Presssack, Hausmacher Presssack*

Ausgangsmaterial:

fettgewebereiches Schweinefleisch (Leitsatznummer 1.2.1.2.3)

Eisbeine (Leitsatznummer 2.1.1.5)

Schweinemasken (Leitsatznummer 1.1.1.4)

Schwarten (Leitsatznummer 1.1.1.4)

Teilweise auch Herz, Zunge (Leitsatznummer 1.1.1.6)

Besondere Merkmale:

würfel- oder streifenförmige Einlagen

Analysenwerte bei einer Gesamtprobenmenge über 600 g:

Muskelfleischeinlagen, von groben Fett- und Bindegewebsanteilen befreit — nicht unter 10 %

2.4.3.5.1.11 *Sülze einfach, Rindssülze einfach, Sülzwurst einfach, Innereien-Sülze*

Ausgangsmaterial:

Speck (Leitsatznummer 1.1.1.2.2)

Schwarten (Leitsatznummer 1.1.1.4)

Schweinemasken (Leitsatznummer 1.1.1.4)

sehnenreiches Rindfleisch (Leitsatznummer 1.2.1.1.3)

bei Rindssülze einfach teilweise auch Innereien (Leitsatznummer 1.1.1.6)

teilweise auch Brätwürfel (Leitsatznummer 1.3.2.2)

Besondere Merkmale:

Gallertmasse mit zerkleinertem Bindegewebe und Innereien; teilweise auch würfel- oder streifenförmige Einlagen von Speck und Innereien; auf die Innereienart wird in der Bezeichnung des Lebensmittels hingewiesen

Analysenwerte bei einer Gesamtprobenmenge über 600 g:

Muskelfleischeinlagen, von groben Fett- und Bindegewebsanteilen befreit	nicht unter 5 %

2.4.3.5.1.12 *Knöchelsülze, Knöcherlsülze, Spitzbeinsülze, Ohrensülze, Rüsselsülze, Ochsenmaulsülze*

Ausgangsmaterial:

je nach Bezeichnung der Lebensmittel Spitzbeine, Schweineohren, Schweinerüssel, Rindermaul, Schwarten (Leitsatznummer 1.1.1.4)

Besondere Merkmale:

grobe Einlagen

Analysenwerte bei einer Gesamtprobenmenge über 600 g:

Einlagen	nicht unter 50 %

2.4.3.5.1.13 *Wurstsülze, Aufschnittsülze, Blutwurst-Sülze*

Ausgangsmaterial:

Wurst (Leitsatznummer 1.3.2)

Besondere Merkmale:

ohne besondere Hinweise handelt es sich überwiegend um Brühwurst; Hüllen, ausgenommen Saitling, entfernt; teilweise auch Fleischeinlagen

Analysenwerte bei einer Gesamtprobenmenge über 600 g:

Einlagen	nicht unter 50 %

2.4.3.5.2 Corned meat

2.4.3.5.2.1 *Corned beef*

Ausgangsmaterial:

grob entsehntes Rindfleisch (Leitsatznummer 1.2.1.1.2)

Besondere Merkmale:

vorgebrühtes, gestückeltes oder gerissenes bis hin zu feiner gekörntem Fleisch, umgerötet, durch Erhitzen in Behältnissen haltbar gemacht

Analysenwerte:

bindegewebseiweißfreies Fleischeiweiß	nicht unter 18 %
oder Muskel-Trockensubstanz	nicht unter 14 %

Kommentar: In der Beschreibung des *Corned Beefs* findet sich der Hinweis, dass das Ausgangsmaterial bis hin zu fein gekörntem Fleisch zerkleinert sein darf. Diese Änderung wurde erst jüngst in die Leitsätze aufgenommen. Vormals verlangte die Beschreibung für *Corned Beef*, dass das Ausgangsmaterial allenfalls gestückelt oder gerissen sein durfte. Eine vergleichbare Beschreibung findet sich heute noch für das *Corned Beef in Gelee* bzw. das *Deutsche Corned Beef* in der folgenden Leitsatznummer. Dort ist die Verwendung von bis zu fein zerkleinertem Fleisch nicht zulässig, beim *Corned Beef* hingegen schon.

2.4.3.5.2.2 *Corned beef mit Gelee, Deutsches Corned beef, Kraftfleisch vom Rind*

Ausgangsmaterial:

grob entsehntes Rindfleisch (Leitsatznummer 1.2.1.1.2)

Schwarten (Leitsatznummer 1.1.1.4)

Besondere Merkmale:

gestückeltes oder gerissenes Fleisch in einer Gallertmasse, umgerötet; der beim Vorbrühen des Fleisches entstehende Gewichtsverlust wird durch einen Aufguss an Kochbrühe ausgeglichen, dem zur Sicherung der Schnittfestigkeit zerkleinerte Schwarten (Leitsatznummer 1.1.1.4) und/oder Speisegelatine (Leitsatznummer 1.1.1.5) zugesetzt werden.

Auf die Verwendung von Schwarten und/oder Speisegelatine anderer Tierarten als Rind wird in Verbindung mit der Bezeichnung des Lebensmittels hingewiesen.

Analysenwerte:

bindegewebseiweißfreies Fleischeiweiß	nicht unter 14 %
oder Muskel-Trockensubstanz	nicht unter 11 %

2.4.3.5.2.3 *Rindfleischsülze, Rindfleisch in Aspik, fein zerkleinert*

Ausgangsmaterial:

grob entsehntes Rindfleisch (Leitsatznummer 1.2.1.1.2)

Schwarten (Leitsatznummer 1.1.1.4)

Besondere Merkmale:

gerissenes Fleisch, umgerötet, in einer Gallertmasse aus Schwartenabkochung und/oder Speisegelatine (Leitsatznummer 1.1.1.5)

Auf die Verwendung von Schwarten und/oder Speisegelatine anderer Tierarten als Rind wird in Verbindung mit der Bezeichnung des Lebensmittels hingewiesen.

Analysenwerte:

bindegewebseiweißfreies Fleischeiweiß	nicht unter 12 %
oder Muskel-Trockensubstanz	nicht unter 9,5 %

2.4.3.5.3 Presswürste

Besondere Merkmale:

Gemenge aus stückigen Einlagen oder gewolftem Fleisch oder Brät oder zerkleinerter Leber und einer Gallertmasse, die zerkleinerte Schwarten enthält; in Hüllen verschiedenen Kalibers.

Kommentar: Presswürste mit hervorhebenden Hinweisen weisen von groben Fett- und Bindegewebsanteilen befreite Muskelfleisch- bzw. Zungeneinlagen von mindestens 35 % auf, vgl. LS-Nr. 1.4.7 und die dortigen Erläuterungen.

2.4.3.5.3.1 *Weißer Fleischmagen, Kümmelmagen, Schinkenmagen, Schinkenpresskopf, Wiener Presskopf, Schinken-Presswurst, Weiße Rollwurst, Fleisch-Sülzwurst, Schinkensülzwurst, Weißgelegter*

Ausgangsmaterial:

sehnenreiches Rindfleisch (Leitsatznummer 1.2.1.1.3)

fettgewebearmes Schweinefleisch (Leitsatznummer 1.2.1.2.1)

grob entfettetes Schweinefleisch (Leitsatznummer 1.2.1.2.2)

Speck (Leitsatznummer 1.1.1.2.2)

Schwarten (Leitsatznummer 1.1.1.4)

Besondere Merkmale:

würfel- oder streifenförmige Fleisch- und vereinzelt auch Speckeinlagen; Weiße Rollwurst kein Rindfleisch

Analysenwerte bei einer Gesamtprobenmenge über 600 g:

Muskelfleischeinlagen, von groben Fett- und Bindegewebsanteilen befreit — nicht unter 35 %

2.4.3.5.3.2 *Hessischer Presskopf, Mannheimer Presskopf, Presswurst, Kasseler Schwartenmagen, Pfälzer Hausmacher Schwartenmagen, Gothaer grobe Sülze, Presssülze, Sülzwurst, Presssülzwurst, Presskopf weiß*

Ausgangsmaterial:

sehnenreiches Rindfleisch (Leitsatznummer 1.2.1.1.3)

grob entfettetes Schweinefleisch (Leitsatznummer 1.2.1.2.2)

fettgewebereiches Schweinefleisch (Leitsatznummer 1.2.1.2.3)

Speck (Leitsatznummer 1.1.1.2.2) mit Schwarte

Schwarten (Leitsatznummer 1.1.1.4)

Eisbeine (Leitsatznummer 2.1.1.5) mit Schwarte

Schweinemasken (Leitsatznummer 1.1.1.4)

teilweise auch Leber, Herz oder Zunge (Leitsatznummer 1.1.1.6)

teilweise auch Brätwürfel (Leitsatznummer 1.3.2.2)

Besondere Merkmale:

würfel- oder streifenförmige Fleisch- und Speckeinlagen

Analysenwerte bei einer Gesamtprobenmenge über 600 g:

Muskelfleischeinlagen, von groben Fett- und Bindegewebsanteilen befreit — nicht unter 20 %

2.4.3.5.3.3 *Fleischpresssack, Salvenatwurst, Fränkische Fleischsülze, Schweinskopfsülzwurst, Zungenpresskopf*

Ausgangsmaterial:

sehnenreiches Rindfleisch (Leitsatznummer 1.2.1.1.3)

fettgewebereiches Schweinefleisch (Leitsatznummer 1.2.1.2.3)

Speck (Leitsatznummer 1.1.1.2.2) mit Schwarte

Schwarten (Leitsatznummer 1.1.1.4)

Eisbeine (Leitsatznummer 2.1.1.5) mit Schwarte

Schweinemasken (Leitsatznummer 1.1.1.4)

teilweise auch Leber, Herz oder Zunge (Leitsatznummer 1.1.1.6)

Besondere Merkmale:

streifen- oder würfelförmige oder grobe Fleisch- und Speckeinlagen

Analysenwerte bei einer Gesamtprobenmenge über 600 g:

Muskelfleischeinlagen, von groben Fett- und Bindegewebsanteilen befreit	nicht unter 10 %
Zungeneinlagen bei Zungenpresskopf	nicht unter 30 %

2.4.3.5.3.4 *Rüssel-Pressmagen, Presssack einfach, Fränkischer Schwartenmagen, Schwartenwurst, Schwärtchenwurst*

Ausgangsmaterial:

Speck (Leitsatznummer 1.1.1.2.2) mit Schwarte

Schwarten (Leitsatznummer 1.1.1.4)

Schweinemasken (Leitsatznummer 1.1.1.4)

teilweise auch Leber und/oder Herz (Leitsatznummer 1.1.1.6)

Besondere Merkmale:

streifenförmige oder andere grobe Einlagen; Schwartenwurst und Schwärtchenwurst auch gewolft

Analysenwerte bei einer Gesamtprobenmenge über 600 g:

Einlagen	nicht unter 30 %

2.4.3.5.3.5 *Presskopf, Presssack, Presssäckl, Hausmacher Presssack, Ansbacher Presssack, Hessischer Presssack, Leberpresssack, Hausmacher Leberpresssack, Oberfränkischer Presssack, Weißer Presssack, Weißer Magen, Schwartenmagen, Rheinischer Schwartenmagen, Fuldaer Schwartenmagen, Hamburger Dauerschwartenmagen, Hausmacher Schwartenmagen, Oberhessischer Schwartenmagen, Göttinger Schwartenmagen, Bauernsülze, Hausmacher Sülze, Kopfsülze, Rheinische Sülze, Bauernsülzwurst, Hausmacher Sülzwurst, Weiße Zungenwurst*

Ausgangsmaterial:

sehnenreiches Rindfleisch (Leitsatznummer 1.2.1.1.3)

grob entfettetes Schweinefleisch (Leitsatznummer 1.2.1.2.2)

fettgewebereiches Schweinefleisch (Leitsatznummer 1.2.1.2.3)

Speck (Leitsatznummer 1.1.1.2.2)

Schwarten (Leitsatznummer 1.1.1.4)

Schweinemasken (Leitsatznummer 1.1.1.4)

Leber (Leitsatznummer 1.1.1.6)

Herz (Leitsatznummer 1.1.1.6)

Zunge (Leitsatznummer 1.1.1.6)

Besondere Merkmale:

unterschiedliche Körnung und/oder Stückelung, teilweise Einlagen von Speck- und/oder Herz und/oder Zungenwürfeln bzw. -streifen, Weißer Presssack auch mit klein gewürfeltem Rindfleisch

Anlage – Für Deutschland eingetragene geschützte geographische Angaben (g. g. A.), geschützte Ursprungsbezeichnungen (g. U.) und garantiert traditionelle Spezialitäten (g. t. S.)

Auszug aus dem Register der geschützten Ursprungsbezeichnungen und der geschützten geografischen Angaben gemäß Artikel 11 der Verordnung (EU) Nr. 1151/2012.

Frisches Fleisch (und Schlachtnebenerzeugnisse)

- Bayerisches Rindfleisch/Rindfleisch aus Bayern (g. g. A.)
- Diepholzer Moorschnucke (g. U.)
- Lüneburger Heidschnucke (g. U.)
- Schwäbisch-Hällisches Qualitätsschweinefleisch (g. g. A)
- Weideochse vom Limpurger Rind (g. U.)

Fleischerzeugnisse

- Aachener Weihnachts-Leberwurst (g. g. A.)
- Ammerländer Dielenrauchschinken/Ammerländer Katenschinken (g. g. A.)
- Ammerländer Schinken/Ammerländer Knochenschinken (g. g. A.)
- Eichsfelder Feldgieker/Eichsfelder Feldkieker (g. g. A.)
- Flönz (g. g. A.)
- Göttinger Stracke (g. g. A.)
- Göttinger Feldkieker (g. g. A.)
- Holsteiner Katenschinken/Holsteiner Schinken (g. g. A.)
- Holsteiner Katenrauchschinken (g. g. A.)

- Holsteiner Knochenschinken (g. g. A.)
- Oecher Puttes/Aachener Puttes (g. g. A.)
- Oecher Weihnachtsleberwurst (g. g. A.)
- Greußener Salami (g. g. A.)
- Halberstädter Würstchen (g. g. A.)
- Hofer Rindfleischwurst (g. g. A.)
- Nürnberger Bratwürste/Nürnberger Rostbratwürste (g. g. A.)
- Schwarzwälder Schinken (g. g. A.)
- Thüringer Leberwurst (g. g. A.)
- Thüringer Rostbratwurst (g. g. A.)
- Thüringer Rotwurst (g. g. A.)
- Westfälischer Knochenschinken (g. g. A.)

Fußnoten

[1)] Hierbei handelt es sich um Fleisch und Geflügelfleisch, das zuvor nach hygienerechtlichen Vorschriften untersucht und als tauglich zum Genuss für Menschen beurteilt wurde.

[2)] Anhang III Abschnitt XIV Kapitel I Nr. 1 der Verordnung (EG) Nr. 853/2004 in der jeweils geltenden Fassung.

[3)] Bei Geflügelmuskelmägen ist die gelbgrünliche keratinähnliche Reibeplatte (Cuticula gastrica), die den Muskelmagen innen auskleidet, entfernt.

[4)] Hüllen von Fleischerzeugnissen sind nur dann Lebensmittel, wenn sie dazu bestimmt sind, mitverzehrt zu werden, oder wenn der Mitverzehr vorauszusehen ist, im anderen Fall sind sie Bedarfsgegenstände (§ 2 Absatz 6 Nummer 1 des Lebensmittel- und Futtermittelgesetzbuch in der Fassung der Bekanntmachung vom 15. September 2021 (BGBl. I S. 4253).

[5)] Auf Artikel 7 der Verordnung (EU) Nr. 1169/2011 in der jeweils geltenden Fassung wird hingewiesen.

[6)] Der Anteil der originären Nichteiweißverbindungen in der Muskulatur kann ca. 15 % der Stickstoffverbindungen, bei Putenfleisch ca. 18 % und bei Hühnerfleisch ca. 20 % ausmachen.

[7)] Verordnung (EG) Nr. 853/2004 des Europäischen Parlaments und des Rates vom 29. April 2004 mit spezifischen Hygienevorschriften für Lebensmittel tierischen Ursprungs (ABl. L 139 vom 30.4.2004, S. 55) in der jeweils geltenden Fassung.

[8)] Würzen, die zum unmittelbaren Verzehr bestimmt sind (gebrauchsfertige Speisewürzen), gelten nicht als Eiweißhydrolysate, sofern sie nicht mehr als 4,5 % Gesamtstickstoff, davon mindestens ein Drittel Aminosäurestickstoff, enthalten (Neubekanntgabe der Europäischen Beurteilungsmerkmale für Brühen (Bouillons) und Consommés vom 7. April 2003; Verband der Suppenindustrie e. V. Reuterstr. 151, 53113 Bonn).

[9)] Anhang VI Teil A Nr. 5 der Verordnung (EU) Nr. 1169/2011 in der jeweils geltenden Fassung.

[10)] Artikel 78 in Verbindung mit Anhang VII Teil I der Verordnung (EU) Nr. 1308/2013 des Europäischen Parlaments und des Rates vom 17. Dezember 2013 über eine gemeinsame Marktorganisation für landwirtschaftliche Erzeugnisse und zur Aufhebung der Verordnungen (EWG) Nr. 922/72, (EWG) Nr. 234/79, (EG) Nr. 1037/2001 und (EG) Nr. 1234/2007 (ABl. L 347 vom 20.12.2013, S. 671) in der jeweils geltenden Fassung.

[11)] Eberfleisch mit geruchlichen Abweichungen ist nicht verkehrsüblich

[12)] Weist das bei der Herstellung von Fleischerzeugnissen verwendete Geflügelfleisch weniger als 90 % bindegewebseiweißfreies Fleischeiweiß im Fleischeiweiß (chemisch) auf, wird die Verwendung von Bindegewebe bzw. Haut kenntlich gemacht.

[13)] Das Kriterium Muskelabrieb ist im Sinne von „wabig vernetzte Bezirke mit einer Porengröße über 5 µm und mindestens 3 vollständigen Vakuolen auf einer Stelle“ zu verstehen [Hildebrandt und Jöckel, (1980): Die Nachweismöglichkeit von wie Brühwurstbrät zerkleinertem Fleisch in Modellversuchen, Fleischwirtschaft, 60 (39), S. 392-403].“

[14)] Bei Ragout fin und stückigen Einlagen von Kochwurst wird eine Verwendung von Formfleischerzeugnissen nicht kenntlich gemacht.

[15)] Anhang III Abschnitt VI Nummer 1 der Verordnung (EG) Nr. 853/2004 in der jeweils geltenden Fassung.

[16)] Art. 2 Abs. 2 lit. n bis p der Verordnung (EU) Nr. 1169/2011 in der jeweils geltenden Fassung.

[17)] Bei vorverpackten Lebensmitteln ist ein Hinweis auf den Knochenanteil erforderlich, wenn er nicht aus der Bezeichnung des Lebensmittels hervorgeht oder infolge der Verpackung nicht deutlich erkennbar ist.

[18)] Verarbeitung von nicht der Definition des Anhang VII Teil B der Verordnung (EU) Nr. 1169/2011 in der jeweils geltenden Fassung entsprechender Skelettmuskulatur ist eine auch bei loser Ware kenntlich zu machende Abweichung von der Verkehrsauffassung.

[19)] Anhang VI Teil A Nr. 4 der Verordnung (EU) Nr. 1169/2011 in der jeweils geltenden Fassung.

[20] Verordnung (EU) Nr. 1151/2012 des Europäischen Parlaments und des Rates vom 21. November 2012 über Qualitätsregelungen für Agrarerzeugnisse und Lebensmittel (ABl. L 343 vom 14. Dezember 2012, S. 1) in der jeweils geltenden Fassung, siehe Anhang. Die aktuelle „Database Of Origin & Registration" (eAmbrosia) ist zu finden unter: https://ec.europa.eu/info/food-farming-fisheries/food-safety-and-quality/certification/quality-labels/geographical-indications-register/."

[21] Anhang VII Teil B der Verordnung (EU) Nr. 1169/2011 des Europäischen Parlaments und des Rates vom 25. Oktober 2011 betreffend die Information der Verbraucher über Lebensmittel und zur Änderung der Verordnungen (EG) Nr. 1924/2006 und (EG) Nr. 1925/2006 des Europäischen Parlaments und des Rates und zur Aufhebung der Richtlinie 87/250/EWG der Kommission, der Richtlinie 90/496/EWG des Rates, der Richtlinie 1999/10/EG der Kommission, der Richtlinie 2000/13/EG des Europäischen Parlaments und des Rates, der Richtlinien 2002/67/EG und 2008/5/EG der Kommission und der Verordnung (EG) Nr. 608/2004 der Kommission (ABl. L 304 vom 22.11.2011, S. 18) in der jeweils geltenden Fassung.

[22] Angesichts der Schwankungen beim Einfüllen wird für eine Frischfleischmenge von über 50 % eine Einwaage von 55 % empfohlen.

[23] Anhang I Nr. 1.13 der Verordnung (EG) Nr. 853/2004 in der jeweils geltenden Fassung sowie Anlage 5 Kapitel II der Tierischen Lebensmittelhygieneverordnung in der Neufassung vom 18. April 2018 (BGBl. I Nr. 14, S. 480, ber. durch BGBl. I Nr. 17, S. 619 vom 23.5.2018).

[24] Vor der Wasserbestimmung wird der äußere Rand des Magerfleisches in einer Stärke von mindestens 1 cm entfernt.

[25] Proben werden möglichst aus verschiedenen Stellen im Gewicht von insgesamt mindestens 400 g entnommen. Um auszuschließen, dass erhöhte Anteile an bindegewebe- und damit stickstoffreichem Begleitgewebe hohe absolute Fleischeiweißanteile vortäuschen, werden vor chemischen Analysen neben Knochen auch Schwarten und etwaige Gallertanteile sowie aufliegendes Fettgewebe entfernt. Für die Errechnung der Fleischeiweißprozente wird analytisch ermitteltes Fett abgezogen, so dass sich ein Bezug auf die Summe aus organischem Nichtfett, Wasser und Asche ergibt (z. B. 62 % Wasser, 2 % Asche, 1 % Zucker, 17 % Fleischeiweiß, 18 % Fett; 100 – 18 = 82; 17:0,82 = 20,7 % Fleischeiweiß im fettfreien Anteil; Fleischeiweiß-Wasser-Verhältnis 1:3,6).

[26] Wegen „Bierschinken" siehe Leitsatznummer 2.4.2.4.1.

[27] Die gefüllten Hüllen oder Behältnisse werden vor dem Erhitzen geöffnet und der Anteil der Stücke mit einem Gewicht von größer als 100 g

(Huhn), 200 g (Pute) bzw. 250 g (Schwein) gravimetrisch bestimmt (Stichprobe15 kg [Huhn], 25 kg [Pute] und 50 kg [Schwein]).

[28] Der Begriff ‚Teilstücke' ist nicht identisch mit dem Begriff der Geflügelteilstücke in Artikel 1 Ziffer 2 der Verordnung (EG) Nr. 543/2008.

[29] Bezeichnungen wie Grillwurst oder Griller sind Synonyme zur Bezeichnung Bratwurst.

[30] Die nicht schnittfesten Erzeugnisse werden bei den Kochwürsten beschrieben.

[31] Auf Leitsatznummer 1.4.1.4 wird verwiesen.

[32] Die Verwendung von manuell gewonnenem Knochenputz ist nicht üblich.

Kapitel 3
Leitsätze für vegane und vegetarische Lebensmittel mit Ähnlichkeit zu Lebensmitteln tierischen Ursprungs

Neufassung vom 4.12.2018 (BAnz AT 20.12.2018 B1, GMBl 2018 S. 1174)

1 Allgemeine Beurteilungsmerkmale

Diese Leitsätze finden Anwendung auf vegane und vegetarische Lebensmittel mit Ähnlichkeit zu Lebensmitteln tierischen Ursprungs, die als solche ausgelobt werden und sich mit ihrer Bezeichnung, ihrem Produktnamen oder ihrer Aufmachung an verkehrsübliche Bezeichnungen von Lebensmitteln mit tierischen Zutaten anlehnen – insbesondere an die in den Leitsätzen niedergelegten Bezeichnungen.

Soweit unionsrechtliche oder deutsche Bestimmungen die Zusammensetzung oder die Bezeichnung von Lebensmitteln regeln, gehen diese den Leitsätzen vor.[1,2)]

Verpackungsmaterialien von vegetarischen und veganen Lebensmitteln im Sinne dieser Leitsätze bleiben unberücksichtigt.

Kommentar:

Abs. 1 – Kumulative Kriterien des Anwendungsbereiches

Der Anwendungsbereich der Leitsätze ergibt sich im Wesentlichen aus dem ersten Absatz der Leitsatznummer.

Die Leitsätze für vegane und vegetarische Lebensmittel finden Anwendung auf vegane und vegetarische Lebensmittel,

- die als solche (also „vegetarisch“ oder „vegan“) ausgelobt werden und
- sich mit ihrer Bezeichnung oder ihrer Aufmachung an verkehrsübliche Bezeichnungen von Lebensmitteln mit tierischen Zutaten anlehnen, insbesondere an die in den Leitsätzen niedergelegten Bezeichnungen, und
- die eine Ähnlichkeit zu Lebensmitteln tierischen Ursprungs aufweisen, insbesondere in Hinsicht auf ihre Verwendung und Zubereitung.

Die drei vorgenannten Kriterien müssen für die Anwendbarkeit der Leitsätze kumulativ vorliegen.

Für eine entsprechende Anlehnung reicht es aus, dass sich Lebensmittel in ihrer Bezeichnung oder ihrer Aufmachung auf verkehrsübliche Bezeichnungen von Lebensmitteln tierischen Ursprungs beziehen, diese also aufgreifen (z. B. *...nach Art einer Lyoner, Sojaschnitzel, Veganer Döner*).

Bezeichnung und Produktname

Die Begriffe „Bezeichnung" und „Produktname " werden in den Leitsätzen nicht definiert. Mangels anderer Anhaltspunkte ist daher davon auszugehen, dass mit „Bezeichnung" die Bezeichnung des Lebensmittels gemäß Art. 17 LMIV gemeint ist. Gemäß Art. 17 Abs. 1 LMIV wird ein Lebensmittel mit seiner rechtlich vorgeschriebenen Bezeichnung bezeichnet. Fehlt eine solche, so wird das Lebensmittel mit seiner verkehrsüblichen Bezeichnung oder, falls es keine verkehrsübliche Bezeichnung gibt oder diese nicht verwendet wird, mit einer beschreibenden Bezeichnung bezeichnet.

Eine rechtlich vorgeschriebene Bezeichnung ist die Bezeichnung eines Lebensmittels, die durch die für dieses Lebensmittel geltenden Rechtsvorschriften der Union oder die Rechts- und Verwaltungsvorschriften des Mitgliedstaats vorgesehen ist, in dem das Lebensmittel an die Endverbraucher oder Anbieter von Gemeinschaftsverpflegung verkauft wird (Art. 2 Abs. 2 lit. n) LMIV).

Eine verkehrsübliche Bezeichnung ist gemäß Art. 2 Abs. 2 lit. o) LMIV eine Bezeichnung, die von dem Verbraucher in dem Mitgliedstaat, in dem das Lebensmittel verkauft wird, als Bezeichnung dieses Lebensmittels akzeptiert wird, ohne dass eine weitere Erläuterung notwendig wäre. Es kommt somit auf die Akzeptanz des Verbrauchers an und die Frage, ob die Bezeichnung ohne weitere Erläuterung hingenommen werden würde.

Was eine beschreibende Bezeichnung ist, ist in Art. 2 Abs. 2 lit. p) LMIV legaldefiniert. Danach ist eine „beschreibende Bezeichnung" eine solche, die das Lebensmittel und erforderlichenfalls seine Verwendung beschreibt und die hinreichend genau ist, um es den Verbrauchern zu ermöglichen, die tatsächliche Art des Lebensmittels zu erkennen und es von Erzeugnissen zu unterscheiden, mit denen es verwechselt werden könnte. Anhand einer beschreibenden Bezeichnung müssen die Verbraucher unproblematisch erkennen können, welche Art von Lebensmitteln ihnen angeboten wird.

Der Begriff „Produktname" wird in der LMIV nur in Anhang VI Teil A Nr. 4 lit. a) erwähnt. Diese oft als „Austauschregelung" betitelte Vorgabe bestimmt im Falle von Lebensmitteln, bei denen ein Bestandteil oder eine Zutat, von dem oder der die Verbraucher erwarten, dass er oder sie verwendet wird oder von Natur aus vorhanden ist, durch einen anderen Bestandteil oder eine andere Zutat als die erwartete ersetzt wurde, die Kennzeichnung zusätzlich zum Zutatenverzeichnis mit einer deutlichen Angabe des Bestandteils oder der Zutat versehen sein muss, der oder die für die teilweise oder vollständige Ersetzung verwendet wurde. Die Austauschregelung der LMIV wurde ursprünglich geschaffen, um den Täuschungsschutz zu verbessern, also um den Austausch von werthaltigen Zutaten durch „weniger werthaltige" Zutaten sichtbar zu machen. Daher sieht Anhang VI Teil A Nr. 4 LMIV auch vor, dass der Hinweis auf die Austauschzutat in unmittelbarer Nähe zum Produktnamen erscheinen und in einer Schriftgröße angegeben werden muss, deren x-Höhe mindestens 75 % der x-Höhe des Produktnamens beträgt.

Außerhalb der Regelung in Anhang VI Teil A Nr. 4 LMIV wird der Begriff „Produktname" in der LMIV nicht verwendet. Dies führte bis vor kurzem dazu, dass unterschiedliche Meinungen dazu vertreten wurden, was unter dem Begriff „Produktname" zu verstehen ist.

Zum Teil wurde die Auffassung vertreten, dass mit dem Begriff „Produktname" der Name gemeint sei, der für Werbezwecke für ein Lebensmittel gewählt wird und üblicherweise in großer Aufmachung auf der Packungsvorderseite aufgedruckt sei. Schon aus systematischen Gründen ergebe sich, dass hiermit nicht die Bezeichnung des Lebensmittels im Sinne von Art. 17 Abs. 1 LMIV gemeint sein könne.

Nach einer zweiten Auffassung handelt es sich bei dem Begriff „Produktname" um ein Synonym für die Bezeichnung des Lebensmittels. Diese Ansicht beruft sich ebenfalls auf den systematischen Kontext und den Aufbau des Anhangs VI der LMIV.

Mit Urteil vom 1.12.2022 (Rs. C-595/21) hat der EuGH nunmehr festgestellt, dass der Begriff „Produktname" ein Synonym für die (Verkehrs-)Bezeichnung des Lebensmittels ist.

In der Entscheidung führt der EuGH aus, dass der Ausdruck „Produktname" ausschließlich in Anhang VI Teil A Nr. 4 der LMIV verwendet wird und in der Verordnung selbst nicht definiert wird. In einigen Sprachfassungen, wie etwa in der deutschen, weiche dieser Ausdruck stärker von dem in Art. 17 LMIV enthaltenen Ausdruck „Bezeichnung des Lebensmittels" ab als in anderen Sprachfassungen. Auch in der französischen Sprachfassung sei eine vergleichbare Unterscheidung vorgenommen, während hingegen in anderen Sprachfassungen wie bspw. der spanischen, der tschechischen, der kroatischen oder der italienischen Sprachfassung nur geringfügige Unterschiede feststellbar seien. Bspw. sei in der englischen Sprachfassung von „name of the product" einerseits und „name of the food" andererseits die Rede.

Selbst wenn man also annähme, dass aufgrund der Verwendung unterschiedlicher Begriffe eine unterschiedliche Bedeutung denkbar sei, werde eine solche Auslegung durch die anderen Sprachfassungen gerade nicht bestätigt. Nach ständiger Rechtsprechung können die in einer der Sprachfassungen einer unionsrechtlichen Vorschrift verwendeten Begriffe aber nicht als alleinige Grundlage für die Auslegung dieser Vorschrift herangezogen werden.

Hinzu komme, so der EuGH, dass die Definition von „Lebensmitteln" genüge, um daraus abzuleiten, dass der Unterschied zwischen dem in Art. 17 LMIV genannten Ausdruck „Bezeichnung des Lebensmittels" und dem in Anhang VI Teil A Nr. 4 der Verordnung genannten Ausdruck „Produktname" rein terminologischer Natur sei. Im Licht der Definition von „Lebensmittel" könne der Begriff „Produktname", auf den sich dieser Anhang VI Teil A Nr. 4 LMIV beziehe, nämlich nur „Name des Lebensmittels" bedeuten. Daraus ergebe sich, dass die beiden in Rede stehenden Ausdrücke, also „Bezeichnung" einerseits und „Produktname" andererseits, so zu verstehen sind, dass sie denselben Inhalt haben.

Dieses Ergebnis gleicht der EuGH sodann auch mit systematischen Erwägungen ab. Insoweit nimmt der EuGH Bezug auf die Überschriften von Anhang VI einerseits und dessen Teil A andererseits, in dem sich die Regelung mit dem auslegungsbedürftigen Begriff „Produktname" befindet. Anhang VI trägt die Überschrift „Bezeichnung des Lebensmittels und spezielle zusätzliche Angaben". Teil A trägt den Titel „Verpflichtende Angaben zur Ergänzung der Bezeichnung des Lebensmittels". Auch aus der Nennung des Begriffs „Produktname" unter diesen Überschriften sei zu folgern, dass es sich insoweit um die Bezeichnung des Lebensmittels handele.

Abschließend weist der EuGH darauf hin, dass die LMIV das Ziel habe, ein hohes Verbraucherschutzniveau in Bezug auf das Recht der Verbraucher auf Informationen zu gewährleisten. Die Erreichung dieses Ziels bezweckten auch die streitgegenständlichen Regelungen. Entgegen dem Vorbringen der deutschen Behörde könne das Ziel des Verbraucherschutzes, das dem im Gesetz vorgesehenen Verbot der Irreführung der Verbraucher zugrunde liegt, jedoch auch erreicht werden, ohne dass der Verbraucher auf den Unterschied zwischen der tatsächlichen Zusammensetzung eines Lebensmittels und derjenigen, die er grundsätzlich erwarten dürfte, durch Angaben im Hauptsichtfeld aufmerksam gemacht werden muss. Um das Ziel der zutreffenden Verbraucherinformation zu erreichen, genüge es nämlich, dass die Bezeichnung des Lebensmittels sowie das Verzeichnis der Zutaten, aus denen es besteht, auf der Rückseite der Verpackung in zutreffenden, klaren und leicht verständlichen Worten aufgeführt werden.

Aufmachung

Der Begriff „Aufmachung" wird weder in den Leitsätzen noch in der LMIV legaldefiniert, aber in Art. 7 Abs. 4 lit. b) LMIV näher konkretisiert. Dort heißt es, dass die „Aufmachung von Lebensmitteln" nicht irreführend sein darf, insbesondere im Hinblick auf ihre Form, ihr Aussehen oder ihre Verpackung, die verwendeten Verpackungsmaterialien, die Art ihrer Anordnung und den Rahmen ihrer Darbietung. Es ist daher davon auszugehen, dass die Aufmachung eines Lebensmittels alle über die unmittelbare Kennzeichnung des Lebensmittels hinausgehenden Elemente der Präsentation und Darbietung eines Lebensmittels, die nicht bereits unter Kennzeichnung oder Werbung subsumiert werden können, umfasst. Die Aufmachung betrifft also die Form, das Aussehen oder die Verpackung, die verwendeten Verpackungsmaterialien, die Art der Anordnung und den Rahmen der Darbietung des Lebensmittels.

Im Ergebnis dürfte das Kriterium der Anlehnung bereits dann erfüllt sein, wenn in der Kennzeichnung oder der sonstigen Präsentation des Lebensmittels, das nicht tierischen Ursprungs ist, irgendein Bezug zu einem konkreten Lebensmittel mit tierischen Zutaten hergestellt wird. Lakritzschnecken, Katzenzungen und Salzheringe lehnen sich daher bspw. nicht an Lebensmittel tierischen Ursprungs an.

Fraglich ist, wie mit Bezeichnungen umzugehen ist, die Verfremdungen aufweisen. Zu denken ist z. B. an Begriffe wie „Vish" anstelle von „Fisch", „Mordadella" statt „Mortadella" oder „Cheeze" anstelle von „Cheese". Der Anwendungsbereich der neuen Leitsätze für vegane und vegetarische Lebensmittel mit Ähnlichkeit zu Lebensmitteln tierischen Ursprungs dürfte auch bei diesen Produktnamen eröffnet sein, da regelmäßig davon auszugehen ist, dass die weitere Gesamtaufmachung des Alternativerzeugnisses so beschaffen ist, dass eine Ähnlichkeit zu einem Lebensmittel tierischen Ursprungs eindeutig bejaht werden kann. Die Anwendung der Leitsätze auf Lebensmittel, die mit entsprechenden Verfremdungen gekennzeichnet sind, ist jedoch stets im konkreten Einzelfall zu überprüfen. Je stärker die Verfremdung erfolgt, desto eher ist eine Anlehnung allein aufgrund der Verfremdung abzulehnen.

Ähnlichkeit

Ob eine Ähnlichkeit zu einem Lebensmittel tierischen Ursprungs vorliegt oder nicht, ist anhand einer Bewertung des Einzelfalles zu beurteilen. Hierbei sind insbesondere die Art und Weise der Verwendung sowie die Zubereitung des sich anlehnenden Produktes zu berücksichtigen. Auch die Form des Produktes (z. B. förmliche Nachbildung einer Geflügelbrust mit Kielung) ist zu berücksichtigen. Vergleichsmerkmale sind die korrespondierenden Eigenschaften des in Bezug genommenen Lebensmittels.

Typische Darreichungsformen wie Scheiben, Schnitten, Würfel, Stifte, Blöcke etc., die sowohl für Erzeugnisse tierischen Ursprungs als auch solche nicht tierischen Ursprungs typisch sind, begründen für sich genommen in der Regel keine ausreichende Ähnlichkeit.

Beispiele

Anwendungsbereich eröffnet

- Veganer Brotbelag Typ Lyoner
- Ein Jackfruchtragout, das mit der zusätzlichen Angabe „vegan" gekennzeichnet ist, in Dosenform vertrieben und wie ein Ragout aus Fleisch zubereitet und verwendet wird.
- Ein Produkt, das als „vegetarisches Schnitzel" auf der Schauseite beworben und mit einem entsprechenden Serviervorschlag abgebildet ist. Auf der Rückseite befinden sich Verwendungs- und Zubereitungshinweise, die einem Schnitzel aus Fleisch entsprechen.
- Ein Produkt, das als „Veganes Erzeugnis nach Art von Geschnetzeltem Typ Hähnchen, auf Basis von Sojaprotein, vorgegart, zum Braten" bezeichnet wird.

Anwendungsbereich nicht eröffnet

- Ein als „Sojaschnetzel" gekennzeichnetes Produkt, das zwar als „vegan" ausgelobt wird, in seiner Konsistenz und Beschaffenheit jedoch eher an italienisches Trockengebäck anstatt an ein Geschnetzeltes erinnert und keine fleischtypische Textur bzw. fleischtypischen Geschmack aufweist.
- Ein als „Vegetarischer Aufschnitt auf Sojabasis" bezeichnetes und beworbenes Produkt, das im Fächerschnitt in den Verkehr gebracht wird und im Übrigen keine Verweise auf verkehrsübliche Bezeichnungen aus dem Fleischbereich aufweist.
- Veganer Hafer-Drink
- Vegane Soja-Schlagcreme
- Vegetarischer Brotaufstrich
- Vegane Simsalamibim

Abs. 2 und Abs. 3 – Weitere Eingrenzung des Anwendungsbereiches

Der zweite Absatz der Leitsatznummer stellt klar, dass rechtliche Bestimmungen den Leitsätzen vorgehen, da es sich bei den Leitsätzen um rechtlich unverbindliche antizipierte Sachverständigengutachten handelt, die bestehende Rechtsvorschriften nicht ändern oder aufheben können.

Der dritte Absatz der Leitsatznummer stellt klar, dass Verpackungsmaterialien von vegetarischen und veganen Lebensmitteln nicht von den Leitsätzen erfasst werden. Dies ist dem Umstand geschuldet, dass sich die Leitsätze auf vegetarische und vegane Lebensmittel mit Ähnlichkeit zu Lebensmitteln tierischen Ursprungs beziehen. Bei den Verpackungsmaterialien handelt es sich jedoch nicht um Lebensmittel, sondern um Bedarfsgegenstände i. S. v. § 2 Abs. 6 LFGB.

1.1 Begriffsbestimmungen

Vegane und vegetarische Lebensmittel im Sinne der Nummer 1 dieser Leitsätze werden im Folgenden als vegane und vegetarische Lebensmittel bezeichnet.

1.1.1 „Vegane Lebensmittel“

Vegan sind Lebensmittel, die keine Erzeugnisse tierischen Ursprungs sind und bei denen auf allen Produktions- und Verarbeitungsstufen keine

- Zutaten (einschließlich Zusatzstoffe, Trägerstoffe, Aromen und Enzyme) oder
- Verarbeitungshilfsstoffe oder
- Nichtlebensmittelzusatzstoffe, die auf dieselbe Weise und zu demselben Zweck wie Verarbeitungshilfsstoffe verwendet werden,

die tierischen Ursprungs sind, in verarbeiteter oder unverarbeiteter Form zugesetzt oder verwendet worden sind.

Mikroorganismen (Bakterien, Hefen und Pilze) sind nichttierischen Ursprungs und werden gegebenenfalls auch in Lebensmitteln verwendet, die als „vegan“ ausgelobt werden.

1.1.2 „Vegetarische Lebensmittel“

Vegetarisch sind Lebensmittel, welche die Anforderungen an vegane Lebensmittel erfüllen, bei deren Produktion jedoch abweichend davon

- Milch,
- Kolostrum,
- Farmgeflügeleier,
- Bienenhonig,
- Bienenwachs,
- Propolis oder
- Wollfett/Lanolin aus von lebenden Schafen gewonnener Wolle,

oder deren Bestandteile oder daraus gewonnene Erzeugnisse zugesetzt oder verwendet worden sein können.

Kommentar:

Rechtslage zu „vegetarisch“ und „vegan“

Weder auf europäischer noch auf deutscher Ebene existieren derzeit Legaldefinitionen für die Begriffe „vegetarisch“ oder „vegan“.

Die einzige Regelung in der LMIV, die diese Begrifflichkeiten aufgreift, befindet sich in Art. 36 Abs. 3 LMIV. Dieser bestimmt, dass die Kommission Durchführungsrechtsakte für freiwillig bereitgestellte Informationen über Lebensmittel erlassen kann, die Informationen über die Eignung eines Lebensmittels für Vegetarier oder Veganer betreffen. Von dieser Ermächtigungsgrundlage hat die Kommission bisher jedoch noch keinen Gebrauch gemacht und wird dies in naher Zukunft wohl auch weiterhin nicht tun (Parlamentarische Anfrage E-006313/2018 (ASW)).

Das Fehlen einer Legaldefinition oder besonderer gesetzlicher Regelungen zu den Begriffen „vegetarisch" und „vegan" bedeutet jedoch nicht, dass diese Begriffe nach Belieben bei der Deklaration von Lebensmitteln verwendet werden dürfen.

Maßgeblich ist in diesem Zusammenhang Art. 7 Abs. 1 lit. a) LMIV, wonach Informationen in Bezug auf die Eigenschaften des Lebensmittels nicht irreführend sein dürfen, insbesondere in Bezug auf Art, Identität, Eigenschaften, Zusammensetzung, Menge, Haltbarkeit, Ursprungsland oder Herkunftsort und Methode der Herstellung oder Erzeugung. Ob eine Angabe i. S. v. Art. 7 Abs. 1 lit. a LMIV irreführend ist, hängt davon ab, ob eine Information über Lebensmittel zur Täuschung geeignet ist. Auf eine tatsächlich eingetretene Irreführung oder Schädigung kommt es nicht an. Ausreichend ist vielmehr die abstrakte Eignung zur Irreführung und somit zur Täuschung.

Zur Täuschung geeignet ist eine Information dann, wenn sie den tatsächlichen Gegebenheiten nicht entspricht, also eine Divergenz zwischen dem tatsächlichen Ist-Zustand und dem suggerierten Soll-Zustand vorliegt (Streinz/Meisterernst, BasisVO/LFGB, § 11 Rn. 26) und diese dazu geeignet ist, bei den angesprochenen Verkehrskreisen zumindest auch unrichtige Vorstellungen über das Produkt zu erwecken. Dies ist anhand einer Gesamtbetrachtung festzustellen, bei der sowohl die konkret zu prüfende Angabe für sich als auch sämtliche übrigen Angaben auf dem Produktetikett gewürdigt werden müssen. Im Hinblick auf die Frage, wie eine Information über Lebensmittel von den angesprochenen Verkehrskreisen verstanden wird, ist auf das Verbraucherleitbild eines durchschnittlich interessierten und informierten Verbrauchers abzustellen. Nach der Rechtsprechung des EuGH ist für die Beurteilung einer Lebensmittelinformation der Horizont eines „durchschnittlich informierten, aufmerksamen und verständigen Durchschnittsverbrauchers" zugrunde zu legen (vgl. EuGH, GRUR Int. 2015, 732 – Teekanne).

Verkehrsauffassung zu „vegetarisch" und „vegan"

Bei der Verkehrsauffassung handelt es sich um die Anschauung aller am Verkehr mit dem Lebensmittel beteiligten Kreise, zu denen die Lebensmittel- und Ernährungswirtschaft, der Handel und die Verbraucher zu rechnen sind (vgl. BGH, Urt. vom 9.10.2014, Az. I ZR 162/13). Für die Ermittlung der Verkehrsauffassung können unterschiedlichste Quellen herangezogen werden. Hierzu zählen bspw. Koch- und Fachwörterbücher, Lexika, wissenschaftliche Abhandlungen, Ergebnisse aus Internetrecherchen, amtliche Stellungnahmen und insbesondere auch die Leitsätze der Deutschen Lebensmittelbuch-Kommission.

Wortbedeutung

Der Begriff „vegetarisch" stammt aus dem Lateinischen (vegetare) und bedeutet „erregen, ermuntern, beleben". Im deutschen Duden findet sich unter dem Stichwort „vegetarisch" der Hinweis, dass der Begriff „vegetarisch" gleichbedeutend mit „pflanzlich" bzw. „Pflanzen" in Bezug auf die Ernährungsweise zu verstehen ist. Als Synonyme zu dem Begriff werden im Duden die Angaben „fleischlos" und „pflanzlich" genannt.

Unter dem Stichwort „Vegetarismus" findet sich der Hinweis, dass es sich dabei um eine Ernährungslehre handelt, die den Genuss ausschließlich oder überwiegend pflanzlicher Kost anstrebt.

Beim „Veganismus", der nach dem Duden ethisch motiviert ist, handelt es sich um den völligen Verzicht auf tierische Produkte bei der Ernährung und bei anderen Lebenssituationen.

Literaturquellen

Im Dr. Oetker Lebensmittellexikon wird zu dem Begriff „Vegetarismus" erläutert, dass der Vegetarismus zu den alternativen Ernährungsformen zählt und eine nicht einheitliche Ernährungsweise ist, die nach der jeweiligen Lebensmittelauswahl in die Grundformen Lacto- und Ovo-Vegetarismus und -Veganismus unterteilt werden kann. Die vegetarische Ernährung schließe grundsätzlich Lebensmittel von getöteten Tieren aus, teilweise würden Erzeugnisse von lebenden Tieren wie Milch und Eier verzehrt.

Zum „Veganismus" heißt es hingegen, dass es sich dabei um die strengste Form des Vegetarismus handele, die in einer Ernährung aus ausschließlich pflanzlichen Rohstoffen bestehe. Anhänger des Veganismus werden als Veganer oder strikte Vegetarier bezeichnet.

Darüber hinaus wurde im Rahmen des Gesetzgebungsverfahrens zur LMIV der folgende Antrag für eine Begriffsdefinition der Angaben „vegetarisch" und „vegan" diskutiert (Bericht des ENVI, PE 430.616v06-00, Änderungsantrag 175):

> *„Der Begriff ‚vegetarisch' ist nicht auf Lebensmittel anzuwenden, bei denen es sich um Erzeugnisse handelt oder die aus oder mithilfe*

> *von Erzeugnissen hergestellt werden, die aus verendeten, geschlachteten oder aufgrund ihres Verzehrs zu Tode gekommenen Tieren gewonnen wurden.*
>
> *Der Begriff ‚vegan' ist nicht auf Lebensmittel anzuwenden, bei denen es sich um Tiere oder tierische Erzeugnisse handelt oder die aus oder mit Hilfe von Tieren oder tierischen Erzeugnissen (einschließlich Erzeugnissen von lebenden Tieren) hergestellt wurden."*

Diese Begriffsdefinitionen wurden im Rahmen des LMIV-Gesetzgebungsverfahrens zwar diskutiert, haben jedoch letztlich keinen Eingang in die LMIV gefunden. Gleichwohl kann diese Begriffsdefinition zur Ermittlung einer etwaigen Verkehrsauffassung herangezogen werden. Unterzieht man die vorgenannten sowie auch weitere Literaturquellen einer Gesamtbetrachtung, so ergibt sich folgender Konsens für die verschiedenen Begrifflichkeiten:

Ein Erzeugnis ist dann als „vegetarisch" einzustufen, wenn zu dessen Herstellung keine Erzeugnisse tierischen Ursprungs verwendet wurden, für die ein Tier sein Leben lassen musste. Weiterhin sind bestimmte Erzeugnisse tierischen Ursprungs von der Verwendung zur Herstellung ausgeschlossen, sofern solche Erzeugnisse aufgrund der Bestimmung für eine bestimmte Vegetariergruppe ausgeschlossen sind, z. B. Milch und Milchprodukte bei Ovo-Vegetariern oder Ei und Eiprodukte bei Lacto-Vegetariern.

Ein Lebensmittel ist hingegen als „vegan" einzustufen, wenn es keinerlei Erzeugnisse tierischen Ursprungs enthält, sei es, dass diese von einem lebenden oder von einem toten Tier stammen oder dass diese deklarationspflichtig oder von einer Deklarationspflicht befreit sind.

Politische Äußerungen

Unter anderem waren die Begrifflichkeiten auch Gegenstand der Beratungen der 12. Verbraucherschutzministerkonferenz am 22.4.2016 in Düsseldorf. Im Rahmen der Verbraucherschutzministerkonferenz wurde unter TOP 20 ein abgewandelter Bedeutungsgehalt der Begriffe „vegan" und „vegetarisch" bekanntgegeben, dem alle Diskussionsteilnehmer zugestimmt haben und der nach ausdrücklicher Erklärung der Verbraucherschutzministerkonferenz fortan Grundlage für die Beurteilung der Kennzeichnung von veganen und vegetarischen Lebensmitteln durch die zuständige Lebensmittelüberwachung sein sollte. Die Verbraucherschutzministerkonferenz führte zu den Definitionen der Begriffe „vegetarisch" und „vegan" Folgendes aus:

> *„(1) Vegan sind Lebensmittel, die keine Erzeugnisse tierischen Ursprungs sind und bei denen auf allen Produktions- und Verarbeitungsstufen keine*

- *Zutaten (einschließlich Zusatzstoffe, Trägerstoffe, Aromen und Enzyme) oder*
- *Verarbeitungshilfsstoffe oder*
- *Nicht-Lebensmittelzusatzstoffe, die auf dieselbe Weise und zu demselben Zweck wie Verarbeitungshilfsstoffe verwendet werden,*

die tierischen Ursprungs sind, in verarbeiteter oder unverarbeiteter Form zugesetzt oder verwendet worden sind.

(2) Vegetarisch sind Lebensmittel, welche die Anforderungen des Absatzes 1 erfüllen, bei deren Produktion jedoch abweichend davon

1. *Milch,*
2. *Kolostrum,*
3. *Farmgeflügeleier,*
4. *Bienenhonig,*
5. *Bienenwachs,*
6. *Propolis oder*
7. *Wollfett/Lanolin aus von lebenden Schafen gewonnener Wolle,*

oder deren Bestandteile oder daraus gewonnene Erzeugnisse zugesetzt oder verwendet worden sein können."

Die konsensuale Begriffsdefinition der Verbraucherschutzministerkonferenz zu dem Begriff „vegetarisch" weist eine Besonderheit auf. Denn diese geht entgegen diverser Literaturquellen nicht mehr davon aus, dass unter den Begriff „vegetarisch" sämtliche Lebensmittel fallen, die ausschließlich pflanzliche Bestandteile oder Bestandteile tierischen Ursprungs enthalten, die von lebenden Tieren stammen. Stattdessen geht die Verbraucherschutzministerkonferenz davon aus, dass lediglich spezielle Erzeugnisse tierischen Ursprungs, nämlich Milch, Kolostrum, Farmgeflügel, Eier, Bienenhonig, Bienenwachs, Propolis oder Wollfett/Lanolin (aus von lebenden Schafen gewonnener Wolle) oder deren Bestandteile oder daraus gewonnene Erzeugnisse zur Herstellung vegetarischer Erzeugnisse verwendet werden dürfen.

Die vegetarische Begriffsdefinition der Verbraucherschutzministerkonferenz geht damit von einem grundsätzlichen Verbot der Verwendung tierischer Erzeugnisse aus und erklärt im Rahmen eines Ausnahmevorbehaltes lediglich die abschließend und ausdrücklich aufgeführten Erzeugnisse tierischen Ursprungs für zulässig. Die Begriffsdefinition der Verbraucherschutzministerkonferenz ist daher erheblich enger gefasst als das bis zum Jahr 2016 vorherrschende Begriffsverständnis.

Diese Definition wurde im Ergebnis in die Leitsätze für vegane und vegetarische Lebensmittel mit Ähnlichkeit zu Lebensmitteln tierischen Ursprungs überführt.

In Hinsicht auf die, im Übrigen nicht näher begründete, Einschränkung des Begriffes „vegetarisch" stellt sich jedoch mit zunehmendem technologischen Fortschritt die Frage, ob diese Einschränkung rechtmäßig bzw. bei der Ermittlung der Verkehrsauffassung beachtlich ist. Zu denken ist an „cultured meat", zu dessen Herstellung Zellen von lebenden Tieren entnommen und in Bioreaktoren vermehrt werden. Ein weiteres Beispiel sind Fischeier, die bspw. in Österreich auch von lebenden Tieren gewonnen werden, indem die Fischeier aus weiblichen Saiblingen herausmassiert werden. Insoweit sind keine sachlichen Gründe ersichtlich, warum z. B. diese von lebenden Fischen gewonnenen Fischeier nicht als „vegetarisch" ausgelobt werden dürfen, Milch, die aus dem Euter einer Kuh gewonnen wird, hingegen schon.

Nach hiesiger Auffassung ist die von der Verbraucherministerkonferenz vorgenommene Beschränkung der Definition des Begriffs „vegetarisch" auf bestimmte Erzeugnisse tierischen Ursprungs von lebenden Tieren in der konkreten Form nicht zulässig bzw. in jedem Fall kritisch zu hinterfragen.

1.1.3 Einer Auslobung als „vegan" oder „vegetarisch" stehen unbeabsichtigte Einträge von Erzeugnissen, die nicht den jeweiligen Anforderungen der Begriffsbestimmungen der Nummern 1.1.1 und 1.1.2 entsprechen, nicht entgegen, soweit diese auf allen Produktions-, Verarbeitungs- und Vertriebsstufen trotz geeigneter Vorkehrungen bei Einhaltung der Guten Herstellungspraxis technisch unvermeidbar sind.[3)]

Kommentar: Für den Umgang mit Kreuzkontaminationen tierischen Ursprungs in vegetarischen oder veganen Lebensmitteln existieren keine spezifischen gesetzlichen Vorgaben. Mangels entsprechender Vorgaben ist die (Un-)Zulässigkeit solcher Kontaminationen nach den allgemeinen lebensmittelrechtlichen Bestimmungen sowie der Verkehrsauffassung zu beurteilen. Danach sollen Kontaminationen „soweit wie möglich" vermieden werden. Eine absolute Nulltoleranz wird jedoch nicht gefordert.

In der Definition der Verbraucherschutzministerkonferenz zu den Begriffen „vegetarisch" und „vegan" wird im dritten Absatz der Definition wie folgt ausgeführt:

> *„Einer Auslobung als ‚vegetarisch' und ‚vegan' stehen unbeabsichtigte Einträge von Erzeugnissen, die nicht den jeweiligen Anforderungen des Absatzes 1 oder 2 entsprechen, nicht entgegen, wenn und soweit diese auf allen Produktions-, Verarbeitungs- und Vertriebsstufen trotz geeigneter Vorkehrungen bei Einhaltung der Guten Herstellungspraxis technisch unvermeidbar sind."*

Hierzu wird ergänzend erläutert, dass ein möglicher Eintrag nicht veganer bzw. nicht vegetarischer Stoffe auf der Ebene der Herstellung in der Regel – auch unter Beachtung der Guten Herstellungspraxis – nur bei räumlicher Trennung der Produktion verhindert werden könne. Eine Nulltoleranz würde jedoch eine unbillige Härte darstellen und die Erfüllbarkeit der Definitionsanforderungen stark einschränken, weshalb nach Auffassung der Verbraucherschutzministerkonferenz grundsätzlich davon auszugehen ist, dass Kreuzkontaminationen mit Bestandteilen tierischen Ursprungs in vegetarischen und veganen Erzeugnissen nicht zu beanstanden sind, sofern diese trotz der in dem jeweiligen Betrieb getroffenen Vorkehrungsmaßnahmen nicht vermieden werden können.

Dies greifen die Leitsätze unverändert auf. Nach aktueller Verkehrsauffassung stehen unvermeidbare Kreuzkontaminationen mit tierischen Erzeugnissen der Auslobung eines Lebensmittels als vegetarisch oder vegan daher nicht entgegen.

1.2 Herstellung

Die Herstellung veganer oder vegetarischer Lebensmittel erfolgt so, dass eine Ähnlichkeit mit dem in Bezug genommenen Lebensmittel tierischen Ursprungs erreicht wird.

1.2.1 Bei der Herstellung von veganen Lebensmitteln werden Zutaten oder Stoffe tierischen Ursprungs nicht verwendet oder durch solche nichttierischen Ursprungs ersetzt. Dies sind:

1.2.1.1 Ersatz von charakteristischen Zutaten tierischen Ursprungs (z. B. statt Fleisch Verwendung von Sojaeiweiß; statt Ei Verwendung von pflanzlichem Lecithin).

1.2.1.2 Ersatz oder Nichtverwendung von sonstigen Zutaten tierischen Ursprungs (z. B. statt Gelatine Verwendung von Agar-Agar als Verdickungsmittel).

1.2.1.3 Ersatz oder Nichtverwendung von nicht kennzeichnungspflichtigen Stoffen tierischen Ursprungs (z. B. Verarbeitungshilfsstoffe, Trägerstoffe).

1.2.2 Bei der Herstellung von vegetarischen Lebensmitteln werden Zutaten oder Stoffe tierischen Ursprungs nicht verwendet oder nur durch solche tierischen Ursprungs ersetzt, die den Begriffsbestimmungen gemäß Leitsatz-Nummer 1.1.2 entsprechen. Dies sind:

1.2.2.1 Ersatz von charakteristischen Zutaten tierischen Ursprungs (z. B. statt Fleisch Verwendung von Milch-, Hühnerei- oder Pflanzeneiweiß).

1.2.2.2 Ersatz oder Nichtverwendung von sonstigen Zutaten tierischen Ursprungs (z. B. statt Schmalz Verwendung von Butter oder pflanzlichem Öl zum Braten).

1.2.2.3 Ersatz oder Nichtverwendung von nicht kennzeichnungspflichtigen Stoffen tierischen Ursprungs (z. B. Verarbeitungshilfsstoffe, Trägerstoffe).

Kommentar: Die LS-Nr. 1.2 und deren Unterziffern sind weder feststellende noch prägende Leitsatzregelungen, sondern erläuternde Hinweise, die dem Anwender/Leser der Leitsätze Hintergrundinformationen zu dem Vorgehen bei der Herstellung von vegetarischen und veganen Lebensmitteln mit Ähnlichkeit zu Lebensmitteln tierischen Ursprungs vermitteln sollen.

1.3 Beschaffenheitsmerkmale

Vegane und vegetarische Lebensmittel entsprechen in der Verwendung und Zubereitung den in Bezug genommenen Lebensmitteln.

Neben der Zusammensetzung können sich vegane und vegetarische Lebensmittel – je nach Eigenschaft der Ersatzzutat auch in unterschiedlicher Ausprägung – in folgenden Merkmalen von den in Bezug genommenen Lebensmitteln mit Zutaten tierischen Ursprungs unterscheiden:

- Sensorische Beschaffenheit (Aussehen, Geruch, Geschmack, Textur/Konsistenz, Mundgefühl),
- Energie- und Nährstoffgehalt,
- Gehalt an ernährungsphysiologisch relevanten Inhaltsstoffen und anderen relevanten Stoffen (z. B. Allergene),
- verwendete Zusatzstoffe, Aromen,
- Haltbarkeit.

Jedoch ähneln vegane und vegetarische Lebensmittel insbesondere in den typischen sensorischen Beschaffenheitsmerkmalen den in Bezug genommenen Lebensmitteln.

Kommentar: Bei der LS-Nr. 1.3 handelt es sich ebenfalls um erläuternde Hinweise ohne feststellende oder prägende Wirkung, die dem Anwender/Leser der Leitsätze relevante Informationen zu den Beschaffenheitsmerkmalen von vegetarischen und veganen Lebensmitteln mit Ähnlichkeit zu Lebensmitteln tierischen Ursprungs vermitteln sollen.

1.4 Bezeichnung und Aufmachung

In den Leitsätzen sind die Bezeichnungen der Lebensmittel kursiv gedruckt.

Bei veganen und vegetarischen Lebensmitteln wird eindeutig auf den veganen oder vegetarischen Charakter an einer gut sichtbaren Stelle deutlich und gut lesbar durch die Angabe „vegan“ oder „vegetarisch“ oder durch gleichbedeutende, eindeutige Informationen, z. B. auch durch entsprechende Wort-Bild-Marken, hingewiesen. Üblicherweise erfolgt die Angabe im Hauptsichtfeld.

Bei veganen Lebensmitteln im Sinne von Nummer 1.2.1.1 und bei vegetarischen Lebensmitteln im Sinne von Nummer 1.2.2.1 wird zudem an einer gut sichtbaren Stelle deutlich und gut lesbar auf die maßgeblich ersetzende Zutat hingewiesen wie z. B. *„mit Erbsenprotein“*, *„auf Sojabasis“*, *„mit Tofu“*, *„mit Tempeh“*, *„mit Seitan“*, *„Soja-...“*, *„mit pflanzlichem Lecithin“*, bei vegetarischen Lebensmitteln auch *„mit Milcheiweiß*[6)]*“*, *„mit Hühnerei-Eiweiß“*. Gleichartige Zutaten können zusammengefasst werden z. B. *„mit Pflanzenprotein“* bei gleichzeitiger Verwendung von z. B. Erbsen- und Sojaprotein. Üblicherweise erfolgt die Angabe im Hauptsichtfeld.

Geschützte Ursprungsbezeichnungen, geschützte geographische Angaben und Bezeichnungen für garantiert traditionelle Spezialitäten (z. B. *Schwarzwälder Schinken, Thüringer Rostbratwurst*, *Schwarzwaldforelle* etc.) werden nicht verwendet für vegane und vegetarische Lebensmittel, bei denen verpflichtende Zutaten tierischen Ursprungs ersetzt sind, auch nicht durch Angaben wie „Art ...“, „wie ...“ oder „Typ ...“.

Die Bestimmungen zur Zusammensetzung und zum Bezeichnungsschutz von Milch und Milcherzeugnissen sind zu beachten; Angaben wie „Art ...“, „wie ...“ oder „Typ ...“ werden nicht verwendet.[1, 2)]

Die Bestimmungen zum Bezeichnungsschutz von Rindfleisch („Kalb-“ bzw. „Jungrindfleisch“ sind zu beachten.[1)]

Bezeichnungen für Geflügelschlachtkörper und Geflügelteilstücke der Vermarktungsnormen für Geflügelfleisch werden nicht verwendet.[4)]

Bezeichnungen aus dem Verzeichnis der Handelsbezeichnungen für Erzeugnisse der Fischerei und Aquakultur werden nicht verwendet.[5)]

Eine Aufmachung von vegetarischen oder veganen Lebensmitteln – insbesondere das Aussehen und die bildliche Darstellung betreffend –, die auf Tiere oder Tierkörperteile Bezug nimmt, ist nicht üblich, sofern nicht durch die Bezeichnung oder durch eine andere hinreichende Information eine Irreführung ausgeschlossen wird.

Die Abbildung von tierischen Erzeugnissen (z.B. Milch, Quark, Eier etc.) ist möglich, wenn diese in dem vegetarischen Lebensmittel enthalten sind und eine Irreführung über die Beschaffenheit des Lebensmittels ausgeschlossen wird.

Markenrechtlich geschützte Abbildungen bleiben unberührt.

Kommentar:

Abs. 1 – Bezeichnungen

Der erste Absatz erläutert einen bekannten Duktus der Leitsätze. Angaben, die in den Leitsätzen kursiv geschrieben sind, gelten als verkehrsübliche Bezeichnungen, z.B. die in der LS-Nr. 2.1 genannten Angaben *vegetarisches Schnitzel aus Milcheiweiß* oder *veganes Seitan-Gulasch.*

Abs. 2 – Hinweis auf vegan oder vegetarisch

Die Leitsatzregelung in dem zweiten Absatz bezweckt, dass Verbraucher möglichst mit einem Blick erfassen können, ob es sich um ein vegetarisches oder veganes Erzeugnis handelt. Da die Leitsätze nicht rechtsverbindlich sind, handelt es sich bei dieser Vorgabe nicht um eine verbindliche Kennzeichnungsvorschrift.

Gut sichtbare Stelle

Eine Kenntlichmachung an gut sichtbarer Stelle setzt nicht zwingend eine Angabe im Hauptsichtfeld voraus. „Hauptsichtfeld“ ist das Sichtfeld einer Verpackung, das vom Verbraucher beim Kauf höchstwahrscheinlich auf den ersten Blick wahrgenommen wird und ihm ermöglicht, die Beschaffenheit oder die Art und gegebenenfalls die Handelsmarke eines Produkts sofort zu erkennen. Hat eine Verpackung mehrere identische Hauptsichtfelder, gilt das vom Lebensmittelunternehmen ausgewählte Sichtfeld als Hauptsichtfeld (Art. 2 Abs. 2 lit. l) LMIV). Eine gut sichtbare Stelle kann grundsätzlich jede Fläche einer Verpackung sein, auch wenn die darauf befindlichen Informationen für den Verbraucher erst ersichtlich sind, wenn er die Verpackung aus dem Regal entnehmen muss, um die Information zur Kenntnis nehmen zu können. Auch die Verpackungsunterseite oder die dem Verbraucher abgewandte Rückseite können daher als gut sichtbare Stelle verwendet werden.

Deutlichkeit und gute Lesbarkeit

Die Anforderungen der Deutlichkeit und guten Lesbarkeit hängen im Wesentlichen von der verwendeten Schriftart und Größe ab. Werden die Schriftgrößenvorgaben des Art. 13 Abs. 3 LMIV eingehalten, ist in der Regel von einer gegebenen Deutlichkeit und guten Lesbarkeit der bereitgestellten Information auszugehen. Je nach Einzelfall sind jedoch auch Aspekte wie Kontrast und Farbgebung zu berücksichtigen.

Der BGH (GRUR 1987, 301 = NJW 1988, 766; vgl. auch BGH, ZLR 1989, 161) nimmt an, dass die Anforderung an eine gute Lesbarkeit erfüllt ist, wenn eine Angabe ohne besondere Konzentration und Anstrengung lesbar ist. Dies sei der Fall, wenn die Angabe für einen Normalsichtigen, also auch ggf. für einen Leser, der seine Fehlsichtigkeit durch eine Sehhilfe ausgleicht, bei normalen Sichtverhältnissen und üblichem Leseabstand erkennbar sei. Neben der Schriftgröße seien für die Frage der Lesbarkeit auch die Drucktype, die Farbe, das Papier und andere das Schriftbild bestimmende Umstände „zu berücksichtigen". Auch die Kürze und Verständlichkeit eines Textes seien bei der Frage der Deutlichkeit und Lesbarkeit zu berücksichtigen.

Hauptsichtfeld

Hauptsichtfeld ist das Sichtfeld einer Verpackung, das vom Verbraucher beim Kauf höchstwahrscheinlich auf den ersten Blick wahrgenommen wird und ihm ermöglicht, die Beschaffenheit oder die Art und gegebenenfalls die Handelsmarke eines Produkts sofort zu erkennen. Hat eine Verpackung mehrere identische Hauptsichtfelder, gilt das vom Lebensmittelunternehmen ausgewählte Sichtfeld als Hauptsichtfeld (vgl. Art. 2 Abs. 2 lit. l)).

Sofern im Hauptsichtfeld keine Kennzeichnung des Erzeugnisses als vegetarisch oder vegan erfolgt, stellt dies per se keinen Kennzeichnungsverstoß dar und begründet auch nicht automatisch die Annahme einer Irreführung. Eine Kenntlichmachung im Hauptsichtfeld erleichtert es Verbrauchern, den Charakter des Erzeugnisses schnell zu erfassen, was in der Regel auch im Interesse des Herstellers ist, um sicherzustellen, dass keine Verwechslung mit Erzeugnissen tierischen Ursprungs erfolgt, bspw. wenn solche Alternativerzeugnisse im Verkaufsregal neben entsprechenden Fleischerzeugnissen zum Verkauf angeboten werden.

Die Angabe „Veggie" erfüllt die vorgenannten Anforderungen in der Regel nicht, da aus ihr nicht ersichtlich ist, ob es sich um ein veganes oder vegetarisches Produkt handelt. Etwas anderes gilt nur dann, wenn im Rahmen der übrigen Kennzeichnung eindeutig klargestellt wird, ob es sich um ein vegetarisches oder veganes Produkt handelt.

Abs. 3 – Angabe der maßgeblich ersetzenden Zutat

Die Leitsatzvorgabe im dritten Absatz dient ebenfalls dem Zweck, es Verbrauchern zu ermöglichen, den wesentlichen Charakter des Produktes mit einem Blick zu erfassen. Hinsichtlich der Platzierung an gut sichtbarer Stelle sowie der Deutlichkeit und guten Lesbarkeit der Angabe wird auf die vorstehenden Erläuterungen zu Abs. 2 verwiesen.

Maßgeblich ersetzende Zutat

Der Begriff ist weder gesetzlich noch in den Leitsätzen definiert. Der Begriff zielt nach dem Sinn und Zweck der Leitsatzregelung darauf ab, dass der Verbraucher übersichtlich und an prominenter Stelle über die Zutat oder die Zutaten informiert wird, die maßgeblich zum Austausch bzw. Ersatz für eine charakteristische Zutat tierischen Ursprungs, insbesondere Fett- oder Eiweißquellen, zur Herstellung des Lebensmittels verwendet wurden.

Eine generelle Aussage, ob eine Zutat eine maßgebliche Zutat ist, kann daher nicht getroffen werden. Vielmehr muss stets eine Bewertung des konkreten Einzelfalles unter Berücksichtigung des Erzeugnisses erfolgen, an das die Anlehnung erfolgt. Nur so lässt sich eruieren, ob eine Zutat als primäre Alternative zu einer Protein-, Fett- oder sonstigen Quelle verwendet wird.

Eine maßgeblich ersetzende Zutat ist im Einzelfall anzunehmen, wenn die Zutat bspw. als primäre Alternative für die Protein- oder Fettquelle tierischen Ursprungs, bei einem vegetarischen Schnitzel z. B. als Alternative zu Fleisch verwendet wird. Bei der maßgeblichen ersetzenden Zutat handelt es sich in der Regel um eine mengenmäßig zu kennzeichnende Zutat gemäß Art. 22 Abs. 1 LMIV. Umgekehrt lässt sich jedoch aus dem Umstand, dass eine QUID-Kennzeichnungspflicht für eine bestimmte Zutat besteht oder eine solche freiwillig vorgenommen wird, nicht schlussfolgern, dass diese eine maßgeblich ersetzende Zutat darstellt.

Zur Vermeidung von Wiederholungen zum Hauptsichtfeld wird auf die Ausführungen zu Abs. 2 derselben Leitsatznummer verwiesen. Abermals ist zu betonen, dass es keinen ahndbaren Kennzeichnungsverstoß darstellt, wenn die Kenntlichmachung nicht im Hauptsichtfeld erfolgt.

Zusammenfassung von mehreren maßgeblichen ersetzenden Zutaten

Sofern eine entsprechende Zusammenfassung erfolgen soll, gilt es, die geltenden kennzeichnungsrechtlichen Vorgaben zu beachten. Während eine entsprechende Zusammenfassung und Angabe in der Bezeichnung des Lebensmittels oder bspw. mittels eines Störers auf der dem Verbraucher zugewandten Seite in der Regel problemlos möglich ist, ist eine entsprechende

Zusammenfassung im Rahmen des Zutatenverzeichnisses gem. der LMIV nicht ohne Weiteres möglich. Art. 18 Abs. 4 i. V. m. Anhang VII Teil B LMIV ermöglicht es, bestimmte Lebensmittel im Zutatenverzeichnis unter den dort genannten Klassennamen zusammenzufassen. Eine entsprechende Lebensmittelklasse für Pflanzenfasern, pflanzliche oder tierische Eiweiße etc. ist hier jedoch nicht vorgesehen. Die Angabe „Pflanzeneiweiß" gefolgt von einer Klammer mit weitergehender Aufschlüsselung ist im Zutatenverzeichnis daher bspw. nicht zulässig. Folglich müssen die maßgeblich ersetzenden Zutaten stets ausdrücklich mit ihrer jeweiligen Bezeichnung im Zutatenverzeichnis aufgeführt werden, sofern im konkreten Einzelfall keine anderen Kennzeichnungsprivilegierungen bestehen.

Abs. 4 bis Abs. 8 – verschiedene Kennzeichnungsangaben

In den Absätzen 4 bis 8 der Leitsatznummer wird erläutert, dass geschützte Ursprungsbezeichnungen, geschützte geographische Angaben und Bezeichnungen für garantiert traditionelle Spezialitäten (z. B. *Schwarzwälder Schinken*, *Thüringer Rostbratwurst*, *Schwarzwaldforelle* etc.) nicht für entsprechende vegane und vegetarische Alternativprodukte verwendet werden sollen, auch nicht durch Angaben wie „Art…", „wie…" oder „Typ…".

Ferner wird gefordert, dass die Bestimmungen zur Zusammensetzung und zum Bezeichnungsschutz von Milch und Milcherzeugnissen zu beachten sind. Angaben wie „Art…", „wie…" oder „Typ…" sollen auch hier nicht verwendet werden. Weiterhin seien die Bestimmungen zum Bezeichnungsschutz von Rindfleisch (Kalb- bzw. Jungrindfleisch), für Geflügelschlachtkörper und Geflügelteilstücke der Vermarktungsnormen für Geflügelfleisch und Bezeichnungen aus dem Verzeichnis der Handelsbezeichnung für Erzeugnisse der Fischerei und Aquakultur zu beachten und für vegane und vegetarische Lebensmittel nicht zu verwenden.

Diese Regelungen sind rein deklaratorischer Natur und stellen quasi eine Selbstverständlichkeit dar, da sie lediglich wiedergeben, was sowieso gesetzlich zu beachten ist, wenn es um die Verwendung oder Anlehnung an besondere geschützte Bezeichnungen geht.

Rechtlich vorgeschriebene Bezeichnungen

Die Bezeichnung eines Lebensmittels richtet sich nach Art. 17 LMIV. Hiernach ist ein Lebensmittel nach seiner rechtlich vorgeschriebenen Bezeichnung oder aber, wenn es eine solche nicht gibt, mit seiner verkehrsüblichen Bezeichnung oder einer beschreibenden Bezeichnung zu versehen.

Bei einer rechtlich vorgeschriebenen Bezeichnung handelt es sich gemäß Art. 2 Abs. 2 lit. n) LMIV um die Bezeichnung eines Lebensmittels, die durch die für dieses Lebensmittel geltenden Rechtsvorschriften der Union vorgeschrieben ist oder, wenn es keine derartigen Unionsvorschriften gibt, die Bezeichnung, welche in den Rechts- und Verwaltungsvorschriften der Mitgliedstaaten vorgeschrieben ist, in dem das Lebensmittel an die Endverbraucher oder Anbieter von Gemeinschaftsverpflegung verkauft wird. Eine einschlägige rechtlich vorgeschriebene Bezeichnung muss verwendet werden, wenn das zu prüfende Lebensmittel deren Anforderungen an die Verwendung erfüllt.

Auf europäischer Ebene existieren zahlreiche rechtlich vorgeschriebene Bezeichnungen.

Rechtlich vorgeschriebene Bezeichnungen finden sich bspw. in der Verordnung (EU) Nr. 1308/2013. Diese bezweckt die Schaffung einer gemeinsamen Organisation der Agrarmärkte und enthält daher zahlreiche Regelungen zur Vereinheitlichung der Vermarktung von Lebensmitteln.

So sind in Anhang VII Teil III Ziffer 2 der Verordnung (EU) 1308/2013 in Verbindung mit Anlage II rechtlich vorgeschriebene Bezeichnungen für die dort genannten Streichfette, bspw. *Butter, Margarine* oder *Mischfett* geregelt.

Anhang VII Teil IV Abschnitt III Ziffer 1 der Verordnung (EU) 1308/2013 bestimmt, dass für Milcherzeugnisse, die in Abschnitt III genannten Bezeichnungen zu verwenden sind, etwa *Rohmilch, Vollmilch* oder *entrahmte Milch (Magermilch).*

Weitere rechtlich vorgeschriebene Bezeichnungen finden sich aber auch in anderen Regelungswerken, z. B. in der Verordnung (EG) Nr. 543/2008 mit Vermarktungsnormen für Geflügelfleisch. Gemäß Art. 4 Abs. 1 der Verordnung (EG) Nr. 543/2008 sind die in Art. 1 der Verordnung definierten Begriffe als Bezeichnung vorgeschrieben.

Aber auch auf nationaler Ebene existieren zahlreiche Regelungswerke mit rechtlich vorgeschriebenen Bezeichnungen. Zu nennen sind bspw. die Begriffe *Konfitüre, Marmelade* oder *Maronencreme*, die in der Konfitürenverordnung geregelt sind, *Kaffee*, der nach der Kaffeeverordnung geschützt ist, oder die in der Kakaoverordnung oder der Käseverordnung enthaltenen Bezeichnungen.

Im Hinblick auf die Frage, ob und inwieweit Anlehnungen an rechtlich vorgeschriebene Bezeichnungen aus dem Milchbereich möglicherweise zulässig sein können, hat der EuGH am 14.6.2017 (Rs. C-422/16) in Sachen „TofuTown“ eine weitreichende Entscheidung getroffen. Der EuGH hatte sich in diesem Verfahren mit der Frage zu beschäftigen, ob es möglich ist, Bezeichnungen wie „Soyatoo Tofubutter“, „Pflanzenkäse“, „Veggie-Cheese“ oder „Cream“ zur Kennzeichnung vegetarischer und veganer Milchalternativprodukte zu verwenden. Der EuGH entschied, dass Art. 78 Abs. 2 in Verbindung mit Anhang VII Teil III der Verordnung (EU) Nr. 1308/2013 dahingehend auszulegen sei, dass der Begriff „Milch“ und die durch diese Verordnung ausschließlich Milchprodukten vorbehaltenen Bezeichnungen nicht zur Bezeichnung eines rein pflanzlichen Produktes oder dessen Vermarktung oder Werbung verwendet werden dürfen, auch wenn diese Begriffe durch klare oder beschreibende Begriffe ergänzt werden, die den pflanzlichen Ursprung des betreffenden Produktes klar erkennen lassen.

Etwas anderes gelte nur, wenn das Produkt in Anhang I des Beschlusses der Kommission 2010/791/EU vom 20.12.2010 aufgeführt sei. Seit diesem Urteil herrscht Klarheit darüber, dass die Bezeichnung „Milch“ für rein pflanzliche Produkte grundsätzlich nicht zulässig ist, da „Milch“ ein Produkt tierischen Ursprungs ist. Ferner stellte der EuGH fest, dass dies auch für Milcherzeugnisse gilt, da diese zwingend den Bestandteil „Milch“ enthalten müssen.

Daher kann der Begriff „Käse“ für ein vegetarisches oder veganes Lebensmittel ebenso wenig verwendet werden wie „Joghurt“. Selbst klarstellende oder beschreibende Zusätze helfen hier nicht weiter. Etwas anderes gilt nur für die in Anhang I des Kommissionsbeschlusses 2010/791/EU aufgeführten Ausnahmen. Allerdings sind Ausnahmen immer eng auszulegen. Hiernach ist die Bezeichnung *Kokosmilch* erlaubt. Die Angaben „Joghurt aus Kokosmilch“ oder „Kokosmilch-Joghurt“ sind hingegen unzulässig (ALTS-Beschluss TOP 28, 77. Arbeitstagung, Juni 2016).

Das Urteil ist nicht ohne Weiteres auf Anlehnungen an andere rechtlich vorgeschriebene Bezeichnungen übertragbar.

Verfremdungen

Fraglich ist, inwieweit Verfremdungen rechtlich vorgeschriebener Bezeichnungen zulässig sind. Bei Verwendung solcher Verfremdungen ist Vorsicht geboten, da diese entweder unmittelbar gegen die rechtlich vorgeschriebenen Bezeichnungen verstoßen können oder aber solche Angaben wegen des allgemeinen Irreführungsverbots oder besonderer rechtlicher Vorgaben unzulässig sein können. Dies gilt insbesondere dann, wenn die Verfremdungen so ausgestaltet sind, dass das Schriftbild und der phonetische Klang zu einer Verwechslungsgefahr mit der rechtlich vorgeschriebenen Bezeichnung führen können.

Unzulässig sind unter Berücksichtigung der o.g. Rechtsprechung und Regularien demnach Angaben wie „Mylk“, „Milck“, „Bratwurst Thuringen“, „Veta“ oder auch „Parvesan“. Verfremdungen, die phonetisch ähnlich lauten, bei denen jedoch effektiv nur ein Buchstabe ausgetauscht wurde, werden in der Regel als zu geringfügig abgewandelt angesehen. So verweist die Rechtsprechung bei solchen Verfremdungen vereinzelt darauf, dass die Verfremdung nach Auffassung von Verbrauchern nicht unbedingt eine bewusste Verfremdung, sondern ggf. nur einen Rechtschreibfehler darstellen könnte. In Teilen der Literatur werden jedoch auch vereinzelt Angaben wie „Mozzarisella“ oder „Schedda“ als fragwürdig erachtet.

Anders ist dies bei deutlicheren Verfremdungen, wie z. B. „Velami“ oder „Veganaise“, „KaLeWu“, „SimSalamiBim“ etc. zu sehen. Solche Angaben sind in der Regel rechtlich zulässig.

Diese Grundsätze wurden jüngst noch einmal durch die Rechtsprechung bestätigt. Ein junges Unternehmen bewarb einen Hanfdrink auf seiner Internetseite mit der Angabe „hemi“, die ein Akronym für die Angabe „hemp milck“ war, was auf der Website des Unternehmens entsprechend erläutert wurde. Das Kunstwort „Milck“ wurde darüber hinaus als Wortmarke angemeldet. Im Onlineshop wurden die Produkte zusätzlich mit den Bezeichnungen „Milckprodukte“, „hemp milck“ und „Pflanzenmilck“ beworben. Auf den Produktverpackungen befand sich neben dem Akronym „hemi“ und der Aufschlüsselung „hemp milck“ die Bezeichnung des Lebensmittels als „Hanfsamen Drink“. Weiterhin wurde der Werbeslogan „Für hemi melken wir Bio-Hanfsamen statt Kühe“ verwendet. Dies erachtete ein Wettbewerbsverband als unzulässig und verklagte das Unternehmen vor dem LG Stuttgart auf Unterlassung.

Das Landgericht (Urt. v. 10.2.2022, Az. 11 O 501/21) bestätigte den Unterlassungsanspruch unter Bezugnahme auf die EuGH-Rechtsprechung Tofu-Town. Es führte aus, dass der Durchschnittsverbraucher unzweifelhaft erkennen könne, dass sich das vermeintliche Kunstwort „Milck“ aus dem deutschen Wort „Milch“ und seiner englischen Übersetzung „milk“ zusammensetze. Da beide Wörter, was ebenfalls allgemein bekannt sei, denselben Bedeutungsgehalt, nämlich „Milch“, hätten, handele es sich gerade nicht um eine Phantasiebezeichnung ohne eine Entsprechung in einer europäischen Sprache, die werblich frei mit Assoziationen in jeder Sprache aufgeladen werden könne.

Bei einer derart minimalen Abweichung (hier: „milck“) von den nach der Marktorganisationsverordnung geschützten Bezeichnungen (*Milch*) greife deren Bezeichnungsschutz. Andernfalls bestünde eine erhebliche Umgehungsgefahr, die die gesetzgeberischen Ziele konterkarieren würde. Unter Berücksichtigung der EuGH-Entscheidung Tofu-Town sei die Bezeichnung des Hanfsamengetränks als „Milckprodukte“, „hemp milck“ und „Pflanzenmilck“ daher unzulässig. Denn das Unternehmen bezeichne sein rein pflanzliches Produkt mittels des Kunstworts „Milck“ als Milch. Die angeführten klarstellenden und beschreibenden Zusätze wie der Werbeslogan „für hemi melken wir Bio-Hanfsamen statt Kühe“ und die weitere Gestaltung der

Website sowie der Produktverpackung seien nach der EuGH-Entscheidung mit Blick auf Anh. VII Teil III Nr. 3 der VO (EU) Nr. 1308/2013 unerheblich.

Kennzeichnung als „…-Alternative" und Negativ-Auslobungen

Die Frage, ob bspw. auf eine Verwendungsmöglichkeit eines veganen und vegetarischen Erzeugnisses als „Käse-Alternative" hingewiesen werden kann, ohne gegen die Verordnung (EU) 1308/2013 zu verstoßen, wurde zwischenzeitlich durch die Rechtsprechung geklärt.

Das Landgericht Stade hat mit Urteil vom 28.3.2019 (Az. 8 O 64/18) entschieden, dass ein Lebensmittel aus Cashew-Kernen zwar nicht als „Käse" bezeichnet werden dürfe. Die Bezeichnung als *Käse-Alternative* sei hingegen zulässig, da das Produkt lediglich in eine Beziehung zu dem Milchprodukt „Käse" gesetzt werde, ohne es jedoch als solches zu bezeichnen. Das Landgericht war ferner der Auffassung, dass anders als Wortverbindungen wie „Diät-Käse" oder „Tofu-Butter", bei denen es sich um Produktbezeichnungen handele, der Verbraucher die Angabe „Käse-Alternative" gerade als Abgrenzung zu dem entsprechenden Milchprodukt im Hinblick auf dessen ähnliches Aussehen verstehe. Dies hat das OLG Celle (Beschluss v. 6.8.2019, Az. 13 U 35/19) zwischenzeitlich bestätigt.

Gemäß dem Urteil des Landgerichts Osnabrück vom 23.1.2018 (Az. 15 O 377/17) liegt keine Produktbezeichnung, sondern lediglich eine zulässige beschreibende Darstellung vor, wenn ein rein pflanzliches Fett als „rein pflanzliche Alternative zu Butterschmalz" beschrieben wird.

Beide vorgenannten Entscheidungen grenzen sich daher von der EuGH-Entscheidung in Sachen „TofuTown" ab. Je nach Gesamtaufmachung kann es daher zulässig sein, den Verbraucher über den Verwendungszweck eines Lebensmittels zu informieren und sich hierbei an entsprechende geschützte Angaben anzulehnen. Es muss allerdings deutlich ersichtlich sein, dass es sich bei dieser Angabe dann nicht um eine Bezeichnung im Rechtssinne handelt. Ferner kommt es auch maßgeblich auf die Gesamtaufmachung des Erzeugnisses im Einzelfall an, um zu entscheiden, ob eine solche Anlehnung zulässig ist oder nicht.

Unter Berücksichtigung der vorgenannten Rechtsprechung ist auch die Werbung mit negativen Auslobungen „No meat Steaks", „Not-Ham" oder „Vegane Nuggets" grundsätzlich möglich. Entsprechende Angaben stellen klar, dass es sich bei den Produkten gerade nicht um Erzeugnisse aus Fleisch oder bspw. aus Hähnchen handelt. Unter Berücksichtigung der Rechtsprechung zu Käsealternativen dürfte daher auch die Angabe „This is Not M*lk" möglich, wenn auch grenzwertig sein, da durch diese Angabe zum Ausdruck gebracht wird, dass es sich gerade nicht um Milch handelt. Entscheidend ist jedoch nach wie vor der konkrete Einzelfall unter Berücksichtigung der Gesamtaufmachung des Produktes.

Geschützte Herkunftsangaben

Geschützte geographische Angaben „g. g. A." bzw. geschützte Ursprungsbezeichnungen „g. U." sind in der Qualitätsverordnung (EG) Nr. 1151/2012 besonders geschützt. Diese geschützten Bezeichnungen dürfen nur dann verwendet werden, wenn das Lebensmittel die Vorgaben der Spezifikation erfüllt. In den Spezifikationen sind die einzelnen Qualitätsparameter der geschützten Bezeichnungen aufgeführt.

Aufgrund des weitreichenden Schutzes dieser besonderen geschützten geographischen Angaben bzw. geschützten Ursprungsbezeichnungen ist es jedem Erzeugnis, das die Spezifikationen nicht erfüllt, verwehrt, sich an die geschützten Begrifflichkeiten anzulehnen.

Der Schutz der geschützten geographischen Angaben geht sehr weit. Mit Urteil vom 2.5.2019 (Rs. C-614/17) hat der EuGH entschieden, dass eine Anspielung auf eine eingetragene Bezeichnung auch durch Bildzeichen erfolgen kann, wenn diese geeignet sind, aufgrund ihrer begrifflichen Nähe einen unmittelbaren gedanklichen Bezug zu den geschützten Erzeugnissen herzustellen. Bereits in der Entscheidung „Glen Buchenbach" hat der EuGH entschieden, dass eine Anspielung auch ohne klangliche oder visuelle Ähnlichkeit vorliegen kann, wenn die Verbraucher einen „hinreichend unmittelbaren und eindeutigen Zusammenhang" zur Ware mit dem geschützten Namen herstellen können (Rs. C-44/17 – Glen Buchenbach). Die Eintragung einer g. g. A./g. U. macht es Herstellern nicht spezifikationsgemäßer, aber ähnlicher Produkte unmöglich, auf die Herkunft ihrer Erzeugnisse hinzuweisen, selbst wenn die Produkte aus der gleichen Region kommen wie das geschützte Erzeugnis. Darüber hinaus können Anlehnungen an geschützte Bezeichnungen nicht verwendet werden, um darauf hinzuweisen, dass es sich bei dem Produkt um ein „ähnliches" Produkt handelt wie die geschützte Bezeichnung.

Abs. 9 – Bildliche Darstellung von Tieren oder Tierkörperteilen

Hinsichtlich der Begriffsbedeutung „Aufmachung" in dem neunten Absatz der Leitsatznummer wird auf die Erläuterungen zu dem Begriff „Aufmachung" im Rahmen der Kommentierung zur LS-Nr. 1 verwiesen. Auch bei dieser Regelung handelt es sich um eine Selbstverständlichkeit und im Ergebnis lediglich um einen Hinweis auf die geltende Rechtslage, der zufolge die Aufmachung eines Lebensmittels nicht irreführend sein darf. Auch handelt es sich nicht um eine verbindliche Kennzeichnungsvorgabe.

Anlass für die Regelung sind augenscheinlich Alternativprodukte, die in ihrer Aufmachung tierischen Erzeugnissen, wie bspw. einem Hähnchenschenkel, einem Fischfilet oder z. B. mittels entsprechender Texturierung einer gerupften Hühnerhaut nachempfunden sind. Ein Beispiel hierfür ist die sog. „Mock Duck", bei der es sich um ein Fleischersatzprodukt handelt, das aus Weizengluten, Öl, Zucker, Sojasauce und Salz hergestellt wird. Charakteristisch für das Produkt ist die künstliche Textur, die der Oberfläche einer gerupften Ente nachempfunden ist.

Der Anforderung wird in der Regel bereits genügt, wenn der vegane oder vegetarische Charakter des Erzeugnisses an gut sichtbarer Stelle und deutlich dargestellt wird, insbesondere wenn dies im Hauptsichtfeld in Verbindung mit der Angabe der maßgeblichen ersetzenden Zutat erfolgt.

Abs. 10 – Bildliche Darstellung von tierischen Zutaten

Bei der Maßgabe des zehnten Absatzes der Leitsatznummer handelt es sich lediglich um einen Verweis auf die geltenden rechtlichen Regularien.

Die Leitsatzregelung bezweckt, dass bspw. auf einem veganen Eiersatzprodukt keine Eier abgebildet werden sollen. Eine entsprechende Abbildung wäre unter Berücksichtigung von Art. 7 LMIV sowie der hierzu ergangenen Rechtsprechung rechtlich nicht zulässig, wenn diese den Eindruck erwecken würde, dass das Produkt Eier enthält, obwohl dies tatsächlich nicht der Fall ist.

Zulässig ist hingegen stets die Abbildung des in der Verpackung enthaltenen Erzeugnisses, ggf. auch in Form eines Serviervorschlages, sofern dieser nicht aus besonderen Gründen des Einzelfalles ebenfalls irreführend ist, z. B. weil sich das Produkt erst gar nicht entsprechend anrichten lässt. Die Abbildung eines Hafer- oder Sojadrinks mit seiner charakteristischen weißen oder weißgelblichen Farbe, der in ein Glas gegossen wird, ist möglich und zulässig. Aus dem Umstand, dass eine solche Abbildung auch auf Milchpackungen verwendet wird und Milch ebenfalls eine weiße Farbe aufweist, kann nicht geschlussfolgert werden, dass es sich bei der Abbildung um Mich handelt. Entsprechendes gilt auch, wenn auf der Packung eines veganen Ei-Alternativproduktes ein Spiegelei stilisiert wird, in dem die enthaltenen zubereiteten Pulverkomponenten vergleichbar einem Spiegelei angeordnet werden, wobei eine schaumartige Struktur erkennbar ist, die für das zubereitete Alternativprodukt typisch ist.

Die praktische Bedeutung dieser Regelung ist daher gering bis nicht vorhanden.

Abs. 11 – Markenabbildungen

Durch den Hinweis im elften Absatz der Leitsatznummer soll zum Ausdruck gebracht werden, dass Markenabbildungen von den Anforderungen an die Abbildung von Tieren, tierischen Lebensmitteln etc. ausgenommen sind.

2 Besondere Beurteilungsmerkmale für bestimmte vegane und vegetarische Lebensmittel

2.1 Vegane und vegetarische Lebensmittel, die sich an Erzeugnisse im Sinne der Leitsätze für Fleisch und Fleischerzeugnisse anlehnen

Anlehnungen der Bezeichnungen für vegane und vegetarische Lebensmittel an Bezeichnungen für spezielle gewachsene Fleischteilstücke (z. B. *„-Filet“, „-Steak“, „-Kotelett“*), Innereien von Tieren (z. B. „-Niere“, „-Leber“), Koch- und Rohpökelwaren oder an Tierarten sind nicht üblich, es sei denn, es besteht eine weitgehende sensorische Ähnlichkeit zum in Bezug genommenen Lebensmittel tierischen Ursprungs, insbesondere in Aussehen, Textur und Mundgefühl.

Anlehnungen der Bezeichnungen für vegane und vegetarische Lebensmittel an Bezeichnungen für geschnittene Fleischstücke sind üblich, z. B. *„-Schnitzel“, „-Gulasch“, „-Geschnetzeltes“*, soweit eine hinreichende sensorische Ähnlichkeit zum in Bezug genommenen Lebensmittel tierischen Ursprungs besteht, insbesondere in Aussehen und Mundgefühl. Solche Lebensmittel werden z. B. als *„vegetarisches Schnitzel aus Milcheiweiß“* oder *„veganes Seitan-Gulasch“* bezeichnet.

Anlehnungen der Bezeichnungen für vegane und vegetarische Lebensmittel an Bezeichnungen für Lebensmittel aus gewolftem oder ähnlich zerkleinertem Fleisch sind üblich, z. B., *„-Frikadellen“*, soweit eine hinreichende sensorische Ähnlichkeit zu dem in Bezug genommenen Lebensmittel tierischen Ursprungs besteht, insbesondere in Aussehen und Mundgefühl. Solche Produkte werden z. B. als *„vegetarische Frikadellen aus Eiklar“* bezeichnet.

Bezeichnungen für spezifische Wurstwaren (z. B. *„Lyoner“, „Salami“, „Leberwurst“*) sind für vegane und vegetarische Lebensmittel nicht üblich. Hinweise auf diese Lebensmittel werden allenfalls zur näheren Beschreibung für vegane und vegetarische Lebensmittel verwendet, soweit eine hinreichende sensorische Ähnlichkeit zum in Bezug genommenen Lebensmittel tierischen Ursprungs besteht, insbesondere in Aussehen,

Geruch, Geschmack und Konsistenz. Solche Produkte werden z. B. als *„vegetarische Seitan-Wurst Typ Lyoner"*, *„vegane Tofu-Wurst nach Salami-Art"*, *„vegetarische Soja-Streichwurst mit Leberwurstgeschmack"* bezeichnet.

Anlehnungen der Bezeichnungen für vegane und vegetarische Lebensmittel an Bezeichnungen für Kategorien von Wurstwaren (z. B. Streichwurst, Bratwurst) sind üblich, soweit eine hinreichende sensorische Ähnlichkeit zum in Bezug genommenen Lebensmittel tierischen Ursprungs besteht, insbesondere in Aussehen und Mundgefühl. Solche Produkte werden z. B. als *„vegetarische Lupinen-Bratwurst"* oder *„vegane Sojawürstchen"* bezeichnet.

Kommentar:

Das Ähnlichkeitskonzept der Leitsätze für vegane und vegetarische Lebensmittel mit Ähnlichkeit zu Lebensmitteln tierischen Ursprungs

Die Leitsätze sehen in den Besonderen Beurteilungsmerkmalen für vegane und vegetarische Lebensmittel mit Ähnlichkeit zu Lebensmitteln tierischen Ursprungs zunächst verschiedene Kategorien von Lebensmitteln vor, an die Anlehnungen erfolgen können.

Die nach den einzelnen Kategorien von Lebensmitteln nachstehend aufgeführten Buchstaben bedeuten:

(w) = weitgehende sensorische Ähnlichkeit erforderlich

(h) = hinreichende sensorische Ähnlichkeit erforderlich

Die Kategorien lauten wie folgt:

LS-Nr. 2.1

- spezielle gewachsene Fleischteilstücke (z. B. „*-Filet*", „*-Steak*", „*-Kotelett*"*)* (w)
- Innereien von Tieren (z. B. „-Niere", „-Leber") (w)
- Koch- und Rohpökelwaren oder an Tierarten (w)
- geschnittene Fleischstücke (h)
- Lebensmittel aus gewolftem oder ähnlich zerkleinertem Fleisch (h)
- spezifische Wurstwaren (h)
- Kategorien von Wurstwaren (z. B. Streichwurst, Bratwurst) (h)

LS-Nr. 2.2

- ganze Fische, (w)
- Krebs- und Weichtiere (w)

- spezielle gewachsene Teilstücke dieser Tiere („*Filet*“, „*Steak* „*-Kotelett*“, „*-Schwänze*“, „*-Tuben*“, „*-Scheren*“) (w)
- geschnittene Stücke von Fischen und Weichtieren (h)
- Lebensmittel aus gewolftem oder ähnlich zerkleinertem Fisch (h)
- spezifische Fischerzeugnisse (h)
- Kategorien von Fischerzeugnissen (z. B. geräucherte Fischerzeugnisse, Bratfischerzeugnisse) (h)

LS-Nr. 2.3

- spezifische Feinkostsalate (z. B. „*Geflügelsalat*“, „*Fleischsalat*“) (h)

Innerhalb dieser Kategorien wird danach differenziert, ob eine Anlehnung „üblich“ oder „unüblich“ ist, wobei übliche Anlehnungen stets mit einer hinreichenden Ähnlichkeit und unübliche Anlehnungen mit einer weitgehenden sensorischen Ähnlichkeit verknüpft sind.

Aus der Unterscheidung in üblich bzw. unüblich ergibt sich in Hinsicht auf etwaige Anlehnungen im Ergebnis sowie auch in rechtlicher Hinsicht kein Unterschied. Denn die Leitsätze können grundsätzlich nur eine Verkehrsauffassung beschreiben, jedoch keine rechtsverbindlichen Kennzeichnungsregeln oder Kennzeichnungsverbote postulieren. Des Weiteren sollen entsprechende Anlehnungen nach den Vorgaben der Leitsätze nur dann erfolgen, wenn die hinreichende bzw. weitgehende sensorische Ähnlichkeit des veganen oder vegetarischen Erzeugnisses zu dem Bezugslebensmittel gegeben ist.

Das abgestufte Ähnlichkeitskonzept beabsichtigt, eine „je…desto…“-Regel zu etablieren. Je genauer bzw. expliziter die Anlehnung an das Original und je höherwertiger das nachgemachte Lebensmittel tierischen Ursprungs ist, desto ähnlicher soll die Sensorik des Alternativproduktes sein.

Was jedoch konkret unter einer „hinreichenden“ und „weitgehenden“ sensorischen Ähnlichkeit zum Bezugslebensmittel zu verstehen ist, wird in den Leitsätzen für vegane und vegetarische Lebensmittel mit Ähnlichkeit zu Lebensmitteln tierischen Ursprungs nicht näher ausgeführt, was einen der größten Kritikpunkte der Leitsätze darstellt. Zur Unterstützung der Beteiligten wurde daher zwischenzeitlich der „*Leitfaden für die sensorische Prüfung von veganen und vegetarischen Lebensmitteln mit Ähnlichkeit zu Lebensmitteln tierischen Ursprungs*“ geschaffen.

Leitfaden für die sensorische Prüfung von veganen und vegetarischen Lebensmitteln mit Ähnlichkeit zu Lebensmitteln tierischen Ursprungs

Im November 2022 hat der Lebensmittelverband Deutschland e. V. sowie der Arbeitskreis der auf dem Gebiet der Lebensmittelhygiene und der Lebensmittel tierischer Herkunft tätigen Sachverständigen (ALTS) und der Arbeitskreis lebensmittelchemischer Sachverständiger der Länder und des Bundesamtes für Verbraucherschutz und Lebensmittelsicherheit (ALS) den gemeinsamen *„Leitfaden für die sensorische Prüfung von veganen und vegetarischen Lebensmitteln mit Ähnlichkeit zu Lebensmitteln tierischen Ursprungs"* veröffentlicht, der als Ergänzung zu den *„Leitsätzen für vegane und vegetarische Lebensmittel mit Ähnlichkeit zu Lebensmitteln tierischen Ursprungs"* dient.

Der Leitfaden stellt eine Ergänzung zu den bereits veröffentlichten Dokumentationen zum ALS-/ALTS-/BLL-Workshop aus dem November 2019 dar, in dem diese Leitsätze vorgestellt wurden.

Der Leitfaden ist, ebenso wie der Leitsatz selbst sowie die dazu veröffentlichte Dokumentation des Workshops, keine Rechtsnorm und mithin nicht rechtsverbindlich. In der Folge können weder aus den Leitsätzen noch aus dem Leitfaden unmittelbare rechtliche Ge- oder Verbote abgeleitet werden.

Bei dem Leitfaden handelt es sich daher ebenfalls um eine rechtsunverbindliche Auslegungshilfe, die die einheitliche inhaltliche Ausfüllung und Überprüfung der in den „Leitsätzen für vegane und vegetarische Lebensmittel mit Ähnlichkeit zu Lebensmitteln tierischen Ursprungs" verwendeten Kriterien der „hinreichenden sensorischen Ähnlichkeit" und der „weitgehenden sensorischen Ähnlichkeit" durch die verschiedenen Akteure fördern soll.

Da der Leitfaden sowohl von Vertretern der Wirtschaft als auch Vertretern der Überwachung erarbeitet wurde und auch fortlaufend in Abhängigkeit der Marktentwicklungen fortgeschrieben werden soll, kommt dem Leitfaden eine wachsende praktische Relevanz zu.

Anwendungsbereich des Leitfadens

Der Anwendungsbereich des Leitfadens ist mit dem der Leitsätze für vegane und vegetarische Lebensmittel mit Ähnlichkeit zu Lebensmitteln tierischen Ursprungs identisch und bezieht sich ausschließlich auf Produkte, für die in dem Leitfaden konkret Prüfkriterien vorgesehen sind.

Fällt ein Erzeugnis zwar in den Anwendungsbereich der Leitsätze für vegane und vegetarische Lebensmittel mit Ähnlichkeit zu Lebensmitteln tierischen Ursprungs, lässt sich dieses jedoch keinem der in den Leitsätzen vorgegebenen Besonderen Beurteilungsmerkmalen zuordnen, oder existiert in dem Leitfaden für das entsprechende Erzeugnis kein Prüfschema, z. B. weil es sich um eine vegane Milchalternative oder eine vegane Alternative zu einem Insektenproteinriegel handelt, ist eine Anwendung des Leitfadens nicht möglich.

Für die Erstellung des Leitfadens hat sich die Arbeitsgruppe an den bis zu dessen Veröffentlichung am Markt befindlichen vegetarischen und veganen Alternativprodukten orientiert und dabei zunächst die Alternativprodukte in den Fokus genommen, die eine besondere Marktbedeutung besitzen. Aus diesem Grund wird in dem Leitfaden auch ausdrücklich darauf hingewiesen, dass dieser nicht abschließend ist und die Arbeitsgruppe den Leitfaden zu gegebener Zeit, insbesondere im Falle von Änderungen der Leitsätze sowie den Entwicklungen am Markt, weiterentwickeln wird.

Prüfungsschema für die Ermittlung einer hinreichenden/weitgehenden sensorischen Ähnlichkeit durch Anwender

Die Prüfung, ob die erforderliche Ähnlichkeit vorliegt, verläuft in mehreren Prüfschritten.

Schritt 1

Für die Überprüfung der sensorischen Merkmale enthält der Leitfaden drei Tabellen mit Produktkriterien, die sich auf die Bereiche

- „Fleischerzeugnisse/Wurstwaren",
- „Hackfleisch/Fleischteilstücke" und
- „Fisch/Fischerzeugnisse"

erstrecken. Die in den Tabellen 1.1 bis 1.3 genannten Kriterien sind typische sensorische Eigenschaften der dort genannten Lebensmittel. Die Produktkriterien wurden im Rahmen umfassender Diskussionen, Verkostungen und Beurteilungen erarbeitet. Für die Erhebung dieser Merkmale enthält der Leitfaden Prüfschemata, die als Formblätter für die Erhebung der sensorischen Merkmale des zu überprüfenden Erzeugnisses verwendet werden können.

Nach den Vorgaben des Leitfadens ist es stets erforderlich, dass alle beschriebenen Kriterien erhoben werden. Hierbei sind die ergänzenden Hinweise des Leitfadens zwingend zu beachten.

Wird im Rahmen dieser sensorischen Prüfung festgestellt, dass nach Auffassung des Prüfers kein Grund zur Beanstandung des Produktes besteht, ist eine Prüfung durch einen Prüfer ausreichend. Lediglich dann, wenn eine Abweichung von der Verkehrsauffassung festgestellt wird und im Nachgang eine Beanstandung erfolgen soll, sind an der sensorischen Prüfung mindestens drei sensorische Sachverständige (so auch DIN 10975 – Sensorische Prüfverfahren Expertengutachten zur lebensmittelrechtlichen Beurteilung) zu beteiligen.

Schritt 2

Wurden die sensorischen Merkmale erhoben, ist eine Gesamtbewertung der erhobenen Merkmale vorzunehmen. Im Rahmen der Gesamtbewertung ist zunächst zu ermitteln, ob die Leitsätze für vegane und vegetarische Lebensmittel mit Ähnlichkeit zu Lebensmitteln tierischen Ursprungs für das konkrete Produkt innerhalb der Gesamtheit der sensorischen Merkmale besondere Merkmale (sog. Insbesondere-Kriterien) definiert haben. Ist dies der Fall, müssen alle der genannten Insbesondere-Kriterien in allen Teilaspekten aus der einschlägigen Tabellenspalte erfüllt sein. Ist dies nicht der Fall, ist das Produkt gemäß dem ebenfalls in dem Leitfaden befindlichen Entscheidungsbaum als *„Produkt entspricht nicht den Leitsätzen"* zu bewerten. Sind die Insbesondere-Kriterien erfüllt, hat eine Gesamtabwägung sämtlicher erhobener sensorischer Merkmale zu erfolgen. Wird in diesem Rahmen festgestellt, dass eine im Einzelfall erforderliche hinreichende bzw. weitgehende sensorische Ähnlichkeit nicht gegeben ist, führt auch dies zu dem Prüfergebnis *„Produkt entspricht nicht den Leitsätzen"*.

Lautet das Ergebnis *„Produkt entspricht nicht den Leitsätzen"*, hat dies zunächst zur Folge, dass das Erzeugnis nicht von dem sog. „Safe Harbour"-Effekt der Leitsätze profitieren kann. Eine förmliche Beanstandung kann nicht erfolgen, da kein formeller Rechtsverstoß vorliegt. In einem amtlichen Untersuchungsbefund kann lediglich auf die Nichtkonformität mit den Leitsatzvorgaben hingewiesen und angeregt werden, dass der Hersteller um die Einhaltung der Leitsatzvorgaben ersucht werden soll. In der Folge bleibt es dem jeweiligen Hersteller überlassen, ob dieser Anregung Folge geleistet wird oder nicht.

Keinesfalls kann aus dem Umstand, dass die Vorgaben der Leitsätze nicht eingehalten werden, automatisch geschlussfolgert werden, dass eine Irreführung im Sinne von Art. 7 LMIV vorliegt. Vielmehr muss dies in einem nachfolgenden dritten Schritt überprüft werden.

Führt die Beurteilung hingegen zu dem Ergebnis, dass eine hinreichende bzw. weitgehende sensorische Ähnlichkeit gegeben ist, entspricht das Produkt den Leitsatzkriterien und die Prüfung endet.

Schritt 3

Wird festgestellt, dass das Produkt nicht mit den Leitsatzvorgaben konform ist, ist zu überprüfen, ob dies im Einzelfall eine Irreführung des Verbrauchers zur Folge hat. In der Folge ist anhand des Art. 7 LMIV zu überprüfen, ob das Erzeugnis irreführend gekennzeichnet ist bzw. ob die festgestellten sensorischen Eigenschaften des Erzeugnisses dazu führen, dass die im Rahmen der Kennzeichnung erfolgenden Anlehnungen an verkehrsübliche Bezeichnungen aus anderen Bereichen als irreführend anzusehen sind.

Hierbei sind die allgemein anerkannten Maßstäbe anzuwenden. Insbesondere ist dabei auf einen durchschnittlich interessierten und informierten Verbraucher abzustellen. Weiterhin sind nicht nur die fragliche Angabe als solches, sondern auch die Gesamtaufmachung des Produktes sowie sonstige Informationen in dessen Etikettierung zu berücksichtigen.

Führt die Prüfung zu dem Ergebnis, dass eine irreführende Kennzeichnung vorliegt, kann eine förmliche Beanstandung des Erzeugnisses erfolgen, die im Einzelfall auch weitergehende Maßnahmen, z. B. die Forderung einer Anpassung der Kennzeichnung oder sanktionsrechtliche Schritte, zur Folge haben kann.

Wird hingegen festgestellt, dass das Erzeugnis auch unter Berücksichtigung der sonstigen Elemente der Kennzeichnung und dessen Gesamtaufmachung nicht irreführend gekennzeichnet ist, verbleibt es lediglich bei dem unter Schritt 2 genannten Hinweis an den Lebensmittelunternehmer.

Kriterien für Anlehnungen an Bezeichnungen aus anderen Bereichen gem. der Rechtsprechung

Anlehnungen an Bezeichnungen aus anderen Bereichen, z. B. die Verwendung der Angabe „… Bratwurst“ zur Bezeichnung einer vegetarischen Bratwurstalternative, sind seit jeher Anlass für Auseinandersetzungen zwischen der Lebensmittelüberwachung und der Lebensmittelwirtschaft, weshalb es nicht verwundert, dass hierzu eine nicht unerhebliche Anzahl an gerichtlichen Entscheidungen existiert, in denen Kriterien herausgearbeitet wurden, bei deren Einhaltung solche Anlehnungen zulässig sind.

So setzte sich bereits das Amtsgericht Neuss im Jahr 1988 mit der Frage auseinander, ob die Angaben „Vegetarische Würstchen“ und „Vegetarische Bratwürstchen“ für eine vegetarische Fleischalternative irreführend sind (AG Neuss, Urt. vom 18.4.1988, Az. 10 OWiG 18 Js 1948/87). Das Amtsgericht lehnte eine Irreführung im Sinne des § 17 Abs. 1 Nr. 2 und Nr. 5 lit. b) LMBG ab. Zur Begründung führte es aus, dass im Rahmen der Etikettierung mehrfach ein Hinweis auf das Fehlen von Fleisch sowie die Eignung für eine vegetarische Ernährung erfolgt sei. Weiterhin führte es wörtlich aus:

> *„Wer dennoch – in einem Reformhaus! – ein derartiges Produkt in der Erwartung kauft, ein Produkt zu erhalten, in dem – immerhin – auch Fleisch enthalten sei, kann dazu nur kommen, wenn er gar nicht auf das Etikett schaut. Gegenüber diesem Kunden versagen aber alle Beschriftungen und Kennzeichnungen, sowie alle Schilder im Stra-*

ßenverkehr für den sinnlos – wenn auch nicht wirkungslos – bleiben, der sie grundsätzlich nicht zur Kenntnis nehmen will."

Das Amtsgericht hat somit zutreffend festgestellt, dass ein durchschnittlich informierter und interessierter Verbraucher die auf dem Etikett angegebenen Informationen zur Kenntnis nimmt. Da diese im zu entscheidenden Fall ausreichend und zutreffend waren, verneinte das Amtsgericht Neuss eine Irreführung.

Erwähnenswert ist weiterhin auch die „Wiener Schnitzel vom Schwein"-Entscheidung aus dem Jahr 2009, in der das Verwaltungsgericht Arnsberg (VG Arnsberg, Urt. vom 26.10.2009, Az. 3 K 3516/08) entschied, dass die Bezeichnung *Wiener Schnitzel vom Schwein* nicht irreführend i. S. v. von § 11 Abs. 1 Satz 2 Nr. 1 LFGB ist. Gemäß der seinerzeitigen Leitsatzziffer 2.508.1 der Leitsätze für Fleisch und Fleischerzeugnisse war unter einem *Wiener Schnitzel* ein paniertes Kalbsschnitzel zu verstehen. Das klagende Unternehmen stellte jedoch ein paniertes Schnitzel aus Schweinefleisch her und bezeichnete dieses als *Wiener Schnitzel vom Schwein*, was die zuständige Lebensmittelüberwachungsbehörde als irreführend erachtete. Das Verwaltungsgericht entschied, dass die Angabe nicht irreführend ist, weil der Zusatz „vom Schwein" unmissverständlich zum Ausdruck bringe, dass es sich nicht um ein paniertes Schnitzel vom Kalb, sondern vom Schwein handele. Die Anlehnung wurde deshalb im Ergebnis als zulässig erachtet.

Das Verwaltungsgericht Gelsenkirchen (VG Gelsenkirchen, Beschluss vom 19.3.2012, Az. 19 L 145/12) entschied in seiner „Schnitzel fleischfrei"-Entscheidung, dass die Angabe „Schnitzel fleischfrei" für eine vegetarische Fleischalternative auf Milchbasis nicht irreführend ist, wenn auf der Verpackung des Erzeugnisses mehrfach Hinweise auf derselben Verpackungsseite auf die Fleischfreiheit des Erzeugnisses erfolgen und das Produkt darüber hinaus eine zutreffende beschreibende Bezeichnung („Panierter Bratling aus Milch") trägt. Darüber hinaus betonte es, dass weder in den Leitsätzen für Fleisch und Fleischerzeugnisse noch in einer nationalen Regelung ein Verbot vorgesehen sei, das die Verwendung von Begriffen aus den Leitsätzen für Fleisch und Fleischerzeugnisse für Nichtfleischerzeugnisse verbiete.

Aus den vorgenannten sowie weiteren Entscheidungen lassen sich folgende Grundsätze ableiten:

- Mangels eines grundsätzlichen Verbotes sind Anlehnungen an Bezeichnungen aus anderen Bereichen grundsätzlich zulässig. Dies gilt insbesondere für Anlehnungen an verkehrsübliche Bezeichnungen.
- Etwas anderes gilt ausnahmsweise nur dann, wenn die Anlehnung an rechtlich besonders geschützte Bezeichnungen erfolgen soll, z. B. aus dem Milchsektor oder an geographisch geschützte Angaben.

- Anlehnungen können im Rahmen einer Phantasiebezeichnung, der Bezeichnung des Lebensmittels oder auch an anderen Stellen der Kennzeichnung erfolgen.
- Formulierung und Aufmachung der Anlehnung haben weitreichenden Einfluss darauf, welche Anforderungen das Produkt erfüllen muss und wie umfangreich die Abweichungen von der in Bezug genommenen Verkehrsauffassung kenntlich zu machen sind.
- Des Weiteren ist darauf zu achten, dass das Erzeugnis, dessen Etikettierung sich an ein anderes Erzeugnis anlehnt, unter Berücksichtigung der klarstellenden Erläuterungen den „wesentlichen Produktcharakter" des in Bezug genommenen Produktes wahrt. Hierzu gehören neben der sensorischen Beschaffenheit (Aussehen, Geruch, Geschmack, Textur etc.) auch dessen Verwendungsmöglichkeiten etc.
- Die Anlehnung darf nicht in sich widersprüchlich sein oder aber im Kontext mit anderen Kennzeichnungselementen irreführend sein.

Abs. 1 – Anlehnungen an Bezeichnungen für Fleischteilstücke, Innereien, Koch- und Rohpökelwaren oder Tierarten

Der Absatz sieht vor, dass eine Anlehnung an entsprechende Begrifflichkeiten erfolgen kann, wenn eine weitgehende sensorische Ähnlichkeit zum in Bezug genommenen Lebensmittel tierischen Ursprungs, insbesondere in Aussehen, Textur und Mundgefühl vorliegt.

Hinsichtlich der Ermittlung einer weitgehenden sensorischen Ähnlichkeit wird auf die vorstehenden Ausführungen zum Leitfaden für die sensorische Prüfung von veganen und vegetarischen Lebensmitteln mit Ähnlichkeit zu Lebensmitteln tierischen Ursprungs verwiesen.

Konkrete Erläuterungen dazu, wie die Leitsätze entsprechende Anlehnungen bei einer vorliegenden weitgehenden sensorischen Ähnlichkeit formuliert wissen wollen, erfolgen nicht. Ebenso fehlt es, im Gegensatz zu den anderen Absätzen der Leitsatznummer, an einem Hinweis, wie entsprechende Produkte bezeichnet werden können.

Entsprechende Hinweise können daher z. B. in Form von Angaben wie „nach Art …", „Typ …" „wie …" oder aber auch in Kombination mit den Begriffen „vegetarisch" oder „vegan" erfolgen. Die Angabe „nach Art eines Filets" ist daher ebenso möglich wie die Angabe „Vegane Filets", vorausgesetzt, dass die Angabe nicht aus anderen Gründen als im Einzelfall irreführend anzusehen ist. Solche Hinweise können dabei sowohl in der Bezeichnung des Erzeugnisses als auch losgelöst davon in der übrigen Kennzeichnung, z. B. in einer Phantasiebezeichnung erfolgen.

Nicht möglich, da in sich widersprüchlich und irreführend, sind hingegen Angaben wie „Veganes Rinderfilet" oder „Vegane Schweineleber", da es sich hierbei um Bezugnahmen auf konkrete Organe bzw. Muskeln spezifisch genannter Tiere handelt.

Abs. 2 – Anlehnungen an geschnittene Fleischstücke

Der Absatz bestimmt, dass Anlehnungen der Bezeichnungen für vegane und vegetarische Lebensmittel an Bezeichnungen für geschnittene Fleischstücke üblich sind, soweit eine hinreichende sensorische Ähnlichkeit zum in Bezug genommenen Lebensmittel tierischen Ursprungs besteht, insbesondere in Aussehen und Mundgefühl.

Eine konkrete Erläuterung, wie die Anlehnung formuliert werden soll, erfolgt nicht. Jedoch lässt sich dies mittelbar Satz 3 desselben Absatzes entnehmen, wonach entsprechende Lebensmittel z. B. als *vegetarisches Schnitzel aus Milcheiweiß* oder *veganes Seitan-Gulasch* i. S. v. Art. 17 LMIV bezeichnet werden können. Anlehnungen durch Angaben wie „Typ Schnitzel", „Veganes Geschnetzeltes auf Basis von…" etc. sind daher möglich. Entsprechende Anlehnungen können, müssen jedoch nicht zwingend in der Bezeichnung erfolgen.

Abs. 3 – Anlehnungen an gewolftes oder ähnlich zerkleinertes Fleisch

Der Absatz nimmt Bezug auf Anlehnungen an Bezeichnungen für Lebensmittel aus gewolftem oder ähnlich zerkleinertem Fleisch, für die ebenfalls eine hinreichende sensorische Ähnlichkeit gefordert wird. Hinsichtlich der Umsetzung der Anlehnung wird auf die vorstehenden Erläuterungen verwiesen.

Abs. 4 – Anlehnungen an spezifische Wurstwaren

Der Absatz bringt zunächst zum Ausdruck, dass Bezeichnungen für spezifische Wurstwaren, bspw. *Lyoner, Salami, Leberwurst* etc., für vegane und vegetarische Lebensmittel nicht üblich seien. Zutreffenderweise muss klargestellt werden, dass die Bezeichnung eines veganen oder vegetarischen Alternativproduktes als *Lyoner, Salami* oder *Leberwurst* ohne weitergehende klarstellende Hinweise irreführend und damit rechtlich verboten ist. Der Satz 1 des Absatzes bringt daher eine Selbstverständlichkeit zum Ausdruck.

Hinweise auf diese Lebensmittel sollen allenfalls zur näheren Beschreibung für vegane und vegetarische Lebensmittel verwendet werden, soweit eine hinreichende sensorische Ähnlichkeit zum in Bezug genommenen Lebensmittel tierischen Ursprungs bestehe, insbesondere in Aussehen, Geruch, Geschmack und Konsistenz. Abermals wird nicht erläutert, wie entsprechende Hinweise formuliert werden sollen. Hinsichtlich der Überprüfung der erforderlichen hinreichenden sensorischen Ähnlichkeit wird abermals auf die Ausführungen zum Leitfaden für die sensorische Prüfung von veganen und vegetarischen Lebensmitteln mit Ähnlichkeit zu Lebensmitteln tierischen Ursprungs verwiesen.

Satz 3 des Absatzes sieht vor, dass entsprechende Produkte z. B. als *vegetarische Seitan-Wurst Typ Lyoner, vegane Tofu-Wurst nach Salami-Art* oder *vegetarische Soja-Streichwurst mit Leberwurstgeschmack* bezeichnet werden können. Vereinzelt wird aufgrund dieser Vorgabe die Auffassung vertreten, dass Formulierungen wie „vegane Salami …“ oder „vegetarische Lyoner …“ unzulässig sein sollen. Dies ist jedoch h.E. nicht zutreffend. Zum einen wird sowohl durch die Angabe „Vegetarische Lyoner …“ als auch durch die Angabe „Vegetarische Wurst Typ Lyoner“ hinreichend klar, dass es sich nicht um ein Fleischerzeugnis, sondern ein Alternativprodukt handelt, das einer Lyoner nachempfunden ist. Zum anderen verkennen Vertreter der besagten Auffassung, dass die Leitsätze keine konkreten Kennzeichnungsgebote aufstellen können. Hinzu kommt, dass die Leitsätze selbst nicht erläutern, wie entsprechende Anlehnungen konkret erfolgen sollen.

Abs. 5 – Anlehnungen an Kategorien von Wurstwaren

Nach diesem Absatz sind Anlehnungen der Bezeichnungen für vegane und vegetarische Lebensmittel an Bezeichnungen für Kategorien von Wurstwaren üblich, soweit eine hinreichende sensorische Ähnlichkeit zum in Bezug genommenen Lebensmittel tierischen Ursprungs besteht, insbesondere in Aussehen und Mundgefühl. Die möglichen Kategorien von Wurstwaren werden in den Leitsätzen jedoch nicht ausgewiesen. Auch nach der Neustrukturierung der Leitsätze für Fleisch und Fleischerzeugnisse ist nicht abschließend geklärt, welche Begrifflichkeiten Kategorien von Wurstwaren darstellen. Nach hiesiger Auffassung handelt es sich hierbei insbesondere um folgende Begrifflichkeiten:

- Bratwurst
- Streichwurst
- Wurst
- Würste
- Salami
- Leberwurst
- Teewurst
- Pastete
- Sülze

2.2 Vegane und vegetarische Lebensmittel, die sich an Erzeugnisse im Sinne der Leitsätze für Fisch und Fischerzeugnisse und Krebs- und Weichtiere anlehnen

Bezeichnungen für vegane und vegetarische Lebensmittel, die auf ganze Fische, Krebs- und Weichtiere Bezug nehmen, oder Bezeichnungen für vegane und vegetarische Lebensmittel, die sich an Bezeichnungen für spezielle gewachsene Teilstücke dieser Tiere (*Filet", „Steak „-Kotelett", „-Schwänze", „-Tuben", „-Scheren"*), anlehnen, sind nicht üblich, soweit keine weitgehende sensorische Ähnlichkeit zum in Bezug genommenen Lebensmittel tierischen Ursprungs besteht, insbesondere in Aussehen, Textur und Mundgefühl.

Abweichend davon sind Anlehnungen der Bezeichnungen für vegane und vegetarische Lebensmittel an Bezeichnungen für geschnittene Stücke von Fischen und Weichtieren üblich, z.B. *„-Scheibe", „-Schnitte", „-Portion", „-Stück", „-Happen", „-Nugget"*, soweit eine hinreichende sensorische Ähnlichkeit zum in Bezug genommenen Lebensmittel tierischen Ursprungs besteht, insbesondere in Aussehen und Mundgefühl. Solche Lebensmittel werden z.B. als *„vegetarische Weichtierstücke aus Milcheiweiß"* oder *„vegane Fischschnitte aus Seitan"* bezeichnet.

Anlehnungen der Bezeichnungen für vegane und vegetarische Lebensmittel an Bezeichnungen für Lebensmittel aus gewolftem oder ähnlich zerkleinertem Fisch sind üblich, z.B. *„-Frikadelle", „-Schnitzel"*, soweit eine hinreichende sensorische Ähnlichkeit zu dem in Bezug genommenen Lebensmittel tierischen Ursprungs besteht, insbesondere in Aussehen und Mundgefühl. Solche Lebensmittel werden z.B. als *„vegetarische Fischfrikadelle aus Eiklar"* bezeichnet.

Bezeichnungen für spezifische Fischerzeugnisse (z.B. *„Schillerlocken", „Fischstäbchen"* oder *„Kaviar"*) sind für vegane und vegetarische Lebensmittel nicht üblich. Hinweise auf diese Lebensmittel werden allenfalls zur näheren Beschreibung für vegane und vegetarische Lebensmittel verwendet, soweit eine hinreichende sensorische Ähnlichkeit zum in Bezug genommenen Lebensmittel tierischen Ursprungs besteht, insbesondere in Aussehen, Geruch, Geschmack und Konsistenz. Solche Lebensmittel werden z.B. als *„vegetarisches paniertes Erzeugnis aus Milcheiweiß nach Art eines Fischstäbchens"* oder *„vegane Seitan-Streifen Typ Schillerlocke"* bezeichnet.

Anlehnungen der Bezeichnungen für vegane und vegetarische Lebensmittel an Bezeichnungen für Kategorien von Fischerzeugnissen (z.B. geräucherte Fischerzeugnisse, Bratfischerzeugnisse) sind üblich, soweit eine hinreichende sensorische Ähnlichkeit zum in Bezug genommenen Lebensmittel tierischen Ursprungs besteht, insbesondere in Aussehen und Mundgefühl. Solche Lebensmittel werden z.B. als *„vegetarisches Lupinen-Räucherfischteil"* oder *„veganes Bratfischerzeugnis aus Soja"* bezeichnet.

2.3 Vegane und vegetarische Lebensmittel, die sich an Erzeugnisse im Sinne der Leitsätze für Feinkostsalate anlehnen

Bezeichnungen für spezifische Feinkostsalate (z.B. *„Geflügelsalat"*, *„Fleischsalat"*) sind für vegane und vegetarische Lebensmittel nicht üblich. Hinweise auf diese Lebensmittel werden allenfalls zur näheren Beschreibung für vegane und vegetarische Lebensmittel verwendet, soweit eine hinreichende Ähnlichkeit im Hinblick auf die Zusammensetzung und die sensorische Beschaffenheit zum in Bezug genommenen Lebensmittel mit Zutaten tierischen Ursprungs besteht, insbesondere in Aussehen, Geruch, Geschmack und Konsistenz. Solche Lebensmittel werden bezeichnet z.B. als *„vegetarischer Salat auf Sojabasis nach Art eines Fleischsalates"*, *„veganer Seitan-Feinkostsalat wie Geflügelsalat"*.

Fußnoten

[1] Verordnung (EU) Nr. 1308/2013 des europäischen Parlaments und des Rates vom 17. Dezember 2013 über eine gemeinsame Marktorganisation für landwirtschaftliche Erzeugnisse und zur Aufhebung der Verordnungen (EWG) Nr. 922/72, (EWG) Nr. 234/79, (EG) Nr. 1037/2001 und (EG) Nr. 1234/2007 in der jeweils geltenden Fassung und Verordnung (EU) Nr. 1151/2012 des Europäischen Parlaments und des Rates vom 21. November 2012 über Qualitätsregelungen für Agrarerzeugnisse und Lebensmittel und Durchführungsverordnung (EU) Nr. 668/2014 der Kommission vom 13. Juni 2014 mit Durchführungsbestimmungen zur Verordnung (EU) Nr. 1151/2012 des Europäischen Parlaments und des Rates über Qualitätsregelungen für Agrarerzeugnisse und Lebensmittel und Delegierte Verordnung (EU) Nr. 664/2014 der Kommission vom 18. Dezember 2013 zur Ergänzung der Verordnung (EU) Nr. 1151/2012 des Europäischen Parlaments und des Rates im Hinblick auf die Festlegung der EU-Zeichen für geschützte Ursprungsbezeichnungen, geschützte geografische Angaben und garantiert traditionelle Spezialitäten sowie im Hinblick auf bestimmte herkunftsbezogene Vorschriften, Verfahrensvorschriften und zusätzliche Übergangsvorschriften in den jeweils geltenden Fassungen.

[2] Käseverordnung,
Milcherzeugnisverordnung,
Butterverordnung,
Konsummilch-Kennzeichnungsverordnung.

[3] https://www.verbraucherschutzministerkonferenz.de/documents/TOP20_Definition_vegan_und_vegetarisch.pdf

[4] Verordnung (EG) Nr. 543/2008 der Kommission vom 16. Juni 2008 mit Durchführungsvorschriften zur Verordnung (EG) Nr. 1234/2007 des Rates hinsichtlich der Vermarktungsnormen für Geflügelfleisch in den jeweils geltenden Fassungen.

[5] Verordnung (EU) Nr. 1379/2013 des europäischen Parlaments und des Rates vom 11. Dezember 2013 über die gemeinsame Marktorganisation für Erzeugnisse der Fischerei und der Aquakultur, zur Änderung der Verordnungen (EG) Nr. 1184/2006 und (EG) Nr. 1224/2009 des Rates und zur Aufhebung der Verordnung (EG) Nr. 104/2000 des Rates in den jeweils geltenden Fassungen. http://www.ble.de/SharedDocs/Downloads/DE/Fischerei/Fischwirtschaft/HandelsbezeichnungDLat.pdf?__blob=publicationFile&v=1

[6] In diesem Fall sind die Regelungen zur Zusammensetzung und zum Bezeichnungsschutz zu berücksichtigen.